学术引领系列

国家科学思想库

"十二五"国家重点图书出版规划项目

中国学科发展战略

水文地质学

国家自然科学基金委员会
中国科学院

科学出版社
北京

内 容 简 介

《中国学科发展战略·水文地质学》在系统梳理国内外水文地质学科发展历程和明确科学意义的基础上，分析了水文地质学科的战略地位和战略价值；系统总结了地下水流、地下水水质、生态水文地质等水文地质学重要领域的研究现状和发展趋势，进一步明晰了上述领域的科学意义与战略价值、关键科学问题和优先发展方向；在凝练和把握重要的学术方向基础上，结合国家重大需求和我国特有的水文地质条件，从战略高度提出了推动我国水文地质学科发展的资助机制和政策建议。上述研究成果对于进一步提高我国地下水资源开发利用和保护水平，提升我国水文地质学科的国际学术影响力，将起到学术引领和政策驱动的积极推动作用。

本书适合战略和管理专家、相关领域的高等院校师生、研究机构的研究人员阅读，是科技工作者洞悉学科发展规律、把握前沿领域和重点方向的重要指南，也是科技管理部门重要的决策参考，同时也是社会公众了解水文地质学学科发展现状及趋势的权威读本。

图书在版编目(CIP)数据

水文地质学 / 国家自然科学基金委员会，中国科学院编. —北京：科学出版社，2021.8

（中国学科发展战略）

ISBN 978-7-03-069450-8

I. ①水… Ⅱ. ①国… ②中… Ⅲ. ①水文地质学 Ⅳ. ① P641

中国版本图书馆 CIP 数据核字（2021）第148719号

丛书策划：侯俊琳 牛 玲
责任编辑：牛 玲 姚培培 / 责任校对：郑金红
责任印制：师艳茹 / 封面设计：黄华斌 陈 敬 张伯阳

科学出版社 出版

北京东黄城根北街16号
邮政编码：100717
http://www.sciencep.com

中国科学院印刷厂 印刷

科学出版社发行 各地新华书店经销

*

2021年8月第 一 版 开本：720×1000 1/16
2021年8月第一次印刷 印张：15 1/2
字数：300 000

定价：128.00元

（如有印装质量问题，我社负责调换）

中国学科发展战略

联合领导小组

组　　长：侯建国　李静海
副组长：包信和　韩　宇
成　　员：高鸿钧　张　涛　裴　刚　朱日祥　杨　卫
　　　　　郭　雷　王笃金　苏荣辉　王长锐　姚玉鹏
　　　　　董国轩　杨俊林　冯雪莲　于　晟　王岐东
　　　　　张兆田　刘作仪　孙瑞娟　陈拥军

联合工作组

组　　长：苏荣辉　姚玉鹏
成　　员：范英杰　龚　旭　孙　粒　高阵雨　李鹏飞
　　　　　钱莹洁　薛　淮　冯　霞　马新勇

中国学科发展战略·水文地质学
项 目 组

组　　长：林学钰　王焰新

成　　员（以姓氏拼音为序）：

葛社民　刘崇炫　马　腾　曲建升　苏小四

王广才　王文科　吴吉春　姚玉鹏

学术秘书：苏小四　甘义群　龚剑明

编 写 组

组　　长：林学钰　王焰新

成　　员（以姓氏拼音为序）：

补建伟　柴　波　陈　亮　邓　艳　邓娅敏

董海良　董维红　杜　尧　甘义群　葛社民

郭　芳　郭华明　何江涛　姜光辉　蒋宏忱

蒋勇军　蒋忠诚　黎清华　李　强　李长冬

李海龙　刘　菲　刘　珩　刘　羽　刘崇炫

刘媛媛　罗为群　马　瑞　马　腾　蒲俊兵

曲建升　商建英　施小清　石振清　苏小四

孙自永　王广才　王铁军　王文科　王旭升

王云权　吴吉春　吴剑锋　吴秀平　谢先军

谢月清　阎　妮　晏志峰　杨晓帆　姚玉鹏

叶淑君　曾献奎　张玉玲　张在勇　郑天亮

邹胜章　Philippe van Capellen

总　序

白春礼　杨　卫

　　17世纪的科学革命使科学从普适的自然哲学走向分科深入，如今已发展成为一幅由众多彼此独立又相互关联的学科汇就的壮丽画卷。在人类不断深化对自然认识的过程中，学科不仅仅是现代社会中科学知识的组成单元，同时也逐渐成为人类认知活动的组织分工，决定了知识生产的社会形态特征，推动和促进了科学技术和各种学术形态的蓬勃发展。从历史上看，学科的发展体现了知识生产及其传播、传承的过程，学科之间的相互交叉、融合与分化成为科学发展的重要特征。只有了解各学科演变的基本规律，完善学科布局，促进学科协调发展，才能推进科学的整体发展，形成促进前沿科学突破的科研布局和创新环境。

　　我国引入近代科学后几经曲折，及至20世纪初开始逐步同西方科学接轨，建立了以学科教育与学科科研互为支撑的学科体系。新中国建立后，逐步形成完整的学科体系，为国家科学技术进步和经济社会发展提供了大量优秀人才，部分学科已进入世界前列，有的学科取得了令世界瞩目的突出成就。当前，我国正处在从科学大国向科学强国转变的关键时期，经济发展新常态下要求科学技术为国家经济增长提供更强劲的动力，创新成为引领我国经济发展的新引擎。与此同时，改革开放30多年来，特别是21世纪以来，我国迅猛发展的科学事业蓄积了巨大的内能，不仅重大创新成果源源不断产生，而且一些学科正在孕育新的生长点，有可能引领世界学科发展的新方向。因此，开展学科发展战略研究是提高我国自主创新能力、实现我国科学由"跟跑者"向"并行者"和"领跑者"转变的一项基础工程，对于更好把握世界科技创新发展趋势，发挥科技创新在全面创新中的引领作用，具有重要的现实意义。

学科发展战略研究的核心是结合科学技术和经济社会的发展需求，在分析科学前沿发展趋势的基础上，寻找新的学科生长点和方向。在这个过程中，战略科学家的前瞻引领作用十分重要。科学史上这样的例子比比皆是。在 1900 年 8 月巴黎国际数学家代表大会上，德国数学家戴维·希尔伯特发表了题为"数学问题"的著名讲演，他根据过去特别是 19 世纪数学研究的成果和发展趋势，提出了 23 个最重要的数学问题，即"希尔伯特问题"。这些"问题"后来成为许多数学家力图攻克的难关，对现代数学的研究和发展产生了深刻的影响。1959 年 12 月，美国物理学家、诺贝尔奖得主理查德·费曼在加利福尼亚理工学院举行的美国物理学会年会上发表了题为"物质底层大有空间——一张进入物理新领域的请柬"的经典讲话，对后来出现的纳米技术作出了天才的预见。

学科生长点并不完全等同于科学前沿，其产生和形成不仅取决于科学前沿的成果，还决定于社会生产和科学发展的需要。1841 年，佩利戈特用钾还原四氯化铀，成功地获得了金属铀，可在很长一段时间并未能发展成为学科生长点。直到 1939 年，哈恩和斯特拉斯曼发现了铀的核裂变现象后，人们认识到它有可能成为巨大的能源，这才形成了以铀为主要对象的核燃料科学的学科生长点。而基本粒子物理学作为一门理论性很强的学科，它的新生长点之所以能不断形成，不仅在于它有揭示物质的深层结构秘密的作用，而且在于其成果有助于认识宇宙的起源和演化。上述事实说明，科学在从理论到应用又从应用到理论的转化过程中，会有新的学科生长点不断地产生和形成。

不同学科交叉集成，特别是理论研究与实验科学相结合，往往也是新的学科生长点的重要来源。新的实验方法和实验手段的发明，大科学装置的建立，如离子加速器、中子反应堆、核磁共振仪等技术方法，都促进了相对独立的新学科的形成。自 20 世纪 80 年代以来，具有费曼 1959 年所预见的性能、微观表征和操纵技术的仪器——扫描隧道显微镜和原子力显微镜终于相继问世，为纳米结构的测量和操纵提供了"眼睛"和"手指"，使得人类能更进一步认识纳米世界，极大地推动了纳米技术的发展。

作为国家科学思想库，中国科学院（以下简称中科院）学部的基本职责和优势是为国家科学选择和优化布局重大科学技术发展方向提供科学依据、发挥学术引领作用，国家自然科学基金委员会（以下简称基金委）则承担着协调学科发展、夯实学科基础、促进学科交叉、加强学科建设的重大责任。继基金委和中科院于 2012 年成功地联合发布"未来 10 年中国学科发展战略研究"报告之后，双方签署了共同开展学科发展战略研究的长期合作协议，通过联合开展学科发展战略研究的长效机制，共建共享国家科学思想库的研究咨询能力，切实担当起服务国家科学领域决策咨询的核心作用。

基金委和中科院共同组织的学科发展战略研究既分析相关学科领域的发展趋势与应用前景，又提出与学科发展相关的人才队伍布局、环境条件建设、资助机制创新等方面的政策建议，还针对某一类学科发展所面临的共性政策问题，开展专题学科战略与政策研究。自 2012 年开始，平均每年部署 10 项左右学科发展战略研究项目，其中既有传统学科中的新生长点或交叉学科，如物理学中的软凝聚态物理、化学中的能源化学、生物学中的生命组学等，也有面向具有重大应用背景的新兴战略研究领域，如再生医学、冰冻圈科学、高功率、高光束质量半导体激光发展战略研究等，还有以具体学科为例开展的关于依托重大科学设施与平台发展的学科政策研究。

学科发展战略研究工作沿袭了由中科院院士牵头的方式，并凝聚相关领域专家学者共同开展研究。他们秉承"知行合一"的理念，将深刻的洞察力和严谨的工作作风结合起来，潜心研究，求真唯实，"知之真切笃实处即是行，行之明觉精察处即是知"。他们精益求精，"止于至善"，"皆当至于至善之地而不迁"，力求尽善尽美，以获取最大的集体智慧。他们在中国基础研究从与发达国家"总量并行"到"贡献并行"再到"源头并行"的升级发展过程中，脚踏实地，拾级而上，纵观全局，极目迥望。他们站在巨人肩上，立于科学前沿，为中国乃至世界的学科发展指出可能的生长点和新方向。

各学科发展战略研究组从学科的科学意义与战略价值、发展规律和研究特点、发展现状与发展态势、未来5~10年学科发展的关键科学问题、发展思路、发展目标和重要研究方向、学科发展的有效资助机制与政策建议等方面进行分析阐述。既强调学科生长点的科学意义，也考虑其重要的社会价值；既着眼于学科生长点的前沿性，也兼顾其可能利用的资源和条件；既立足于国内的现状，又注重基础研究的国际化趋势；既肯定已取得的成绩，又不回避发展中面临的困难和问题。主要研究成果以国家自然科学基金委员会——中国科学院"中国学科发展战略"丛书的形式，纳入"国家科学思想库—学术引领系列"陆续出版。

基金委和中科院在学科发展战略研究方面的合作是一项长期的任务。在报告付梓之际，我们衷心地感谢为学科发展战略研究付出心血的院士、专家，还要感谢在咨询、审读和支撑方面做出贡献的同志，也要感谢科学出版社在编辑出版工作中付出的辛苦劳动，更要感谢基金委和中科院学科发展战略研究联合工作组各位成员的辛勤工作。我们诚挚希望更多的院士、专家能够加入到学科发展战略研究的行列中来，搭建我国科技规划和科技政策咨询平台，为推动促进我国学科均衡、协调、可持续发展发挥更大的积极作用。

前　言

　　水（H_2O）乃生命之源。地球因水而独特，尤其独特在有地下水。

　　地下水是经过地质演化而形成的地质流体，是人类重要的淡水资源，当其富集某些盐类和元素时成为具有工业价值的液体矿产资源。地下水是最活跃的地质营力，在表生带中，地下水参与了风化成壤过程以及岩溶发育过程；在地壳深部，乃至地幔，地下水是地球热能和物质循环的载体，与气体、成矿溶液、烃类等共同构成地质流体，促进成矿元素和烃类迁移与聚集，形成有价值的矿床和油气藏。岩浆作用、变质作用、沉积与成岩作用，甚至是岩石圈的形成与演化、构造板块的运动等均有地下水的参与。

　　地下水相对于地表水具有水质优良、分布均匀、调蓄能力强等优点。某些地下水因含有特殊组分，而具有医疗价值；反之，人类若长期饮用含有地质成因异常组分的地下水，会罹患地方病。

　　地下水还是重要的生态环境因子。它是维持地下水依赖型生态系统生存的重要水源。但当其遭到不合理的开发利用时，地下水也会成为影响生态环境的不利因素，给人类造成危害。例如：岩溶含水层等经常成为矿山开采、地下隧道开挖的突水水源；人类过量开采地下水会引发地面沉降、海水入侵、土壤沙化、泉水断流、湿地退化；人类灌溉活动会产生土壤盐渍化等次生环境问题；人类城市化、工业化进程和过度使用农药、化肥会导致地下水污染。这些已成为全球性的环境问题。

　　地下水是重要的信息载体。地下水的形成与演化受大气圈、水圈、生物圈和岩石圈中各种物理、化学作用的制约，随地球系统内外因素的变化而变化，使其具有了环境变化的"印记"。反过来，地下水的变化也会直接或间接地影响环境变化。地下水或含水层被人们誉为"陆地古气候变化档案"。

水文地质学是研究地下水的科学。鉴于水文地质学在地球科学和经济社会发展中的基础性、战略性地位，为提升我国水文地质学学科的建设水平，中国科学院地学部于2016年启动了由我和王焰新负责的"地下水资源"学科发展战略研究项目，并于2018年在科学出版社出版了项目研究成果《中国学科发展战略·地下水科学》专著。该书以分析地下水科学的发展趋势、介绍地下水资源与环境研究的前沿领域为宗旨，围绕我国在地下水资源与地质－生态环境和地下水水质安全两大领域的发展现状，对存在的瓶颈、需突破的关键点等做出了尽可能详尽的分析；针对当前国际地下水科学研究的前沿、重大科学问题和新技术、新方法，阐述了其发展现状与趋势；系统分析了发达国家和我国地下水科学领域的资助战略；从宏观上研讨了学科发展所需的资助机制、平台建设和人才培养改革。

"地下水资源"学科发展战略研究项目组虽然对学科近年来的研究进展有了较全面、深入、系统的评述与趋势分析，但由于时间紧、任务重，在地下水流、地下水污染、地下水与全球变化、生态水文地质、岩溶水文地质、水文地质教育等方面的国内外研究进展和发展趋势研究中还存在不足，需要进一步深入研究。因此，中国科学院和国家自然科学基金委员会于2018～2019年联合资助了"水文地质学发展战略研究"项目，继续由我和王焰新负责。

经过国内外水文地质同行历时两年的研究，项目组完成了研究任务，并经同行评审、反复修改，形成学科发展战略研究报告。该报告完成过程中邀请了袁道先、刘嘉麒、刘丛强、陈发虎、周成虎、夏军、侯增谦、吴丰昌等院士专家提供咨询。来自国内外17所高等院校、科研院所和管理部门共59位专家学者一起参与了该学科发展战略研究报告的撰写。通过充分的研讨，将该学科发展战略研究报告分为5章。报告编制工作采用分章负责制，同时注重加强各章之间内容的衔接，力求格式的协调一致。各章负责人分别是：第一章、第五章，林学钰、王焰新；第二章，吴吉春、王文科；第三章，王广才；第四章，王焰新、孙自永。王焰新和我负责全书统稿。苏小四参与了统稿和图件清绘、文字校对工作。

　　本书是在该学科发展战略研究报告的基础上修改、完善而成的。全书注重与《中国学科发展战略·地下水科学》一书的内容衔接和区别，在《中国学科发展战略·地下水科学》一书中已经论述的以下内容就不再涉及或不再展开论述：①经济社会发展的强劲需求对水文地质学科发展的推动作用和水文地质学科在解决我国面临的资源环境问题中的重要价值；②地下水资源的特点、地下水与地质环境问题、特殊类型地下水、中国区域水文地质、地下水源地保护；③水循环与地下水资源形成分布规律，复杂地下水系统中的物质与能量迁移微观机理，地下水非线性系统动态耦合模拟，地下水与粮食、能源安全；④地下水监测、水文地球物理、水文地质遥感信息技术、地下水资源评价与管理；⑤发达国家和我国地下水科学领域的资助战略。

　　本书包括学科发展任务和战略价值、地下水流、地下水水质、生态水文地质、资助机制和政策建议等五大方面内容，侧重分析水文地质学基础理论和方法的最新进展和发展趋势、科学意义与战略价值、关键科学问题和优先发展方向，并弥补《中国学科发展战略·地下水科学》一书在地下水流、地下水水质研究方法、地下水与全球变化、生态水文地质、岩溶水文地质等方面的研究不足，同时注意保持了研究成果的完整性和系统性。第二、第三、第四章的参考文献重点收录了近5年的国际最新文献，以便从事水文地质教学、研究和生产一线的科技人员、研究生等参阅和了解国际学术动态。

本项目的研究工作得到了以傅伯杰院士为主任的中国科学院地学部常委们的关心和指导，也得到了众多同行的大力支持和无私帮助。本书初稿完成后，承蒙中国地质环境监测院李文鹏、南方科技大学郑春苗、北京师范大学沈珍瑶、中国地质大学（武汉）靳孟贵等专家对书稿进行了审查并提出了宝贵的修改建议，在此一并致谢！

林学钰

2019 年 12 月

摘　　要

　　地下水是自然界中水循环的一个重要环节，是全球重要的供水水源。近三十年来，强烈的人类活动使水环境日趋恶化，水资源的可持续供给与水资源保护，以及因地下水开发利用导致的地下水位下降、水质恶化、地面沉降、岩溶塌陷等地质环境问题，已成为人类社会亟待解决的问题。

　　本书在纵观国内外水文地质学科发展历程、结合国家和社会需求，以及我国特有的水文地质条件的基础上，分析了水文地质学科各主要研究领域和研究方向的科学意义与战略价值，评价了学科发展条件，并进一步明确了学科战略地位；系统总结了地下水流、地下水水质、生态水文地质等领域的研究现状和发展趋势、关键科学问题和优先发展方向。在凝练和把握重要的学术方向基础上，从战略高度提出了符合科学规律的资助机制和政策建议。

一、地下水流

　　第二章地下水流分别综述了地下水流方面的四个主要研究领域。每节在简要介绍本领域的科学意义与战略价值后，重点凝练了仍待解决的关键科学问题，分别是：①地球关键带中的地下水流领域——地球关键带地下水流与水循环、生物过程、地球化学过程的互馈机制，地下水流过程与生态过程的作用机理及其对生态系统演变的影响，地下水流过程对极端气候事件和人类活动的响应，地球关键带地下水流中的界面过程，以及多尺度水文－生态－生物地球化学过程耦合模型与尺度扩展；②地下水非达西渗流领域——裂隙及裂隙网络的识别与模拟，地下水非达西渗流的运移机理及尺度效应，以及多因素作用下非达西渗流运移机理与过程耦合；③地下水多相流领域——多相流多尺度多模式多场耦合渗流特征，以及多相流界面和相间过程；④地下水与地质灾害领域——复杂地质环境条件下地下水诱发地质灾害的机理，复杂地质条件下地下水诱发地质灾害的模拟预报模型，流域地质－地貌－水文耦合模型及地质灾害预测预报，以及地下水动态作用条件下工程结构与地质体长效作用机制。在每节最后，基于对科研需求和国家战略需求的分析，建议了各领域的优先发展方向。其中，第一、第二节均属地球关键带中的地下水流研究领域，第二节典型地球关键带中的地下水流过程为现阶段地球关键带中的地下水流研究领域的研究重点。鉴于其特殊性，分别论述了滨海区、平原区、基岩山区、岩溶区、干旱半干旱地区（简称旱区）、寒区六大典型地球关键带地下水流过程研究的科学意义与战略价值、关键科学问题和优先发展方向。

二、地下水水质

地下水水质与地下水赋存的含水介质类型和水－岩相互作用密切相关，也受许多其他因素尤其是人类活动的影响。在某些地区，劣质水分布和地下水污染使得地下水的可利用性受到限制，造成"水质型"缺水，加剧了这些地区水资源短缺形势。劣质地下水常与缺水、贫困、地方病等民生问题相伴而生；地下水污染造成地下水水质趋于恶化，给供水安全带来严重威胁。因此，系统建立地下水水质研究方法，深入研究劣质水的分布规律与成因机制、地下水污染过程与受污染场地修复机理，对水环境保护和生态文明建设具有重要的战略意义。

第三章地下水水质分为四节，前三节分别论述劣质地下水成因、地下水污染过程和污染场地修复机理的科学意义与战略价值、关键科学问题和优先发展方向，第四节论述了地下水水质研究方法。凝练的关键科学与技术问题包括：①劣质地下水成因方面——劣质地下水的分布规律与预测，劣质地下水的形成及其地质过程，地下水中劣质组分迁移转化的多地球化学过程耦合；②地下水污染过程方面——地下水污染物迁移转化的多过程、多因素动态耦合和反馈机制，地下水污染物迁移转化的多尺度过程和尺度转换机制，污染物迁移转化的多尺度多过程集成和预测；③污染场地修复机理方面——污染场地自然衰减过程量化评估与强化机制，污染源区控制及多介质共修复的技术原理，非均质含水层复合污染羽修复技术理论；④地下水水质研究方法方面——地下水水质监测与测试技术、地下水溶质运移数值模拟技术和水文地球化学模拟技术、温度示踪技术、环境同位素示踪技术、地质微生物技术、地下水人工示踪技术等方法研究应用中的关键科学与技术问题。

三、生态水文地质

地下水的水量和水质不仅取决于含水层性质和水岩作用过程，还受控于地下水与地表水、大气水、降水等水循环其他环节之间的联系和相互作用，而生物群落对这种联系和作用有着重要影响。反过来，作为一种重要的生态因子，地下水支撑着地球上众多的生物群落，是其生态服务功能维持的基础。因此，以水文地质过程与生态过程的相互作用为研究主旨的生态水文地质学不但拓展了水文地质学的研究范围，而且具有重要的应用价值，可服务于地下水安全保障、生态文明建设等国家战略需求。

第四章生态水文地质分为五节，分别综述了生态水文地质学的五个主要研究领域。每节在简要介绍本领域的科学意义与战略价值后，重点凝练了仍待解决的关键科学问题，分别是：①地下水与湿地保护领域——湿地对地下水依赖程度和方式的判断与量化，湿地影响地下水的方式、机制及其定量评估，以及潜流带生态功能的类型、实现机理及评估；②地下水与陆地植被领域——陆地植被对地下水补给的影响机制及其净效应，陆地植被对地下水排泄的影响机制及其定量评估，以及地下水型陆地植被的识别、对地下水演化的响应机制及保护；③地表水－地下水相互作用及其生态效应领域——地表水－地下水相互作用过程的观测与精细量化，地表水－地下水相互作用的水文－生物地球化学耦合过程及监测，地表水－地下水相互作用带内多过程的耦合模拟，以及气候变化与人类活动对地表水－地下水相互作用及其生态效应的影响；④含水层生态系统领域——含水层生态系统对外界环境扰动的自我修复机理，含水层生态系统中生物地球化学过程的模拟预测，岩溶洞穴生态系统生物多样性及其对沉积环境的指示意义，含水层生态系统中未知生命的探索及生物资源的转化应用，以及含水层生态系统中生物群落结构及多样性随时空变化的控制因素及预测；⑤岩溶生态水文地质领域——岩溶生态系统中生物物种对地下水依赖的识别，岩溶生态系统中种群与物种对地下水的依赖程度的判断，岩溶生态系统关键生态过程对地下水依赖性的识别，岩溶地下水各参数（水位/头、水量、水质、流速等）的生态学意义，岩溶生态系统中关键物种和群落结构对气候变化及地下水退化的响应过程，以及岩溶含水层和洞穴生态系统，以及岩溶地表生态系统耦合的水文生态环境效应。在每节最后，基于科研需求和国家战略需求的分析，提出对本领域优先发展方向的建议。

Abstract

Groundwater is an important link in natural water cycle and it is also an important source of global water supply. However, intensive human activities have urged the deterioration of water environment in the past thirty years. Therefore, sustainable supply and protection of water resources and several geo-environmental problems caused by groundwater development, such as groundwater level decline,water quality deterioration, land subsidence and karst collapse, have become urgent problems to be solved for human society.

Based on the development history of hydrogeology in China and the world, national and social requirements of hydrogeology and special hydrogeological conditions in China, this book has analyzed the scientific significance and strategy values of main research disciplines and directions of hydrogeology and discipline developing conditions and made the strategy status of hydrogeology more explicit. The key scientific problems and priority development directions of the three key fields of groundwater flow,groundwater quality,ecological hydrogeology have also been generalized. In the end, the funding mechanism in accordance with the scientific principles and development countermeasures to develop hydrogeology in China have been suggested.

I. Groundwater Flow

Chapter 2 summarizes the four research fields of groundwater flow. After a brief introduction of the scientific significance and strategic value of this field, each section focuses on the key scientific problems still to be solved, which are as following.

(1) Groundwater flow in the Earth's Critical Zone (CZ)—the mutual feedback mechanism among groundwater flow,water cycle, biological process, and geochemical process in CZ; the mechanism of groundwater flow process and ecological process and its influence on the evolution of ecosystem; the response of groundwater flow process to extreme climate events and human activities, interface processes in groundwater flow in CZ; and multi-scale hydrological-ecological-biogeochemical process coupling models and upscaling/downscaling.

(2) Non-Darcy ground flow—the identification and simulation of fractures and fracture networks, the non-Darcy flow mechanism and scale effect, and the coupling process of non-Darcy flow under multiple factors.

(3) Multi-phase flow—multi-scale, multiple flow patterns, multi-field coupling characteristics, as well as multi-phase flow interface and interphase processes.

(4) Groundwater and geohazard—the mechanism and prediction model of groundwater-induced geological disasters under complex geological conditions, the coupling model of watershed geology-landform-hydrology to predict the geological disasters, and the long-term mechanism of engineering structure and geological body under the dynamic influence of groundwater.

At the end of each section, the priority development direction of each field is suggested based on the analysis of scientific research needs and national strategic needs. Among them, the first and second sections belong to the field of groundwater flow in CZ, and the groundwater flow process in the typical CZ of the second section is the currently focus of groundwater flow in CZ. In view of its particularity, the second section discusses the scientific significance, strategic value, key scientific problems and the priority development direction of groundwater flow process research in six typical CZ including coastal areas, plain areas, bedrock mountain areas, karst areas, arid and semi-arid areas (referred to as arid areas), and cold areas.

II. Groundwater Quality

Groundwater quality is closely related to the type of water-bearing medium and water-rock interaction, and also affected by many other factors, especially human activities. In some areas, the distribution of poor-quality groundwater and groundwater pollution have restricted the availability of groundwater, causing "pollution-induced" water shortage and exacerbating water resource shortage situation in these areas.

Poor quality groundwater is often occurred accompanied by people's livelihood issues such as water shortage, poverty, and endemic diseases.Groundwater pollution will deteriorate groundwater quality and pose a serious threat to water supply safety. Therefore, the systematic establishment of groundwater quality research methods and in-depth study of the distribution and genetic mechanism of poor-quality groundwater, groundwater pollution process and contaminated site restoration mechanism have important strategic significance for water environmental protection and ecological civilization construction.

Chapter 3 is organized into four sections, discussing the scientific significance and strategic value, key scientific issues and priority development direction of the causes of poor quality groundwater, groundwater pollution process and remediation mechanism of contaminated sites, respectively. The condensed key scientific and technical issues include:1) causes of poor quality groundwater—the distribution and prediction of poor quality groundwater, the formation and geological process of poor quality groundwater, and multi-geochemical process coupling of the migration and transformation of specific components in poor quality groundwater.2) groundwater pollution process—multi-process of groundwater pollutant migration and transformation, multi-factor dynamic coupling and feedback mechanism, multi-scale process and scale conversion mechanism of groundwater pollutant migration and transformation and multi-scale-process integration and prediction of pollutant migration and transformation. 3) mechanism of contaminated site remediation—quantitative assessment of the natural attenuation process of contaminated sidesand and its strengthening mechanism,technical principles of pollution source area control and multi-medium co-remediation technology theory of composite pollution plume in heterogeneous aquifer. 4) groundwater quality research methods—key scientific and technological issues in methodological research and application of groundwater quality monitoring and testing technology, solute transport simulation and hydro-geochemical simulation technology, thermal tracing technology, environmental isotope technology, geo-microbial technology and artificial tracing technology of groundwater, etc.

Ⅲ. Eco-hydro-geology

The quantity and quality of groundwater depend not only on the nature of aquifer and the water-rock interaction processes, but also on the interactions between groundwater and the other elements in water cycle such as surface water, atmospheric water, precipitation, etc. Biocenosis play an important role in theses interactions. Conversely, as an important ecological factor, groundwater supports numerous biocenosis on Earth, maintaining their ecological services. In this context, eco-hydrogeology, which focuses on the interactions between hydrogeological processes and ecological processes, is expanding the scope of hydrogeological research. It also has important application value, serving national strategic demands such as groundwater security and ecological civilization construction.

Chapter 4 is organized into five sections, each of which focuses on one main research field of eco-hydrogeology. All five sections are organized in the same basic structure: following a brief introduction to highlight the scientific significance and strategic value of the field, a detailed review of key scientific problems that remain to be resolved in the field is presented, and based on which, the priority directions for future research in the field are suggested. Here we give a brief account on the key scientific problems included in each section: For Section 1 that focuses on the relationship between groundwater and wetland, they are the determination and quantification of wetland dependence on groundwater, the identification and evaluation of the ways and mechanisms through which wetland influences groundwater, and the types, mechanisms and evaluation methods of the ecological functions of hyporheic zone; For Section 2 that focuses on the relationship between groundwater and terrestrial vegetation, they are the evaluation of the effects of terrestrial vegetation on groundwater recharge and discharge, the identification of the groundwater dependent terrestrial vegetation (GDTV), the exploration of the mechanisms that determine the responses of GDTV to groundwater evolution, and the strategies of GDTV protection; For Section 3 that focuses on surface water-groundwater interaction and its ecological effects, they are the monitoring and quantifying of surface water-groundwater interaction processes, the coupling and monitoring of hydrological-biogeochemical processes in surface water-groundwater interaction zone, the coupled modelling of multiple processes in surface water-groundwater interaction zone, and the influences of climate changes and human activities on surface water-groundwater interaction and its ecological effects; For Section 4 that focuses on aquifer ecosystems, they are the self-repairing mechanisms of the disturbed aquifer ecosystems, the simulation and prediction of biogeochemical processes in aquifer ecosystems, the biodiversity of karst cave ecosystems and its indicative significance for sedimentary environment, the exploration of unknown life and the application of biological resource transformation in aquifer ecosystems, and the identification of factors controlling spatiotemporal variations of the community structure and biodiversity in aquifer ecosystems; and for Section 5 that focuses on karst eco-hydrogeology, they are the identification of groundwater dependent species in karst ecosystems, the evaluation of these species' dependence on groundwater, the identification of key groundwater dependent ecological processes, the ecological significance of various groundwater parameters (water level/head, water volume, water quality, flow velocity, etc.), the responses of key species and community structure in karst ecosystems to climate changes and groundwater degradation, and the effects on hydro-ecological environment of the coupling of karst aquifers ecosystems, karst cave ecosystems, and karst surface ecosystems.

目　录

第一章
学科发展任务和战略价值

第一节　学科发展与科学意义

　　水文地质学是研究地下水的科学。它研究地下水系统结构、组成、功能及其形成演化的物理、化学、生物过程，开展地下水资源调查、评价与管理，揭示在地质作用和人类活动影响下，地下水系统中物质循环和能量输运规律、地下水依赖型生态系统（groundwater-dependent ecosystem，GDEs）的演化规律，并研究如何运用这些知识和规律兴利避害，以确保供水安全和水资源的可持续开发利用。当代水文地质学在解决人类面临的水资源短缺、环境污染、地质灾害、生态环境恶化、气候变化、危险废物和温室气体处置、页岩气等非传统化石能源开发、地热能利用等诸多问题中发挥着越来越重要的作用，是国际地学界最为活跃的分支学科之一。19世纪50年代，达西定律的建立标志着水文地质学的发端。20世纪是水文地质学迅猛发展的时期，其中60年代是学科发展的分水岭。在此之前的50年中，传统水文地质学的发展基本沿用传统的罗盘、放大镜、经纬仪等工具及抽水试验、井水水位和泉流量测量等手段开展野外调查，计算工作靠人工完成，研究的重点为地下水水量。以美国和苏联的水文地质工作者为代表，其在区域水文地质、地下水动力学、专门水文地质等领域取得了众多成果，代表性成果包括：1922年，苏联出版了第一部俄文版的《水文地质学》；1923年，门泽尔（O. E. Meinzer）发表《美国地下水赋存规律》（*The Occurrence of Ground Water in the United States*，美国地质调查局供水报告第489卷）；1935年，泰斯（C. V. Theis）认识到热流和水流的类似性，推导出抽水引起的水井附近水位的瞬态行为或地下水向井流动的非稳定流解析公式；雅克布推导出直接描述流体流动的微分方程（Jacob，1940），这些成果成为现代水文地质学重要的奠基之作。

20世纪60年代之后，除继续深化水流问题研究外，水文地质学开始重视以地下水水质为核心的环境问题研究和以地下水生态效应为核心的生态问题研究。尤其是近30多年来，强烈的人类活动使得生态环境问题日益突出，供水安全与水资源保护比以往任何时期都更为紧迫，加上计算机科学、物理学、化学、生物学和大数据科学领域的理论方法与高新技术的突飞猛进，以及地球系统科学的建立和不断发展，水文地质学理论方法体系得到空前的发展。

我国的水文地质学起步比较晚，直到20世纪30年代才开展了零星的地下水调查。新中国成立后，水文地质学得到较快发展。20世纪50年代到80年代中期，中国区域水文地质、地下水动力学、水文地球化学、专门水文地质等分支学科得以建立并不断发展，前期主要受苏联水文地质学派影响，70年代后主要受美国和日本学术思想和方法学影响。近30多年来，随着经济的高速发展和人民生活水平的不断改善，人类活动导致地下水超采、地下水污染、地面沉降、海水入侵、地下水依赖型生态系统退化、地面塌陷和水质恶化等一系列环境地质问题，地下水资源的可持续性和评价及合理开发成为学科的重要研究内容。

经过100余年的发展，水文地质学已经成为地球科学、水科学和环境科学的核心基础学科。地下水的形成与演化受地球系统中各种地质作用的制约，同时地下水积极参与地球系统的演化和地球物质循环与能量交换，导致大量的物质破坏、迁移、富集，最终形成矿产和地热资源。阐明水的地质作用，对深化岩石圈形成演化、层圈相互作用和成岩成矿作用进行机理研究，可为矿产资源和能源资源勘查提供重要的理论支撑。地下水是地球关键带（critical zone）的主要组成部分，是支撑地球生命系统的关键因子。地下水是全球变化的受体和信息载体，通过监测、模拟地下水系统的物理、化学和生物特征，可以示踪不同时空尺度上的地球环境变化。

地下水是地球水循环的一个重要环节，是全球重要的（在许多地区甚至是唯一的）供水水源，是维系人类生存发展和生态系统健康的关键要素。地下水系统结构、组成和功能的复杂性，以及不同尺度上的物理、化学和生物过程及其耦合作用，都影响着地下水系统中物质迁移和能量输运过程。为了精细刻画、准确预测这些过程，水文地质学在地球科学中最早引入系统论和定量模拟方法。由于重视观测、监测、野外试验和实验测试研究，重视运用数学方法和大数据技术，重视与地球物理学、地球化学、水文气候学、环境科学等学科的交叉融合，水文地质学在拓展人类知识边界、认知地球系统、可持续开发利用地球资源，以及保护地球环境方面的基础学科地位、重要性和影响力与日俱增。

地下水资源（尤其是清洁淡水资源）的可持续供给是人类面临的重大挑战，是应用水文地质学的主要研究方向。近 30 多年来，强烈的人类活动使得水环境日趋恶化，供水安全与水资源保护比以往任何时期都更为紧迫。近年来，地质环境保护问题成为应用水文地质学的重要研究内容，地下水污染防治、地下水与地表水的相互作用及其水资源-环境效应、地质环境修复、二氧化碳（CO_2）地质封存、核废料地质处置、页岩气和干热岩资源开发等重要基础科学问题重大社会需求，不断推动着水文地质学科的创新发展。

在水文地质学建立初期，其主要研究课题围绕与水井周围含水层的开发及应用开展工作。随着人类取水规模的不断扩大，人类活动对自然系统的扰动日趋强烈，出现了全球性地下水资源枯竭和生态环境恶化，已经并将继续对人类的生活甚至生存构成严重的威胁。Dalin 等（2017）在 *Nature* 发表的《嵌入国际食品贸易中的地下水枯竭》（*Groundwater Depletion Embedded in International Food Trade*）文章中指出：基于全球对不可再生的地下水抽取和国际粮食贸易数据的综合估计，水文模型和地球观测结果显示，全球范围内地下水正以惊人的速度枯竭。因此，水文地质学的研究重点也由解决局部问题、水量问题逐渐扩展为水质与水量研究并重、地下水系统与生态系统研究并重，以谋求人与自然和谐共生、实现地球水资源和生态系统的可持续性为根本使命。

第二节　水文地质学的战略作用和战略价值

地下水既是重要的自然资源，也是重要的环境因子。随着人口的大量增加、自然资源的过度开发，自然环境的破坏程度不断加剧，导致水文地质学面临的挑战也在不断加大。水文地质学的战略作用和战略价值日益凸显。可以从国家和社会需求分析、国际组织及国家战略报告、文献计量分析等维度来审视水文地质学的战略作用和战略价值。在 2018 年出版的《中国学科发展战略·地下水科学》一书中（中国科学院，2018），我们已经较为系统地从维持水资源安全供给、矿泉水资源开发利用、地质环境保护、生态文明建设等视角论述了经济社会发展的强劲需求对水文地质学科发展的推动作用，分析了水文地质学科在解决我国面临的资源环境问题中的重要价值。有兴趣的读者可详阅该书第一章。这里，我们重点从国际组织和国家战略规划及研究报告、文献计量分析两个方面进一步阐述水文地质学科的战略作用和战略价值。

一、国际组织和国家战略规划及研究报告

（一）国际水文计划

"国际水文计划"（International Hydrological Programme，IHP）是在"国际水文十年"（International Hydrologic Decade，IHD）计划的基础上形成的。"国际水文十年"计划由联合国教育、科学及文化组织（UNESCO）于1965～1974年实施，着重开展世界水均衡、人类活动对水循环的影响等14个领域的国际协作。"国际水文十年"计划的宗旨是，从人类合理利用水资源的角度出发，加强水文学与水资源研究，促进这些领域内的国际合作。"国际水文计划"旨在组织成员国执行一系列计划项目，其中有人类活动对水循环的影响、水资源的合理估算和有效利用等；组织出版刊物、情报交流、学术会议和地区合作等以促进国际水文合作；进行水文科学的教育和培训。

"国际水文计划"由 UNESCO 主持，至 2019 年已经完成了 7 个阶段的研究计划，第八阶段尚在进行中，见表 1-1。

表 1-1　"国际水文计划"各阶段时间及主题

国际水文计划	时间	主要内容
第一阶段	1975～1980 年	集中于水科学中的水文研究方法、培训和教育
第二阶段	1981～1983 年	短期计划致力于水文学研究与水资源的可持续利用
第三阶段	1984～1989 年	与第二阶段一起致力于应用水文学与水资源水文学的研究，并加强对水资源进行合理管理的科学基础的研究
第四阶段	1990～1995 年	研究变化环境中的水文过程与水资源可持续利用
第五阶段	1996～2001 年	关注脆弱环境中的水文过程与水资源开发，其主要内容是：资源过程与管理研究，区域水文水资源研究和知识、信息与技术的转化
第六阶段	2002～2007 年	主要研究水的交互作用——处于风险和社会挑战中的体系。重点研究地表水与地下水、大气与陆地、淡水与咸水、全球变化与流域系统、质与量、水体和生态系统、科学与政治、水与文化等八个方面新的挑战问题
第七阶段	2008～2013 年	就如何利用现有科学知识来发展新的研究方向和方法，以对环境变化、生态系统和人类活动做出响应
第八阶段	2014～2021 年	水安全：应对地方、区域和全球挑战

UNESCO 的国际基础结构、水利和环境工程研究所在编制国际水文计划第七阶段（IHP-Ⅶ）和国际水文计划第八阶段（IHP-Ⅷ）战略计划草案过程中贡献良多，且水安全就是该研究所的五大专题之一。IHP-Ⅶ提出将水安全和水质作为优先事项，在国际水文计划水治理活动框架内与经济合作与发展组织（Organisation for Economic Cooperation and Development，OECD）展开合作，并发挥 UNESCO 的牵头作用。该阶段共有五个主题，分别为：①流域和浅层地下水系统对全球变化影响的适应性研究。该主题下与水文地质相关的领域战略部署为水压力系统中水文过程的全球变化和反馈机制研究、气候变化对水循环和水资源的影响研究、响应全球变化的地下水系统管理研究等。②水资源管理的完善及水资源利用的可持续性的提高。③面向可持续性的生态水文学。其中，在该领域下与水文地质研究有关的领域战略部署为开展基于地下水生态系统的鉴定、详查和评估。④淡水与生命支撑系统。⑤可持续开展水资源保护教育。

目前为 IHP-Ⅷ，该阶段的战略计划名称为"水安全：应对地方、区域和全球挑战"。IHP-Ⅷ的主要目标之一就是通过促进信息和经验转化来满足地方和区域对全球变化适应工具的需求，并加强能力建设以应对当今全球水资源可持续供给所面临的挑战，从而将科学转化为行动。IHP-Ⅷ主要包括 6 个主题，每个主题下包括 5 个重点领域。此外，IHP-Ⅷ还涉及了 13 个与之相关的计划。6 个主题分别为（UNESCO，2013）：①与水相关的灾害和水文变化。②变化环境中的地下水。该主题下共有 5 个领域，分别为：加强地下水资源的可持续管理、制定含水层补给管理战略、适应气候变化对含水层系统的影响、促进地下水水质保护、促进跨界含水层管理。该主题下的研究主要为水文地质相关的领域。③水资源短缺和水质问题的解决。④水与人居环境的未来发展。⑤生态水文学——面向可持续世界的协调管理。⑥水资源教育——水安全的关键。IHP-Ⅷ中有关地下水的研究主题主要包括以下内容：促进地下水资源可持续管理原则的措施、探讨合理开发和保护地下水资源的方法、编制新的地下水资源图、促进跨界含水层管理，以及在紧急情况下加强地下水治理政策和水资源管理。这些挑战要求采用新的基于科学的方法进行全面研究，认可综合管理原则和利用无害环境技术保护地下水资源。

（二）联合国《水行动十年（2018—2028）》及《2017 年联合国世界水资源发展报告》

联合国（UN）发布《水行动十年（2018—2028）》（*Water Action Decade*

2018—2028），又称为"可持续发展水十年"，旨在进一步改善合作伙伴关系和能力发展，以应对雄心勃勃的 2030 年议程。该十年目标主要聚焦于：水资源的可持续发展和综合管理，实现社会 - 经济 - 环境目标及相关方案和项目的实施和推广；促进各层次的合作伙伴关系，实现国际商定的与水有关的目标，包括《2030 年可持续发展议程》（*Transforming our World：The 2030 Agenda for Sustainable Development*）的目标。

其中，与地下水相关的活动主要为（UN-Water，2018）：①采用可持续地下水管理和环境友好型工业发展的新技术。该十年活动将发展、协调和促进新的无害环境技术，使会员国能够加强可持续水资源管理的能力，包括保障水和卫生服务、提高水资源利用效率、减少与水有关的灾害风险、促进可持续工业发展和解决缺水问题等领域。②建立和开发模型工具，对水文和地下水进行可持续发展管理。十年计划中促进可持续发展的科学研究项目旨在提高关于如何在气候变化面前为日益增长的人口提供更多水安全的知识，并对加强水文和地下水、城市水资源管理和减少与水有关的灾害风险等领域开展研究。这些项目将包括开发模型工具和开展广泛的水问题研究，促进水科学和教育的发展，以实现与水有关的可持续发展目标。

UN 在 2017 年 3 月 22 日发布的《2017 年联合国世界水资源发展报告》（*World Water Development Report 2017*）主要聚焦水资源的利用效率、全球淡水资源需求及地下水态势。报告从全球角度分析，得出淡水需求在未来几十年呈增长趋势。除占总淡水使用量 70% 的农业领域需求量以外，工业领域使用的淡水资源将大量增加，随着全球城市化进程加快，城市市政用水与卫生系统用水也将呈增长态势。气候变化情景模拟得出的结果显示，未来数年中，淡水的供给与需求矛盾呈恶化趋势。随着干旱和洪水发生的频率增大，其将改变全球部分江河流域的水资源分布，由此带来的干旱将影响很多地方的经济发展和生态环境。当前，全球 2/3 的人口生活在缺水地区，大约有5 亿人生活在水资源消费量占水资源补给量两倍的区域。这些地区生态环境极度脆弱，地下水呈持续减少的态势，迫切需要寻找可替代的水资源以满足需求。

（三）OECD：通过地下水分配加强水质和水量管理

OECD 在 2017 年 10 月 17 日发表研究报告《地下水分配：管理日益增长的水质和水量压力》（*Groundwater Allocation：Managing Growing Pressures on Quantity and Quality*），进一步分析与地下水有关的具体挑战，以及如何

根据地下水的特点设计出分配安排。此报告是继 2015 年所发表的《水资源配置报告：风险分享和机遇》（*Water Resources Allocation: Sharing Risk and Opportunities*）之后基于案例研究来制定政策指导的又一份关于水配置的报告，目的是改进水资源分配制度的设计，评估和加强地下水的分配制度（OECD，2017）。该报告分析了地下水的特点，并提出了地下水配置的政策指导。该报告重点列出了进行水资源分配健康检查的 14 个具体问题，用以确定分配制度的关键要素是否到位，以及如何改进它们的性能。

（1）在含水层或其他相关尺度，是否有适当的责任机制来有效管理地下水分配？

（2）各类水资源（地表水和地下水，以及其他替代供水水源）是否有明确的的法律地位？

（3）是否充分认知了地表水、地下水以及替代供水水源的可获得性和可能的稀缺性？

（4）是否存在反映现场要求和可持续利用的地下水允许开采量？

（5）是否有一种有效的方法来高效和公平地管理水资源短缺的风险，从而确保水的基本用途？

（6）在处理特殊情况（如旱灾或严重污染事件）时，是否有适当的安排？

（7）是否有处理新进入者和增加或改变已有权益的程序？

（8）是否有有效、附带明确而合法的处罚措施的监督和执行机制？

（9）水基础设施是否到位，以便分配制度有效运作？

（10）不同部门间是否存在影响水资源分配的不一致性政策？

（11）是否有明确的关于水权益的法律定义？

（12）考虑到地下水抽取造成的影响，对所有用户收取费用是否合理？

（13）与回水及排水有关的义务是否有适当的规定和执行措施？

（14）该系统是否允许水的使用者重新分配水，以提高系统的配置效率？

报告基于 9 个案例（丹麦、日本的熊本、墨西哥、西班牙、美国的亚利桑那州图森市和得克萨斯州、法国、印度的古吉拉特邦以及中国北方），强调健康检查的要素如何在不同的环境中被应用。在对我国的案例研究中，报告总结了中国北方地下水资源的使用情况，认为中国地下水的私有化引起了非正式的水交易。中国北方的地下水市场为稀缺性水资源的分配提供了一种手段。地下水市场可以为原本难以获得地下水的人，如贫穷、年老和受教育程度较低的农民，创造了更好的水源。但是一些学者认为，水井的私有化和非正规地下水市场的出现导致了地下水消耗的增加，因为这促进了更多的人使用地下水。因此，从长远来看，在没有限制提取地下水的情况下，地下水市场实际上可能会增加水资源的稀缺性，从而限制获得水的机会。再者，中国的电价是基于计量消费设定的，所以地下水开采深度决定了运行管道的成本。当泵的成本更高时，水卖家和买家倾向于优化他们的地下水消费。鉴于非正规市场对价格变动的反应，一些观察人士认为，政府应该引入正式的地下水定价机制，允许收回全部的供应成本，并根据资源的稀缺性加强价格调控。

（四）IWMI 发布地下水研究报告

国际水资源管理研究所（International Water Management Institute，IWMI）于 2017 年 6 月 20 日发布《通过地下水的可持续利用构建恢复能力》（*Building Resilience Through Sustainable Groundwater Use*）的研究报告。该报告为"水－土地－生态系统"研究项目面向可持续发展的见解及解决方案之系列研究报告，分析了全球及非洲、亚洲地区地下水灌溉的趋势、潜力及风险，提出可持续地下水使用的政策和管理解决的方案建议，并对地下水的可持续使用提出了未来展望。

1. 地下水灌溉的趋势、潜力及风险

农村和城市地区地下水的过度开采和污染致使社会经济效益受到威胁。未来，地下水的可开发潜力以及地下水开发的风险，再加上创新的管理和政策解决方案，可以帮助引导未来的地下水使用。

（1）全球。目前，地下水约占全球灌溉面积的 40%，用于粮食生产的灌溉用水占 13%，而地下水贡献了全球大约 44% 的灌溉粮食生产。虽然地下水的使用有可能提高未来的农业产量，但世界某些地区的粮食生产正日益导致地下水资源枯竭，这意味着地下水的抽取速率超过其得到的补给水平。从全球来看，14%～17% 的粮食生产所使用的地下水来自不可持续的地下水资源开采；从区域来看，南亚、OECD 国家、东亚、近东和北非的粮食生产对消耗地下水资源的依赖程度最高，灌溉用水量分别为 15%、16%、21%、25%，这些通过利用地下水发展的粮食生产都是不可持续的。

（2）非洲。在非洲，只有 1% 的耕地（约 200 万 hm^2）在使用地下水灌溉。随着水资源调查技术和国际合作的发展，IWMI 可以提供关于非洲跨界含水层更详细的知识。非洲大部分地区的地下水灌溉都有明显的水文潜力。

水文的边界之内共享的蓄水层大约覆盖了非洲大陆 42% 的陆地面积，非洲大陆约 1/3 的人口生活在此。非洲决策制定者可以加强流域水资源管理，尤其是针对跨界地下水问题。科学家所提供的填图工具及跨界含水层管理的能力建设有助于改善津巴布韦、南非的跨界地下水资源管理。

（3）亚洲。在亚洲，地下水灌溉面积约占耕地的 14%，亚洲地下水灌溉面积占全球地下水灌溉面积的 70%。以印度为例，据估计，有 2000 万口水井的地下水供应印度国家一半以上的灌溉面积。在过去的几十年里，印度的地下水使用量非常惊人，特别是在印度南部和西部的半干旱地区，这导致了不可持续的地下水开发。相对来说，印度东北部降水丰富，地下水开发不足，可持续地下水开发潜力巨大。可持续地管理印度地下水，不仅仅需要含水层的水文地质知识，还需要对影响土地利用决策、种植和地下水使用等的政治和社会制度的理解，这些都使得地下水经济问题更加复杂。因此，印度一直以来都是研究地下水资源可持续管理政策和制度的重点地区。

2. 可持续地下水使用的政策和管理解决方案建议

（1）优化地下水政策，促进可持续地下水的使用。在某些情况下，误导性政策会妨碍地下水的有效使用。科研人员及政策制定者要重新审视过去的政策，确定是否需要修改完善，以更好地保护地下水资源。

（2）通过能源部门的激励来管理地下水。对可持续地下水灌溉的激励可以在水行业之外进行。比如，在印度，"智能太阳能泵"模型的投入能以较低的成本回购过剩的太阳能发电，而不是从单个农民手中购买电力。该模型提供了一个较高农业生产率的实验，可以减少能源对化石燃料的使用及降低碳排放，有利于确保地下水的可持续使用。

（3）通过跨部门的水资源转移来支持城市含水层补给。为了解决城市化对含水层及其管理的影响，研究人员正在分析农村城市水资源转移和含水层补给的业务。印度的班加罗尔将处理过的城市污水用于城市周围的含水层地下水补给，从而使含水层再次恢复储水，并使城市和农村居民可以获得地下水供给。同样的趋势正出现在世界上其他许多地方，比如西班牙巴塞罗那附近三角洲以及伊拉克的一些平原地区等均采用处理过的废水来补给城市所使用的含水层。再者，研究人员也正在探索诸如此类的模型，分析有利条件、制度联系和激励机制，以安全和可持续的方式鼓励部门间的水资源转移。

（4）通过相关实验增强对社区地下水资源的管理及使用。有许多成功的模型用于管理公共资源，特别是在森林、保护区甚至灌溉区方面。但是，对于地下水来说，人们缺乏可靠的模型。印度的许多含水层被过度开采，但农民们还未在规范地下水使用方面进行合作。研究人员发现，由于缺乏信息，农民无法共同管理地下水。许多农民认为，地下水量主要受降雨影响，没有意识到选择种植耗水量大的作物也可以导致耗尽地下水资源。实验可以帮助农民理解这一点。实验已经被证明是一个有用的切入点，促使利益相关者讨论如何开展有助于改善水管理的合作。

3. 未来工作展望

未来的工作领域将集中于如何改善地下水质量，维持环境、生活和食品健康。此外，保护和修复城市周边地区的地下水资源，保障水安全使其符合环境卫生标准，也将是未来的重点。为改进地下水资源综合管理，还需要更深入地认识地下水补给过程（如地下水和地表水之间的相互联系）。

（五）《美国未来水科学优先领域：美国地质调查局水使命领域方向》

美国国家科学院（National Academy of Sciences，NAS）于 2018 年 9 月 26 日发布《美国未来水科学优先领域：美国地质调查局水使命领域方向》（*Future Water Priorities for the Nation*：*Directions for the U.S. Geological Survey Water Mission Area*）（NAS，2018），确定了美国在未来 25 年内水资源科学面临的挑战，以及全球水资源存在的问题和应对的创新技术，并提出了政策建议。

未来几十年，人口增长、气候变化、极端天气，以及与水有关的基础设施老化威胁着水质和水资源利用，解决与水资源利用有关的问题将至关重要。作为其七大使命领域之一，"美国地质调查局水资源领域的使命任务"（U. S. Geological Survey-Water Mission Area，USGS-WMA）致力于收集和提供与美国水资源有关的高质量、无偏见的科学信息，不仅使人们能够在飓风、洪水和森林火灾等紧急情况下做出快速反应，而且在水资源的长期管理方面具有丰富的经验，能在很多方面帮助政府做出决策。

1. 解决全球水科学问题

《美国未来水科学优先领域：美国地质调查局水使命领域方向》提出了水科学十大问题。如果能解决水科学十大问题，将对未来应对水科学的挑战方面做出重要贡献。该报告主要根据科学重要性、社会需求、与美国地质调查局（U. S. Geological Survey，USGS）任务的相关性以及与 USGS 合作伙伴的相关性等标准，对这些问题进一步提炼，形成了五个优先级别更高的问题：①大气降水、地表水和地下水的水质与水量，以及它们在空间和时间上的变化是怎样的？②人类活动对水量和水质的影响是怎样的？③如何更有效和全面地进行水资源核算，以提供有关水资源供应和使用的数据？④气候变化如何影响水质、水量、水资源利用的可靠性以及与水有关的灾害和极端事件？⑤如何改善与水有关的长期风险管理？

其他五个问题也非常重要，但可以通过包括 USGS 在内的更广泛的水文水资源研究加以解决，具体为：⑥水循环在不久的将来对大气圈、岩石圈和生物圈的变化有哪些反应，水文反应如何反馈并加速或抑制大气圈、岩石圈和生物圈的变化？⑦如何改善气候、水文、水质和相关社会系统的短期预测？⑧制度、治理和制度弹性如何影响水量和水质？⑨如何更好地理解与水有关的危害和人类健康之间的联系？⑩在健康的社区和生态系统的前提下如何管理和维护水资源的竞争使用？

2. 技术创新应对水资源挑战

新兴技术将有助于应对挑战。此后，更广泛来源的观测数据将提供更高的时间和空间分辨率。新技术的广泛采用支持开发新系统来快速收集不同来源的数据，以进一步评估、存储、处理和共享数据，发挥数据的最大作用。

新的传感器将推进水资源的观测和分析水平，但在测量和监测水质方面存在技术挑战。微传感器仍然是研究和开发的重要方向之一。环境 DNA 技术已经可以从单个水样中检测入侵物种，这对环境健康及其恢复力具有重要意义。

管理"大数据"和整合多源异构数据有助于水资源模型的开发，为跨学科模型集成和不确定性提供辅助决策。

3. 对美国水资源研究与管理的政策建议

根据上述水资源领域所面临的挑战和优先研究方向，报告提出以下建议。

（1）加强数据收集，开发基于网络的分析工具。为了使国家能够应对未来的水资源挑战，建议：①使用创新技术加强水量、水质和用水监测，并建立数据库和开发监测平台；②进一步将公民科学（citizen science）融入

USGS 数据收集活动，以增强传统监测网络；③研发更新颖、更直观的基于 Web 的数据分析和可视化工具，以便更好地了解水资源的状况和趋势。

（2）与各机构和相关组织协调数据对接。USGS-WMA 作为提供水量、水质数据和信息的机构之一，应与其他机构和相关组织共同协调开发可访问的、开放编码的数据格式、协议、互动工具和软件。这种数据共享模式可以综合多个观测点信息，更有利于监测水量和水质变化的趋势。

（3）加大对人类活动与水资源关系的调查研究。优先调查人类活动与地表水和地下水变化之间的关系，通过综合观测，结合气候和社会经济因素影响的自然-人类系统模型，研究与水有关的灾害。

（4）建立健全水资源核算系统。应开展相关研究，了解如何最好和最有效地执行水资源核算，以及如何评估和呈现报告数据的不确定性。水资源核算既应包括资源本身的测量范围，还应包括消费性和非消费性的用水量，即考虑水资源利用的生物物理性和社会性约束。

（5）与各机构和相关组织就水资源数据标准和使用类别进行合作。作为国家收集用水数据和信息的部门之一，USGS-WMA 应与其他机构和相关组织合作，共同制定用水类别的标准、协议，并坚持各州、县和流域通用的规格标准。

（6）确保监测网络提供足够的信息来评估不断变化的情况。应定期评估地表水和地下水的监测网络状态，以确保这些网络能够为气候、农业和其他土地利用以及城市化带来的环境变化提供水文影响分析数据。

（7）重点关注极端水情的长期预测和风险评估。优先考虑解决与洪水、干旱和水生污染物等水文原因相关的风险，设法了解气候变化、土地覆盖率和土地利用变化，以及其他生物、物理和社会经济因素对水资源（水量、水质、极端事件和其他水文灾害）的影响。USGS 应该进一步开发综合模型，以帮助预测在不断变化的气候条件下的未来水文条件。这些活动需要与 USGS 的其他使命领域开展集成研究，并把资源管理者、决策者和社会科学家包括在内。

（8）开发涵盖整个水循环的多尺度、集成性的动态模型。USGS-WMA 应优先考虑多尺度和综合建模，利用地面传感和空中地球观测平台，将地上和地下水资源存储的水量、水质、自然与人类的驱动因素及相互作用动态耦合。

（9）与包括政府机构和私人部门在内的 USGS 内外部合作。水资源挑战具有内在的跨学科性，USGS-WMA 应继续建立并保持强有力的合作，加强与 USGS 其他使命领域的联系，最大限度地发挥其在观测、研究、预测和提供水资源数据和问题方面的影响；加强与其他联邦和州相关机构以及国际机构（特别是跨界水问题）的联系，以应对更多的水资源挑战；评估实际情况并在其认为有利的情况下与私人部门合作，以开发新的数据源和平台，加强数据、信息、模型和其他产品的传播。

（10）建立一支准备应对新的水资源挑战的人才队伍。USGS-WMA 应调整其当前和未来的研究力量，以满足关键的战略需求，尤其是在改善水资源监测，进行自然 - 人类耦合系统建模和应用可靠、精确、鲁棒性好的新方法等方面增加研究力量，建立一支可实现数据分析、解析、可视化和传播能力的队伍。

二、文献计量分析

本部分研究数据来自科学引文索引（Web of Science，WoS）核心合集数据库，该数据库收录了世界各学科领域内过万种优秀的科技期刊，被收录的期刊论文能在很大程度上及时反映科学前沿的发展动态。在数据库中采用高级主题词检索，检索词明确设定为水文地质（hydrogeology），设定检索式为（ts = hydrogeolg*），选取检索范围为所有年份的科学引文索引扩展版（SCIE）/ 社会科学引文索引（SSCI）发文，共获得符合条件的论文（article、review、proceeding paper 和 letter）10 570 篇。经过人工筛选，去除重复文献，得到论文 10 066 篇。数据采集时间为 2019 年 5 月 10 日。

在数据分析过程中，主要采用了汤森路透集团开发的专业文本数据挖掘分析软件 Thomson Data Analyzer（TDA）进行处理，并对水文地质学相关的研究发展趋势进行可视化的展现。对 TDA 处理后的数据借助办公软件 Excel 及网络图谱关系生成工具 VOSview 辅助作图分析，分别就该领域的年度发文趋势、发文量靠前的主要国家及机构在该领域的发文态势等做统计分析；对学科领域及关键词进行统计和可视化分析，分析全球水文地质研究的态势。

（一）论文产出总量变化

在 WoS 数据库中检索到与全球水文地质研究相关的 SCIE/SSCI 论文最早的发文时间为 1909 年。如图 1-1 所示，全球水文地质研究 SCIE/SSCI 论文的年度分布情况如下：1909 ～ 1965 年为水文地质学的萌芽阶段；1966 ～ 1990 年为水文地质学的缓慢发展阶段；1991 ～ 2018 年为水文地质学的快速发展阶段。

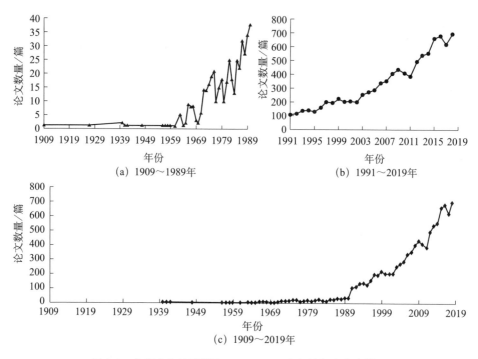

图 1-1 全球水文地质研究 SCIE/SSCI 论文的年度发文情况

（二）发文量前 10 位学科及近三年学科分布

水文地质研究的学科分布不仅是地球科学领域的热点，而且也是水资源、环境科学及工程学研究关注的焦点，这也符合知识的生产模式转变规律。水文地质研究涉及 128 个学科领域，发文量前 10 位的学科领域为地球科学、水资源、环境科学、土木工程、地球化学与地球物理学、工程地质、环境科学、地质学、湖沼学、多学科。图 1-2 给出了发文量前 10 位学科及其发文占比情况。在前 10 位的学科分布中，地球科学、水资源和环境科学分别占 33%、28% 和 16%。

（三）研究热点分布

采用 VOSviewer 软件对全球水文地质研究 SCIE/SSCI 论文中作者给出的关键词做相似度聚类密度图，图 1-3 中红色区域表示权重值高的主题。从图中可见，国际水文地质的研究内容主要集中于模型（model）、方法（method、approach）、评估（assessment、estimation）、模拟（simulation）、管理（management）、富集（concentration）、补给（recharge）、污染（contamination、

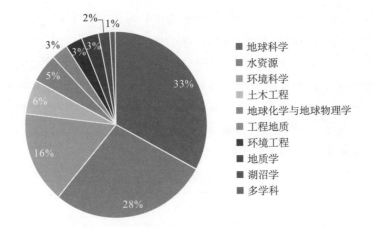

图1-2　水文地质研究的发文量前10位学科分布

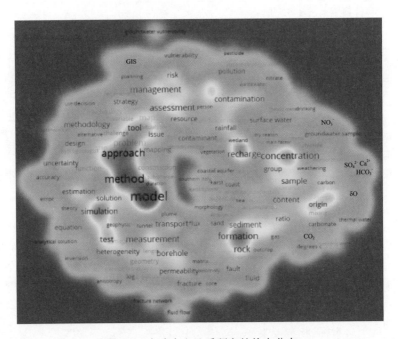

图1-3　全球水文地质研究的热点分布

pollution）等相关的水文地质和地下水研究。

　　从主要国家关注的研究主题来看，表1-2给出了水文地质发文量前10位国家的研究主题，按由高到低的词频多少排序，列出各国关注的前10个关键词。尽管在全球水文地质研究中，地下水相关研究、含水层水文地质等为共同研究主题，但是各国的关注程度及研究主题却有显著差异，这从侧面反映出了主要国家在水文地质领域的研究重点及方向。除主要国家共同关注的关键词外，美国还比较关注污染物迁移。美国、意大利、中国、法国、德国和西班牙均对岩溶水文地质开展了研究。意大利还关注滑坡相关的水文地质研究。中国对矿区及浅层地质学研究有关注。加拿大则关注沉积物和水的交换。德国则还关注城市水文地质研究。英国和西班牙还关注水文地质相关的硝酸盐污染研究。印度水文地质研究还多采用地理信息系统（GIS）相关的技术。澳大利亚则对水文地质研究中的盐度管理关注较多。

表 1-2　全球水文地质领域发文量前 10 位国家的研究主题

国家	出现频次前 10 个关键词
美国	地下水、水文地质、模型模拟、岩溶水文地质、含水层水文地质过程、美国、水文地质动力学、数值模拟、污染物迁移、水文地质过程
意大利	地下水、水文地质、意大利、岩溶水文地质、水循环、滑坡、含水层水文地质过程、碳酸盐、数值模拟、海洋水文地质
中国	地下水、岩溶水文地质、中国、水文地质、水循环、水化学、水动力学、浅层地质学、矿区、含水层水文地质
加拿大	地下水、水文地质、数值模拟、加拿大、裂隙岩体水文地质、水文动力学、气候水文模型、含水层水文地质、水循环、沉积物和水的交换
法国	地下水、水文地质、岩溶水文地质、水循环、含水层水文地质、法国、水文地球化学、裂隙岩水文地质、水文动力学、模型模拟
德国	地下水、水文地质、岩溶水文地质、水循环、含水层水文地质、城市水文地质、数值模拟、水动力学、盐水淡水相互作用、水文化学
英国	地下水、水文地质、含水层水文地质、模型模拟、硝酸盐、水资源、水循环、数值模拟、水动力学、裂隙岩水文地质
西班牙	地下水、水文地质、西班牙、岩溶水文地质、水循环、水化学、碳酸盐水文地质、含水层水文地质、硝酸盐、海洋水文地质
印度	地下水、水文地质、印度、含水层水文地质、基岩、GIS、水动力学、电阻率、水文化学、海洋水文地质学
澳大利亚	地下水、水文地质、盐度管理、澳大利亚、含水层水文地质、数值模拟、水化学、水循环、海洋水文地质、咸水淡水相互作用

从研究主题主要关键词的分布看，水文地质学的发展特征主要表现为：①关注与地下水相关的多学科研究，研究范围从地下水系统与自然环境系统相互关系的研究扩大到与社会经济系统相互关系的研究。地下水资源的研究也从数学模型发展到管理模型与经济模型的研究。②关注数值模型及模拟。随着现代应用数学与水文地质学的结合，模型研究成为水资源研究的主要内

容，使水文地质学从定性研究发展到定量研究。③与现代科学的新理论、新学科紧密结合。如系统论、信息论、控制论与相应产生的系统科学、环境科学、信息科学对水文地质学的发展发生了重大影响。④促进许多新的分支学科，如海洋水文地质学、医学水文地质学、污染水文地质学等的产生与发展。⑤关注新技术、新方法的应用。除计算机技术外，遥感（RS）技术、同位素技术、自动监测技术、数值模拟技术、水质分析技术等得到普遍应用，这在推动水文地质学的发展中发挥了重要作用。

（四）主要分析结果与展望

从论文的产出规模看，全球水文地质研究在 20 世纪 70 年代之前处于萌芽阶段，而后经过了 20 年的缓慢发展，并在 20 世纪 90 年代开始水文地质学开始得到关注，论文数量快速增长。水文地质研究的学科分布不仅是地球科学领域的热点，而且也是水资源、环境科学及工程科学研究关注的焦点，这也符合知识的生产模式转变规律。水文地质研究涉及 128 个学科领域。全球水文地质研究发表 SCIE/SSCI 论文在前 10 位的国家为美国、意大利、中国、加拿大、法国、德国、英国、西班牙、印度及澳大利亚。

从全球论文关键词相似度聚类密度图可以看出，国际水文地质领域的研究内容主要包括模型、方法、评估、模拟、管理、富集、补给、污染等相关的水文地质和地下水研究。但是，各国在水文地质领域研究中关注的方向也是各有差异，比如美国在水文地质研究中还重点关注污染物的迁移；中国则还重点关注矿区水文地质；德国的城市水文地质研究也是其水文地质研究的一个重要方向等。SCIE/SSCI 论文及关键词分析显示，水文地质研究是地球系统研究的关键挑战。水在大气圈、岩石圈和生物圈中的循环促进了地球系统的物理、化学和生物过程。研究水循环响应机制，并反馈到全球变化的趋势中，是水文地质研究的重要领域。

文献计量分析结果显示，水循环定量研究成为未来水科学研究的方向之一。有效管理水资源需要了解水的量与质、状态与位置。地下水系统的非均质性、水的储存和流动的时空变化、影响因素和过程的复杂性和耦合作用使得水循环的定量研究非常困难。了解人类活动如何影响水资源，对未来人类更好地管理全球水资源正变得越来越重要。近 3 年的文献显示，全球水文地质研究主要集中在开发集成建模领域。模型是集成和综合不同观测数据、理解复杂的交互作用和检验假设、重建系统的过去、预测其未来发展趋势的重要工具，对确保可靠和可持续的水资源供给具有重要的现实意义。

本章作者：

吉林大学林学钰，中国科学院兰州文献情报中心曲建升、吴秀平，中国地质大学（武汉）王焰新、马腾。林学钰和王焰新负责统稿。

参考文献

中国科学院.2018.中国学科发展战略·地下水科学.北京：科学出版社.

Dalin C，Wada Y，Kastner T，et al. 2017. Groundwater depletion embedded in international food trade. Nature，543（7647）：700-704.

Jacob J C. 1940. On the flow of water in an elastic artesian aquifer. Transactions American Geophysical Union，21：574-586.

National Academies of Sciences，Engineering，and Medicine. 2018. Future Water Priorities for the Nation：Directions for the U.S. Geological Survey Water Mission Area. https：//www. nap.edu/catalog/25134/future-water-priorities-for-the-nation-directions-for-the-us#toc［2018-09-26］.

OECD. 2017. Groundwater Allocation：Managing Growing Pressures on Quantity and Quality. http：//www.oecd.org/environment/groundwater-allocation-9789264281554-en.htm［2017-10-17］.

UN-Water. 2018. Water Action Decade 2018-2028. https：//www.un.org/sustainabledevelopment/ water-action-decade/［2018-03-12］.

UNESCO. 2013. IHP-Ⅷ：Water Security：Responses to Local，Regional and Global Challenges（2014-2021）. https：//en.unesco.org/themes/water-security/hydrology/ihp-viii-water-security［2013-12-05］.

第二章
地下水流

　　地下水不仅是水循环的重要环节，也是活跃的地质营力，对地质过程和表生环境都具有不可忽视的影响。如果地球关键带科学、水文科学和环境科学不考虑地下水的作用，就会导致在科学认识、工程技术手段和管理措施上的偏差。

　　在全球尺度上，人们认识到，气候变化并不单向地对地下水循环过程有驱动作用，地下水变化反过来也会影响气候系统的演变，因为地下水可以强烈地影响大气圈下垫面的水热平衡机制。大量研究显示，厄尔尼诺与南方涛动、太平洋十年涛动等规律性的气候变化对地下水补给的影响有着强烈的空间变异性，且对其作用存在较大争议（Taylor et al., 2012）。在流域尺度上，跨盆地的地下水流被认为对一些河流水文和水质异常行为起到了关键作用。在场地尺度上，地下水流是建设项目安全施工和运营的关键影响因素，也是污染物等物质运移的关键载体。在微观尺度上，地下水流是多介质、多相、多界面作用等研究的关键因子。综合考虑气候变化和人类活动双重影响下地下水流问题的复杂性和重要性，本章选择其中四个主要研究领域进行论述。

第一节　地球关键带中的地下水流

　　随着全球气候变化和"人类世"影响的加剧，地下水资源的短缺性、不确定性和水质恶化趋势越来越强烈，威胁着人类的资源环境生态安全。地球关键带中的地下水问题正成为新的科学研究热点。

　　地球关键带由美国国家研究委员会（NRC）于 2001 年提出（图 2-1），是地球表层系统中水圈与土壤圈、大气圈、生物圈和岩石圈物质迁移和能量交换的交汇区域，也是维系地球生态系统功能和人类生存的关键区域。一般认为，地球关键带垂直方向上包括从植被冠层顶部到地下水含水区域底部，横向上包括不同地质时期发育的有地上和地下结构的嵌套流域（Brooks et al.，2015）。水是地球关键带各圈层物质与能量的主要载体，水循环是不同圈层之间进行物质能量交换的主要驱动因素。水与岩石、土壤、植被、大气之间的交互过程决定了地球关键带的生态系统结构和功能。目前，地球关键带研究的时空尺度包括从微观到全球、从秒到数千万年、从过去到未来。地球关键带呈现高度的异质性和复杂性，并具有以下特点（李小雁和马育军，2016）：①过程演变性。变化是不可逆的累积渐进过程，可受极端干扰而变化。②循环耦合性。不同时间和空间尺度的地质和生物地球化学过程具有循环耦合性，涉及地球系统不同圈层的耦合。③垂直界面性。地表以下各层之间的界面控制着地球关键带对地上生态系统变化的响应和反馈。④空间异质性。其表现为层次组织和景观网络性。

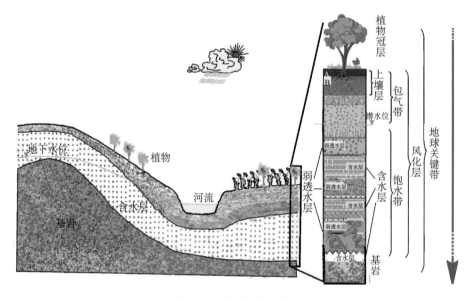

图 2-1　地球关键带示意图

资料来源：改自 National Research Council，2001

一、科学意义与战略价值

地下水作为地球关键带的核心要素之一，积极与地表水和大气降水等进行相互作用，其在不同尺度上的流动过程，动态地将地球关键带中的各个组成要素有机地联系起来，并与其他要素相互作用与相互影响，对地球关键带的健康运行起着重要作用。地下介质异质性和多样的水流通道对地球关键带中其他要素的分布及动态特征具有重要影响。地球关键带中地下水及其与其他要素的相互作用研究可以促进水文地质学、水文学、土壤学、地貌学、地球化学、环境科学等在不同时间尺度和空间尺度的综合研究。

地下水的流动性决定了其是地球关键带不同圈层之间物质能量交换的主要驱动因素。地下水在地球关键带中的重要作用主要包括以下方面。

（一）积极参与水循环

地下水积极参与水循环，携带物质和能量在地下介质并与地表进行积极交换。地下水在补给、径流、排泄过程中进行水资源供给以支撑人类活动、支持生态系统、影响地表水质、维持湿地等。Gleeson 等（2015）对比了全球 30 个不同含水层的模型分析和氚年龄分析得到现代地下水储量，结果显示，在地壳上部 2km 深度范围内，地下水储量约为 $22.6 \times 10^7 km^3$，其中 $0.1 \times 10^7 \sim 5 \times 10^7 km^3$ 的地下水年龄小于 50 年。尽管现代地下水在全部水资源中所占比例较小，但现代地下水的量仍等同于能在全球陆地表面分布 3m 深的地表水体。相比之下，地表水只有 100 000km³，土壤水储量为 16 000km³，植物水分为 1000km³，大气水为 12 000km³。由此可见，地球上可利用的淡水中，地下水占比很高，对全球水循环起着至关重要的作用。

（二）支持陆地生态系统

地下水影响地球关键带中的微生物，并支持着地表植物及各种动物，对干旱区地下水依赖型生态系统尤其重要。Fan（2015）和 Fan 等（2017）指出，地下水可作为无雨期植物的水源，不仅对支撑植物的生长有着重要作用，也是植物分带变化和植物根系分布深度的主要环境驱动力。在降水入渗情况较好的高地，植物根系沿着降水入渗发育较深，可至潜水面上的毛细水带；在地下水排泄区的低地，由于永久性涝渍，植物根系发育较浅，以避免地下水位下的氧气胁迫；在这两个地区的过渡带，高的植物生物量和干旱会使根系向下生长几米到达毛细水带。在地下水埋深很深的地方，植物生长主要依赖降水，根系不会继续向深部发展以使用地下水。基于 2200 个观测值，Fan 等（2017）建立了植物根系深度与平均年降水量、土壤结构、土壤分界线深度、植物生长形式、植物种属和地下水位埋深的统计关系。结果显示，在一定范围内，植物根系的深度与地下水位埋深呈最直接的线性相关。随着地下水位埋深的增大，植物根系的深度也随之增大。

地下水对维持湿地生态系统的健康和稳定具有非常重要的意义，国际水文地质大会曾设置了"地下水与湿地的相互影响""湿地与地下水流"等议题，引起了众多学者对湿地-地下水相互作用问题的探讨。"如何调控地下水系统与湿地之间的水文过程，维持湿地生态系统的健康和稳定"已成为湿地学科的研究热点和前沿。Fan（2015）分析了美国东部的湿地分布与地下水位埋深的关系，发现地下水位埋深浅的地区往往是大量湿地发育的区域，地下水主要通过与湿地地表水之间的水量交换和水质演化来影响湿地生态系统的健康和稳定。

（三）与岩石、土壤相互作用

地下水与岩石、土壤的相互作用影响水的化学成分和同位素特征，而土壤和岩石的物理化学特性也影响地下水流动过程。Marandi 和 Shand（2018）利用从美国 USGS 数据库收集的大量水样进行了水化学特征演化分析，结果显示，随着从降水补给至地下水流经不同的水流路径，地下水与不同类型的岩石相互作用，发生了不同的地球化学反应，从而呈现出不同类型的水化学特征。Brantley 等（2017）分析了地球关键带中土壤风化及地下水流风化的相互影响，结果显示，当活动的土壤层厚度相比整个风化层厚度很小时，化学侵蚀比物理侵蚀要强烈得多，这种情况下营养元素被地下水及有机物质中的真菌挟带进行循环。

（四）支撑人类生存和社会活动

地下水在支撑人类生存和社会活动中起到关键作用。地下水资源对中国经济社会的可持续发展起着举足轻重的作用，中国华北和西北地区的总供水量 50% 以上来自地下水。世界上很多地区抽取地下水进行灌溉以保障农业用水（Russo and Lall，2017）。同时，劣质或污染地下水对人体健康和生态环境也造成了很严重的不良影响。

（五）对全球变化的响应

气候变化引起了降水和蒸发条件的变化，导致了地下水补给量的改变。美国和印度的分析趋势表明，气候变化诱发的地下水开采直接控制着地下水位的变化。近几十年来，大区域的地下水位下降在世界各地均有发生，包括美国、中国和印度等。Russo 和 Lall（2017）分析了 1940 年以来美国大陆 15 000 多口水井的水位变化，探讨了美国深部含水层的地下水位变化和年际至几十年气候变化特征及年均降水的相关关系。结果显示，地下水位变化对全球气候变化是有响应的，深度小于 30m 的浅井和深度为 30 ～ 150m 的中深井水位都显示出对年际和几十年气候变化的响应。尽管普遍认为，气候变化引起的深部含水层天然补给量的变化应该有几年时间的滞后，但结果显示，深部地下水位对气候响应的时间尺度不超过 1 年。类似地，在印度，Asoka等（2017）应用卫星和局部井数据刻画了地下水储量变化的区域模式，并分析了地下水开采和季风降水对地下水储量变化的相对贡献。结果显示，印度中北和南部地区地下水的储量变化主要由降水和补给的变异性造成，而西北地区地下水的储量变化主要由农业灌溉抽水引起。

二、关键科学问题

地球关键带研究的重心，即地球关键带的结构及其在不同时空尺度的演化为水文地质学研究提供了巨大机遇。在地球关键带的相关研究中，地下水研究相对薄弱，应大大加强对水文地质学研究的参与度。地球关键带中地下水流研究的关键科学问题主要体现在以下方面。

（一）地球关键带地下水流与水循环、生物过程、地球化学过程的互馈机制

地下水在流动过程中通过与含水岩层相互作用、与地表水和大气降水等进行交换，影响着水的通量、流速等，进而影响着生物过程、地球化学过程，并控制着其携带的不同物质元素迁移转化及这些元素的水岩作用。在这些过程中地下水流如何影响其他要素？其他水体、生物过程及地球化学过程等反过来又如何影响地下水流？这对认识地球关键带中各要素的耦合过程至关重要。

（二）地下水流过程与生态过程的作用机理及其对生态系统演变的影响

地下介质中，水的通量、流动途径和滞留时间如何与地球关键带中的生物物理结构及相关的生态系统相互作用并相互影响（Brooks et al.，2015）？地下水流与复杂的生物活动如何耦合？水流过程变化如何影响生态系统演化？这些问题的解决可进一步建立地球关键带水文学与地球关键带结构间的桥梁。

（三）地下水流过程对极端气候事件和人类活动的响应

随着全球气候变化，极端气候事件也在增加。地下水如何响应这些极端气候事件？地下水与生物、岩石、大气和各元素之间的响应如何变化？为何这样变化？随着人类活动对地球影响程度日益加强并复杂化，在这种背景下人类活动对地下水流过程的影响程度如何？其影响机制是什么？更多时候，极端气候往往引起人类活动的变化，地下水如何响应二者耦合变化？在"人类世"已经来临的情况下，无论是水循环、生态水文过程，还是水-生物-大气圈层的耦合研究，都必须考虑人类活动的影响。

（四）地球关键带地下水流中的界面过程

界面是地下水流动过程中地球关键带不同要素相互作用的场所，也是耦合物理-化学-生物过程的桥梁。地下水流与其他要素之间在界面上的水力学、水文地球化学演变、生物过程等问题亟须多学科理论去研究和解决。这些界面过程主要包括大气—土壤界面、非饱和带—饱和带界面、河岸带和河流界面、潜流带界面和水通量、气体交换混合和氧化还原状态的特征剖面等。界面过程同样也是地球关键带中地下水流研究的重点过程。

（五）多尺度水文-生态-生物地球化学过程耦合模型与尺度扩展

水文-生态-生物地球化学过程耦合模型是实现不同尺度上水流过程-生态-生物地球化学过程耦合的重要工具。在场地或局部地区观测的地下水流过程是否与大陆或全球尺度的模式和动态相联系？流域或盆地水文地质学研究的核心是否对理解大区域尺度的模式和过程也同样关键？这些是模型升尺度和降尺度的关键问题。尺度扩展研究将是未来很长时间的一个研究难点和热点。

三、优先发展方向

地球关键带中地下水流研究横跨不同的时间尺度（从秒至上百年）和空间尺度（从分子至全球），并且地下水流与地球关键带的植物、岩石、矿物等其他要素进行着密切的相互作用与相互影响。以上关键科学问题的提出和解决需要在全球气候和地球系统模型中选取具有代表性的重要的水文过程，这些过程主要集中在大区域并且是理解和预测全球环境变化的基本工具。现阶段，国内可从大流域开始，优先发展不同空间多要素实时动态监测与多尺度多过程耦合模拟，并以典型地球关键带中的地下水流过程（详见本章第二节）为研究重点。

（一）不同空间多要素实时动态监测

耦合了地下介质、地下水流、地下水水质、地下水温等多要素系统演化的完备监测数据，是地球关键带中水文－生态－生物地球化学互馈机制的基础，也是多要素耦合模型建立的基础和关键，更是研究从局部向区域乃至全球尺度扩展的数据支撑。自地球关键带概念提出以来，国际上先后在美国、英国、德国和中国等发起并建立了 69 个地球关键带观测站，初步形成了具有全球环境变化（气候、岩石、人类活动等）梯度的国际地球关键带观测网络。未来监测的发展趋势是建立多要素耦合、长时间连续动态、具有大尺度观测能力的监测系统，具有分析海量数据的匹配计算能力并能实时与模型相对接。

（二）多尺度多过程耦合模拟

人类已经具有观测全球问题并从大尺度角度提出问题的能力。例如：地球历史中千年或百万年尺度的水循环演变规律是怎样的？水循环如何对全球变化进行响应？如何通过物理和生物地球化学作用来调控这些变化？回答这些问题，需要多学科交叉的综合分析，也需要跨多个时空尺度寻找与大陆环境全球或区域尺度和长时间演化密切相关的模式和过程。这些过程的研究需要在不同时空尺度上的预测工具。

多尺度水文－生态－生物地球化学过程耦合模型是目前耦合了不同尺度的水文过程－生态过程与生物地球化学过程及其互馈机制的最新模型。此类模型中代表性的如基于物理过程的生态水文耦合模型和流域尺度系统模型，耦合了流域尺度水文－陆面－大气－人类活动相互联系作用过程（Li et al.，2018）。在考虑地下介质异质性、地形、地表景观等基础上，反应迁移模型可模拟水文地质、地球化学、微生物过程等的耦合过程，并预测气候变化的影响。以上特性使得多组分反应迁移模型在地球关键带的研究中起到非常重要的作用。将来，该模型将包括从几小时至上百万年的流域尺度的水文地球化学过程、全球尺度的生物地球化学循环、地貌学景观演化，以及这些过程的耦合过程。

第二节　典型地球关键带中的地下水流过程

上一节提到，现阶段我国地球关键带中地下水流研究可从大流域入手，优先发展不同空间多要素实时动态监测与多尺度多过程耦合模拟，并以典型地球关键带中的地下水流过程为研究重点。下面分别论述滨海区、平原区、基岩山区、岩溶区、旱区、寒区地球关键带的地下水流过程。

一、滨海区地球关键带地下水流过程

（一）科学意义与战略价值

海岸带是陆地与海洋交界相互作用、变化活跃的地带，也是人类各种经济和社会活动最为活跃的地区。全世界约有 2/3 人口居住在滨海区，美国沿海的 30 个州集中了全国总人口的 75%，澳大利亚约 80% 的人口居住在滨海地区。我国环渤海经济区、长三角经济区、珠三角经济区均与滨海区紧密相关。

滨海地下水与海洋有着紧密交换（图 2-2），美国南大西洋海岸海底地下水排泄（SGD）约是当地河流量的 40%（Moore，1996）。SGD 向海洋输送了大量的碳、营养盐及重金属等污染物，对滨海生态系统有着显著影响。

人类活动和气候变化时刻改变着滨海区地下水流动过程（Yu and Michael，2019）。天然条件下，滨海含水层中咸水和淡水间保持着一种动态平衡状态，但滨海区地下水超采导致地下水位下降以及全球气候变暖导致海平面持续上升，破坏了咸淡水之间的平衡，导致了海水入侵这一全球问题的出现，如澳大利亚、美国、荷兰、以色列、西班牙、意大利等国家均出现了不

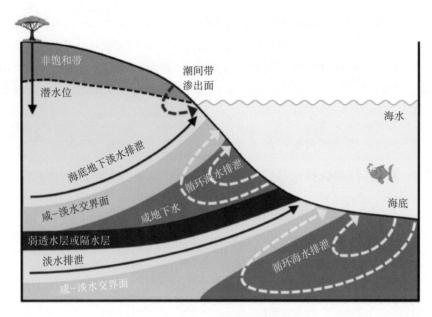

图 2-2 SGD 示意图

资料来源：改自 Charette et al.，2008

同程度的海水入侵，我国大连、青岛、秦皇岛、北海、莱州、龙口、烟台、湛江、海口等滨海城市均报道有海水入侵现象。

认识滨海区地球关键带的地下水流动过程对海岸带水资源管理、海水入侵防治、海岸带生态环境保护意义重大（Werner et al.，2013）。

（二）关键科学问题

1. SGD 通量的定量评估及其不确定性分析

定量估算 SGD 是一个热点问题（Li and Jiao，2013）。SGD 与研究区的地质、水文地质条件、时空尺度大小、海洋动力条件及研究方法有密切关系。以单位长度海岸线上的 SGD 为例，已有研究表明，潮间带尺度和流域尺度上的 SGD 会有数量级的差别，如利用镭同位素示踪评估的大尺度范围内单位长度海岸线上的 SGD 为 $10^2 \sim 10^3 m^3/$（d·m），而利用原位观测或数值模拟等手段在海滩尺度计算得到的海潮贡献的单位长度海岸线上的 SGD 却仅仅只有 $10 m^3/$（d·m）（Li and Jiao，2013）。SGD 的数值模拟面临更多的困难和复杂性，要想准确反映出真实情况，必须考虑海潮、波浪、流体密度变化，渗透系数的非均质和各向异性等复杂情况（Xiao et al.，2017）。此外，由于地下淡水和海水的密度差异，其界面往往是一个宽度从几十米到数千米不等的咸淡水混合过渡带。因此，如何合理解释不同尺度、不同方法及不同研究区评估的 SGD 存在的巨大差异，是需要探讨的关键科学问题。

2. 变化环境下不同类型海岸带海水入侵发生机理与演化规律

海水入侵过程受到众多因素的影响，可以简单分为外部驱动因素和内部控制因素。外部驱动因素包括降水、蒸发、人类活动（地下水开采、水利工程建设等）、全球气候变化、海平面水位等（Baena-Ruiz et al.，2018）。受人类活动和气候变化的影响，这些驱动因子具有显著的不确定性（Pulido-Velázquez et al.，2018）。内部控制因素主要包括沿海地区含水层的水文地质条件，包括含水介质类型、含水层空间分布结构等。这些因素控制了海水入侵过程的发展模式和特征，如入侵地点、入侵通道、入侵模式等。不同类型海岸带（如砂质海岸带、基岩海岸带等）发育有不同水文地质条件的含水层，导致海水入侵过程具有不同的发生机理和演化规律。因此，人类活动和气候变化条件下的不同类型海岸带海水入侵发生机理及演化规律尚需进一步研究阐明。

3. 海水入侵多种复杂过程的耦合模拟与模拟优化

海水入侵过程会发生复杂的物理、化学及生物作用，包括海水盐分的对流弥散、水岩作用、阳离子交替吸附、微生物作用等，且海水入侵模拟需考虑咸－淡水过渡带流体密度、黏度和介质渗透性的变化（Yu and Michael，2019）。综合考虑这些复杂过程的海水入侵数值模拟，尤其是耦合模拟模型的建立、数值求解的精度及其稳定性，均具有相当的挑战性（Mondal et al.，2019）。此外，应重视将海水入侵模型与地下水优化理论和优化调控技术相耦合，发展基于进化算法（如遗传算法、禁忌搜索、模拟退火、和谐算法等）的随机多目标优化求解技术，构建变化环境下沿海地区地下水开采多目标优化管理模型。

（三）优先发展方向

基于上述分析，建议优先发展以下方向。

1. 海底地下淡水排泄过程及其准确评估

SGD 包含了地下淡水和再循环海水，地下淡水是区域水循环的重要组成部分，也是大陆物质迁移的载体。正确识别海底地下淡水排泄过程，准确评估 SGD，将提升对区域水循环和物质循环的认识。

2. 变化环境下不同类型海岸带海水入侵演变及其环境生态效应

识别不同类型海岸带水文地质特征，研究不同类型海岸带的海水入侵方式、规模、速度等特征，揭示不同类型海岸带海水入侵的机理及其发展演化规律；分析自然条件及人为因素影响下的海水入侵区地下水化学分布特征，以及入侵过程中的水－岩相互作用与微生物作用；明确海水入侵对研究区域土地利用、水文环境效应和生物多样性的影响，阐明海水入侵对地表生态、地下环境，以及人类活动的影响。

3. 海水入侵模拟及其高效防控

在传统海水盐分运移的基础上，考虑海水入侵过程中发生的水－岩相互作用、反应性溶质运移及介质渗透性变化等因素，开发性能稳定、高效的数值求解算法，保障准确和稳定的海水入侵模拟结果；针对裂隙岩溶介质的海水入侵模拟，发展稳定可靠的模拟技术来描述海水盐分在裂隙岩溶介质中的运移过程。海水入侵的高效防控需采用综合优化方法，综合考虑雨洪资源利用，联合运用水库、拦河坝、防渗墙、人工回灌和控制开采等措施，构建工程与非工程措施相结合、地表水与地下水联合调度的海水入侵综合防治技术体系。

二、平原区地球关键带地下水流过程

（一）科学意义与战略价值

地球上平原面积约占陆地面积的 1/3。我国平原区主要分布在各大流域的中下游，如东北平原、华北平原、长江中下游平原、关中平原等，是我国城镇最多、人口最为稠密的地区。平原区地下水主要赋存在第四系松散岩类孔隙含水层中，以砂砾石为主的粗粒相，在补给充分的情况下具有较高的供水潜力，以粉土、黏性土为主的细粒沉积物透水性差，往往起到分隔含水层的作用，也具有较强的可压缩性。因此，平原区的地下水流过程与含水层的岩性结构和沉积物形变存在密切的关系。

（二）关键科学问题

平原区地球关键带地下水流过程需要解决的关键科学问题主要体现在以下四个方面。

1. 区域尺度平原地下水系统的发育演变规律

平原区地下水流系统受含水层岩性结构和地质构造的影响，在区域上往往形成多级嵌套水流系统，且多级局部水流系统与区域水流系统并存。深刻认识平原区地下水流系统形成演化机制，需要从流域尺度和时间尺度上识别分析地下水流系统模式。然而，现有的勘探密度和深度难以满足建立高分辨率三维含水层结构的要求。大多数区域地下水流系统研究还是基于平面二维或剖面二维的水文地质信息，缺乏三维地下水流系统识别的动力学理论与方法。少数已有的三维建模方法还不够成熟，应用有限。如何精细识别和刻画平原区含水层系统的复杂结构，以及在此基础上如何弄清楚平原区的三维地下水流系统？这是平原区地下水流研究的难点之一。

2. 平原区地下水与地表水相互作用的动力学规律

平原区广泛存在河流、湖泊、湿地、人造沟渠等多种地表水体，它们与地下水存在密切的水力联系且相互影响。水力联系的模式、强度和时空变化受到区域水文地质条件、气候、人类活动等很多因素的影响。在山前洪积－冲积平原，河流往往以渗漏的形式补给地下水，其渗漏强度与河床沉积物以及下部是否发育包气带有关。当地下水埋深较大时，容易形成脱节型河流。脱节型河流与地下水的关系可以分为完全脱节和过渡脱节两种不同的状态。渗漏机理受到河床沉积物下部包气带水分运移规律的控制，但是脱节过程的详细机理和定量分析方法还有待进一步研究。在冲湖积平原，河流与地下水一般具有统一的浸润曲线，在动力学上是相互耦合的。河床附近的沉积物由于水力状态的非均匀性和间歇性、周期性的水力条件变化，可能发生地表水—地下水的频繁转化。对于这种水流过程的研究，催生了"潜流带"（hyporheic zone）概念的产生。潜流带被认为是河床下部潜流（由地下水提供）与地表水的交错带，属于生态学上一种特殊的生物种群栖息地。然而，潜流带与正常地下水饱和带的边界比较难以确定，需要综合考虑水动力学、水化学信息，例如通过标志性水化学离子的突变界面来识别（William，1993）。精细确定潜流带空间尺寸，无论对野外观测还是对室内模拟仍然是一项挑战性工作。如何针对河流附近潜流带的状态变量开展观测与模拟？这是当前地下水科学领域的新问题。

3. 平原区地下水开采与地面沉降的定量关系

平原区大规模的地下水开发利用能够形成区域尺度的地下水漏斗，使未固结的或弱固结的黏性土层发生压密释水，导致地面沉降。不均匀的地面沉降会在某些地带产生地裂缝，也会对区域地下水流场产生反作用，属于地下水流场与含水层系统形变的耦合过程。为了防治地质灾害，需要对平原区地下水的规模化开采与地面沉降进行联合调控，涉及面较广、难度较大。定量预测评价地面沉降的发展趋势，需要开展地下水流场与压缩层渗流固结的耦合模型。传统的地面沉降模型只考虑压缩层的垂向一维形变，一般使用线弹性或弹塑性本构模型。新型的地面沉降模型开始考虑压缩层的流变特性、三维渗流固结行为，甚至地裂缝的发育，使用更加复杂的地下水流动力学和地层形变耦合的描述方法。尽管如此，地面沉降模拟仍然面临含水层–弱透水层非均质结构信息缺乏、渗流–形变模型参数存在较大不确定性等问题的困扰。压缩层的蠕变与弱透水层缓慢的渗流过程都可以造成地面沉降的滞后效应，两者很难在区域地面沉降的模型中进行同步反演识别。为了确定两者的等效性或可分辨性，需要开展更加深入的机理研究。另外，对于区域尺度的压缩层形变如何对地下水流过程产生反作用，目前还缺少明确的认识，有待进一步加强研究。

4. 平原区弱透水层渗流过程与盐分迁移转化的相互影响

平原区地下水资源的开发利用必须同时考虑水量和水质的影响，特别是中下游地区。其中，地下水的水质变化也与地下水流过程存在密切的关系，因为水中的离子成分主要是通过水流过程发生迁移的。平原区地下水大规模开采一般会导致弱透水层的水和溶质进入含水层，可能诱发含水层地下水的水质变化，例如盐分含量增加、有害元素的成分增加。不过，弱透水层中咸水下移的科学机理目前仍然没有得到清楚的揭示。有研究者认为，由黏性土构成的弱透水层可能具有反渗透膜材料的性质，可阻止盐分离子通过，但具体的物理化学过程和影响因素尚不明确。从膜效应来讲，盐分浓度不同的溶液之间存在渗透压的差别，能够驱动水分子从低浓度的位置向高浓度的位置发生渗流，因此咸水在弱透水层下移时，也可能对水的渗流产生影响。Neuzil（2000）、Neuzil 和 Provost（2009）从钻孔实验现象和化学势理论的角度阐述了盐分浓度梯度对渗流状态的影响，认为这一机理对包括页岩在内的弱透水层都是十分重要的。由此可见，弱透水层渗流和盐分运移具有耦合效应，属于平原区地下水流研究亟待解决的科学问题。

（三）优先发展方向

平原区地球关键带地下水流过程研究的优先发展方向为：①平原区地下水流系统的三维水文地质结构建模与动力学过程模拟；②地下水与多种地表水体相互作用机理及水文生态效应；③区域三维地下水流与地面沉降过程的非线性耦合机理和模拟方法；④弱透水层水－岩相互作用机理及其对区域水流过程和水环境的影响。

三、基岩山区地球关键带地下水流过程

（一）科学意义与战略价值

我国基岩山区面积占国土总面积的 72.78%（陈宇等，2010），许多城市和企业利用基岩裂隙水作为供水水源。20 世纪 60 年代以来，为了解决山区人民群众的生活用水、灌溉水源以及山区企业的用水问题，我国对基岩裂隙水进行了大面积、大规模的勘探和开发利用，基岩裂隙水的开采量约为 $1.6 \times 10^{10} \mathrm{m}^3/\mathrm{a}$（田秋菊等，2004）。但由于基岩裂隙水水文地质条件复杂，含水层介质具有高度的非均质和各向异性，裂隙含水层地下水迁移转化机理及其模拟技术等许多问题尚未得到很好的解决，已经成为国内外学术界关注的热点和难点。近年来，"饮用水安全保障"及"核能安全开发"等国家战略的实施，都与基岩裂隙水文过程密切相关。因此，开展基岩裂隙水文过程等相关的基础理论研究，对助推基岩山区地球关键带的深入研究具有重要的理论和实际意义。

（二）关键科学问题

1.基岩裂隙网络表征与量化

在地质演化过程中，由于受构造运动、成岩作用和风化作用等地质作用的影响，在基岩内部形成了许多规模不等的裂隙，不同规模的裂隙在基岩内相互交织，形成了复杂的三维裂隙网络（周志芳和王锦国，2004）。由于缺乏获取数据的途径，地下真实裂隙结构难以掌握，导致裂隙网络的表征和建模极其困难。因而只能根据有限的资料，如少数钻孔、地震成像、露头等，

随机生成基岩裂隙网络。不仅如此，裂隙的发育方向也难以从钻孔资料中捕获，裂隙连通性更难以量化，所以随机生成符合实际地质背景的裂隙网络本身就富有挑战性。因此，如何进行裂隙的几何特征的表征和刻画是目前面临的挑战性难题之一。

2. 基岩裂隙水渗流机理与模拟

目前，基岩裂隙常用的渗流模型有两种（Schädle et al.，2019）：等效多孔介质模型和离散裂隙网络模型。等效多孔介质模型最主要的难点在于：如何判定等效连续介质模型的有效性；如何确定裂隙岩体的等效渗透张量；如何刻画裂隙的优势通道作用。离散裂隙网络模型充分考虑裂隙岩体的非均质性特征，能够更好地刻画裂隙流体的流动特征。但是离散裂隙网络模型忽略了岩体基质的渗透性，使得计算结果与实际有所偏差。另外，受限于裂隙特征不容易获取、模拟计算量及存储量大等影响，目前仅适用于解决小尺度的基岩裂隙问题。为了解决上述模型的概化和计算中所存在的困难，改进相关方法研究已经成为该领域的科学前沿问题（Fumagalli et al.，2019；Arrarás et al.，2019）。加强基岩裂隙水的形成、迁移转化的动力学过程研究显得尤为重要。由于基岩裂隙含水层介质异质性强，基于达西定律的传统模型难以精确描述基岩裂隙水流运动，应加快开发非达西渗流、等效多孔介质模型和离散裂隙网络模型耦合模型等适合基岩裂隙水流的模型。

3. 非饱和带裂隙岩体水分迁移转化

与相对成熟的松散岩类多孔介质非饱和渗流理论相比，非饱和带裂隙岩体水分迁移转化的研究才刚刚起步。虽然目前提出了薄膜流、优先流等概念模型（Jones et al.，2018），但是人们对其中的一些现象所暗含的机理还不完全清楚，例如在模拟基岩裂隙中毛细管流和裂隙－基质相互作用等方面极具挑战性。薄膜流的研究目前主要局限于室内试验尺度单裂隙的研究，野外尺度薄膜流的监测和模拟仍然存在困难。如何将薄膜流模型与毛细管流模型有机结合，需要进一步研究，此外薄膜流是否在非饱和入渗过程扮演重要的角色同样还需进一步验证。影响裂隙－基质相互作用的因素众多，例如高基质吸力、水和裂隙间的接触面积及裂隙壁上覆物等，如何正确处理裂隙－基质相互作用也是面临的挑战之一。

4. 基岩裂隙中温度场－渗流场、应力场－渗流场、渗流场－化学场以及多场耦合及建模

基岩裂隙含水层最主要的特性是，地下水流动过程与裂隙周边环境具有强烈的交互作用。当基岩裂隙被水流充满时，外界应力和流体压力改变，岩体裂隙的张开度随之发生变化，进而改变了岩体的渗透张量、渗流场以及应力场。由于多场耦合问题的复杂性，当前对渗流场、温度场、化学场及应力场耦合问题的研究仍然是在小尺度上研究，对大尺度基岩裂隙中多场耦合及其建模等研究薄弱，尚没有一个计算机代码可以很好地处理基岩裂隙介质中温度场－渗流场－应力场－化学场等耦合过程（包括多相流和多组分流体以及化学反应）（Kolditz et al., 2016）。其主要的原因在于，缺乏裂隙岩体渗流场－温度场－应力场－化学场耦合过程的试验研究装置，更缺少大型、系统研究裂隙岩体的温度效应、水－岩化学作用和污染物迁移等方面的野外原位试验。因此，在渗流场－温度场－应力场－化学场等多场耦合作用的研究中仍然存在众多科学难题（Berre et al., 2019）。此外，基岩山区和平原区界面水、物质和能量的交换如何精确确定仍具有挑战性。

（三）优先发展方向与建议

针对以上关键科学问题，基岩山区地球关键带地下水流过程研究的优先发展方向为：①单个裂隙以及裂隙网络几何特征表征、精确刻画和渗透张量确定；②裂隙地下水流迁移转化机理及多场耦合建模技术；③裂隙介质中水盐相互作用介质与反应动力学过程；④基岩山区与平原地球关键带界面动力学研究；⑤基岩裂隙水地球关键带耦合模型的不确定性分析等。

四、岩溶区地球关键带地下水流过程

（一）科学意义与战略价值

岩溶或喀斯特地貌是指可溶性岩石在具有溶蚀力水作用下，形成的一类特殊地貌景观的总称。Ford 和 Williams（2007）估测，全球 7%～10% 的陆地面积受到喀斯特作用的影响，我国是世界上喀斯特地貌分布最广的国家，拥有约 125 万 km^2 的喀斯特地区（张殿发等，2001）。Ford 和 Williams（2007）估算，全球 20%～25% 的人口完全或部分依赖于岩溶地下水资源，而中国地下水资源约有 1/4 分布在喀斯特地区，因此岩溶地下水在城市和工业供水中占有重要比例（袁道先等，1994）。岩溶区土层覆盖薄，持水性弱，石漠

化现象严重，使得岩溶区地表水资源相对匮乏，加重了对地下水资源的依赖程度（Bonacci et al., 2009；Tong et al., 2018）。

岩溶含水层与其他类型含水层相比，在地下水时空分布、储水介质性质、补给和排泄过程、地下水和地表水相互作用等方面具有显著不同的特征（Hartmann et al., 2014）。岩溶含水层的形成主要受到岩溶发育过程的控制，在地下水流动和碳酸盐岩裂隙相互耦合作用下，在可溶性岩石中会形成复杂的、具有层次结构的裂隙网络，这使得岩溶地下含水层空间异质性极强，同时也使得岩溶地下水研究难度较大，其研究方法与其他地区相比也具有一定的特殊性（Chalikakis et al., 2011）。许多问题尚未得到很好的解决。因此，开展岩溶地下水研究、揭示岩溶区水循环过程的控制机理，是可持续性开发和利用岩溶地下水资源的基础，具有重要的科学意义和社会价值。

（二）关键科学问题

岩溶区地球关键带地下水流过程研究的关键科学问题主要在以下三个方面。

1. 岩溶含水层发育机理及含水层介质空间异质性的量化与表征

岩溶含水层最显著的特征是裂隙网络结构复杂、空间异质性强，而岩溶地下水资源的合理利用、污染物迁移的准确预测都需要对岩溶含水层性质的空间特征进行准确刻画，这是岩溶地下水研究目前面临的重要挑战之一。

2. 岩溶含水层水流和溶质运移过程的精确表述及其不同时空尺度间的转化方法

岩溶地下水流动速度往往高于其他类型含水层中地下水流动速度，因而传统的达西定律、菲克定律（Fick's law）不完全适用于描述岩溶地下水流动和溶质运移过程。因此，需要完善岩溶地区裂隙渗流的基本理论，发展由微观裂隙尺度到宏观流域尺度岩溶地下水流和溶质运移过程的尺度转化方法（例如，裂隙非菲克运移具有尺度效应），从而达到精确刻画岩溶地下水流动和溶质运移过程的目的。

3. 岩溶地下水的生态环境效用及其调配机制

岩溶区土层覆盖薄、透水性强且持水性弱，造成岩溶地区石漠化现象严重，植被生态系统对环境变化高度敏感。因此，需要从机理上阐明岩溶区植被生态系统地下水利用机制，解析地下水对岩溶区植被生态系统时空格局演变的影响，明确地下水在岩溶地区生态系统恢复和稳定机制中所发挥的作用，最终为岩溶地区生态系统恢复方案提供科学依据。

（三）优先发展方向

1. 岩溶含水层野外观测

针对岩溶地区地下含水层缺乏系统观测的现状，开发适用于岩溶地区地下水观测的水文、地球物理、地球化学等方法，建设典型地区岩溶含水层的长期野外观测台站，为岩溶地下水研究提供长期、有效的科学观测数据。

2. 岩溶含水层裂隙结构发育过程模拟及其定量观测和描述方法

研究地下水流动和碳酸盐岩裂隙相互耦合作用下，岩溶含水层裂隙网络发育过程的微观机理，结合地球物理等方法，发展可用于定量观测和描述岩溶含水层裂隙空间结构的方法。

3. 岩溶裂隙渗流机理

研究岩溶裂隙渗流中非达西渗流、非菲克运移的适用条件和数学表达，发展岩溶地下水流和溶质运移过程在不同时空尺度上的转化方法。

4. 岩溶地球关键带水分对植被生态系统的影响机制

研究岩溶地球关键带植被水分利用机制及其环境控制要素，明确水分对岩溶地区植被生态系统时空格局演变的影响。

5. 岩溶地区地下水模型开发

发展适用于岩溶地区的地下水流和溶质运移模型、地下水－生态水文耦合模型，并与陆面过程模型和全球气候模型耦合。

6. 岩溶地区地下水环境效用评价

深化人类活动和气候变化等因素对岩溶地区地下水资源可持续利用的影响，评价岩溶地区植被生态系统恢复方案中地下水的作用。

五、旱区地球关键带地下水流过程

（一）科学意义与战略价值

根据 UNESCO 的资料，全球约 1/3 的陆地属于旱区，近一半的国家都不同程度地受到干旱的影响。我国旱区约占国土面积的 25%（陈梦熊，2004），区内资源丰富，是国家重要的能源和农业生产基地，但其生态环境脆弱，地表水短缺。相对而言，地下水分布广、资源较丰富，仅西北地区地下水资源量就占全国地下水资源量的 13.2%，地下水在维系工农业生产和人畜饮水、控制生态环境"格局－动态－尺度"的转化等方面发挥了重要的作用。

旱区地球关键带地下水流过程与其他气候带的地下水流过程相比，所经历的气象水文条件更为极端。近年来，受环境变化影响，旱区流域地下水流过程发生了很大的变化，导致地下水资源无论是在数量、质量上，还是在时空分布上，都发生了较大的改变，并诱发了一系列地质－生态环境问题，制约了社会经济的可持续发展和生态安全。

（二）关键科学问题

关于旱区地球关键带地下水流过程与地下水资源合理开发等问题，国内外开展了广泛的研究与实践。本书将从以下四个方面展开论述。

1. 地下水补给、排泄机理与多界面动力学

地下水补给与排泄是地下水文过程的重要环节和地下水资源形成的基础，是水文地质学科研究的基础理论问题。

旱区包气带水气（汽）热的迁移转化对地下水补给与排泄过程影响很大。水分的交换以垂向水量交换为主，水分在包气带中的入渗过程是水—气两相不相混溶流体相互驱替的过程，而蒸散发则是水的相态转化与植物根系的吸水过程，水分在包气带中的迁移转化既受宏观尺度的控制，又受微观尺度的控制（Saito et al.，2006；Novak，2016）。同时，补给与排泄的过程还受地表—地下水系统中的土—气、水—气、土—根、介质的非均质等界面的控制，界面的动力学过程驱动和影响了地表—地下水系统的水盐循环，强化了地下水与大气降水（蒸发）和地表水之间的耦合（王文科等，2018）。旱区水分与能量在界面和包气带中的传输与转化机理极为复杂，在理论和实践上还有许多问题尚待解决，导致目前在地下水文过程的模拟和地下水资源评价中，常将上界面设定在潜水面上，对包气带水文过程、界面动力学的相互

作用与饱水带耦合机理考虑不够，还常将地表-地下水系统补给与排泄的复杂过程简化为几个系数（例如降水入渗系数、河道与田间入渗系数、蒸发强度、可采系数等），对旱区包气带中水、气（汽）、热迁移转化和界面动力学过程对地下水补给与排泄的影响考虑不够。迫切需要对一些关键科学问题进行深入研究，如旱区补给与排泄过程、补给速率与不确定性分析、植物（作物）根系耗水机理与蒸发散的估算、界面动力学与地下水系统的耦合机制等。

2. 变化环境下地下水形成与演化

气候变化和人类活动的加剧，极大地改变了地下水文过程，引起地下水资源组成发生变化和地下水功能受损与危机，对水资源的可持续供给构成威胁，成为政府关注、学科理论深化的重要方向。近年来，国际上许多国家如欧美、澳大利亚以及国际相关科学计划［国际地圈生物圈计划（IGBP）、IHP（IHP-Ⅵ和IHP-Ⅶ）］都十分关注变化环境下流域及全球尺度地下水形成、演化及可持续利用的水资源研究。

关于气候变化与地下水相互关系的研究，国际上主要聚焦在气候变化对地下水资源构成和地下水变化对气候变化的影响两个方面。

在气候变化对地下水的补给量方面，Döll 和 Flörke（2005）运用全球水文模型（global hydrology model）模拟全球尺度的地下水补给量。结果表明，1961～1990 年，全球地下水资源补给量平均增加 2%，而年降水量和径流量的增长率分别为 4% 和 9%。其预测的降水对地下水的入渗补给量与降水量的变化不完全一致，其原因可能是忽略了陆面模型或简化了包气带对地下水补给的影响。Acreman 等（2000）的研究表明，受土壤渗透能力限制，强降雨会导致地表径流和河流流量大大增加，而地下水的入渗补给量较少。Bates 等（2008）的研究表明，针对频繁的暴雨事件，在热带和半干旱的一些地区，降雨强度的增加在一定程度上会增加地下水的补给量，而在热带的干旱地区的地下水补给速率可能减小。受未来气候变化预测不确定的影响，在可持续的地下水资源评价中，如何考虑降雨强度对地下水补给的影响，是一个亟待解决的科学问题。

在气候变化对地下水排泄量的影响方面，主要表现为气温升高使得蒸散发量增加，地下水的排泄量增加。Dragoni 和 Sukhija（2008）的研究表明，气候的进一步变暖会导致热浪和干旱频率增加、土壤蒸发量增加，植被会吸取更大范围的土壤包气带和地下水的水分以满足其生存和生长的需求，导致蒸散发量增加和地下水位下降。

已有研究发现，地下水的变化对气候变化有一定的贡献。地下水位的上升或者下降以及灌溉等因素可以改变土壤包气带水分分布，对陆面能量平衡和水量平衡产生一定的影响，进而影响气候的变化。Ozdogan 等（2010）通过模拟研究发现：在美国植物生长季节，农田灌溉将增加约 4%的蒸散发量。20 世纪，高山平原地下水灌溉量的增加导致 7 月份降水量增加 15% ~ 30%。

揭示气候变化与地下水之间的互馈机制，需要在更大的尺度上构建气候模型－陆地水文过程模型－地下水文过程模型的耦合模型，这是未来极有挑战性的研究方向之一。人类活动通过改变下垫面的条件和源汇时空分布，进而改变旱区流域地下水文过程，引起流域水分的重新分配，显著地影响局部、区域、地表及地下的水文过程（Sorooshian et al.，2014）。

旱区地下水形成的独特性决定了其对气候变化和人类活动的影响极为敏感，极端天气事件的频繁发生和人类不合适的活动极容易导致地下水补给和排泄结构性的失调与资源构成的重大变化。

3. 新技术、新方法与过程模拟

以空间对地观测、地球物理探测、原位监测、物联网和光电子、数值模拟和同位素技术等为主导的新技术、新方法在地下水资料获取与加工、探测与监测、过程模拟、评价与管理中得到广泛应用，支撑学科向纵深发展，已经成为现代地下水科学的重要特征之一。

进入 21 世纪，伴随着材料科学和智能技术的发展，凿井工程、定向钻井技术、成井工艺和钻机智能化得到了迅速发展，水平井、多分支井和大位移井技术实现了深层含水层结构的三维勘探。

地球物理方法作为重要的地下水探测手段，在国际和国内发展很快，科学家通过研究和观测各种地球物理场的变化来探测地层岩性、地质构造等地质条件（李世峰等，2008）。大深度、高分辨率的地球物理探测技术以及和其他方法的联合，将地下水的探测深度由浅部延伸到了深部，也为大尺度含水层结构和非均质性精细刻画提供了有效的方法，使人们对含水层结构的理解更为完整和精确。

空间对地观测技术的发展为地下水信息采集、传输、处理、分析、可视化、信息集成与管理服务提供了技术先导，可及时、准确、全面地提供地下水动态信息，强化地下水资源勘查、开发利用的实时监测与评价的能力，结合其他基础地质、水文地质资料的综合分析，能够对区域水文地质条件和地下水形成、演化的驱动因子得出系统、客观的结论（原民辉和刘韬，2017）。

原位监测、物联网和光电子等新技术的应用，实现了对地下水系统状态变量的实时监测，为开展多尺度机理研究提供了基础。国际和国内对土壤包气带-地下水系统原位监测与试验平台都十分重视，已经建立了多个原位监测与试验基地，例如加拿大波顿（Borden）场地，美国美德（MADE）试验场、汉福（Hanford）场地、尤卡山（Yucca Mountain）试验场，国内武汉大学建立的大型蒸渗仪系统、长安大学在渭河关中平原和鄂尔多斯风沙滩地建成的多功能地表-地下水原位试验基地（An et al.，2016；Zhang et al.，2018）、中国科学院禹城综合试验站、中国地质科学院水文地质与环境地质研究所衡水原位试验场、北京市水文地质工程地质大队建立的北京野外基地等，实现了对地表-地下水系统状态变量的实时监测，积累了海量数据，强化了地下水基础理论的研究，拓展了人们对地下水文过程的认知。

数值模拟、同位素等技术的发展，使科学家能对地下水文过程进行再现和预测。数值模拟技术为求解多场、多尺度、饱和-非饱和流等的耦合和复杂地下水文过程提供了技术支持，被广泛应用于地下水动态模拟、地下水资源评价、水文地球化学模拟等领域。

4. 旱区地下水文过程与生态效应

旱区土壤包气带含水率、含盐量以及地下水位、水质等对表生生态环境的格局具有重要的控制作用，主要作用是：维持地表植被的生存，维持河流基流和湖泊湿地水量与面积，控制地表能量和地下物质迁移与转化以及表生生态环境的基本格局。地下水与生态环境关系的深入研究涉及饱和-非饱和流以及水、气（汽）、热和盐分耦合，无论是在理论还是在实际应用的诸多问题方面仍面临着挑战。

（三）优先发展方向

1. 变化环境下地下水的形成和演化机制

由于大气过程、陆地水文过程、地下水文过程之间存在密切的联系，发展气候模型-陆地水文过程模型-地下水文过程模型的耦合模型、探讨变化环境下流域地下水形成演化机制、解析地下水资源的变化对流域水资源的贡献是今后学科发展的重要方向之一。

2. 黄土地下水文过程与模拟技术

黄土具有孔隙－裂隙的双重性质，并且垂直节理发育，其垂向渗透系数往往比水平渗透系数大4～10倍。因此，黄土层是一个"孔隙以储水为主，裂隙以导水为主的孔隙－裂隙含水层"，具有双重介质含水层的特性。此外，黄土塬区包气带厚度大，水分补给过程复杂且滞后时间长。如何同时考虑饱和－非饱和流与孔隙－裂隙介质的地下水流耦合模型，是未来一个重要的基础研究方向。

3. 地下水与不同水体之间相互作用的界面动力学过程及耦合机理

地下水与不同水体之间存在着密切的水力联系，在地下水与各种水体之间的能量、物质传输过程与转化机制中，界面起到了决定性作用。界面动力学过程驱动了物质与能量的传输与循环，强化了地下水与大气降水（以及蒸发）、地表水与生态环境之间的耦合。因此，构建统一的大气降水－地表水－包气带水－地下水的耦合模型，是揭示地下水与各种水体相互作用机理和定量模拟地下水与不同水体之间相互转化的关键。

4. 面向生态的地下水资源评价、开发利用和调控的理论与方法

发展地下水资源评价的模型体系以及与地下水生态功能评价模型的紧密耦合，实现模型之间的交互和地下水资源、生态功能一体化的动态评价，从而形成一套行之有效、面向生态的地下水资源评价、开发利用和调控的理论与方法，以满足旱区地下水资源管理的迫切需要。

六、寒区地球关键带地下水流过程

（一）科学意义与战略价值

本书中的寒区泛指高纬度地区和高纬度的山地或高原等，如中国青藏高原、北美落基山脉等。寒区地下水流具有独特的水文意义，不仅因为寒区地下水是人类淡水的主要供水水源和下游水文系统的主要径流来源，而且因为寒区地下水流过程对气候变化很敏感。寒区地球关键带水文过程有着丰富的内涵，过去寒区的水文研究主要集中在地表水文过程。随着海拔的升高、气候变暖加剧（McBean et al., 2005; Pepin et al., 2015），脆弱的生态系统更容易退化。北极地区的积雪覆盖和持续时间近几十年来一直在减少，预计在未来几十年还会继续减少（Callaghan et al., 2011）。河流径流资料往往反映

多个水文过程，Overeem 和 Syvitski（2010）发现，1977～2007 年，由于积雪融化，整个北极地区 19 条大河的年径流量呈不断上升的趋势。北半球的冰川和冰盖不断缩小，导致地表径流量增加和海平面上升（Mernild et al.，2014）。科学家对地下多年冻土层的退化进行了大量的研究，特别是关于活动层厚度随时间的变化（Smith et al.，2010；Zhao et al.，2010）。与之相关的地表环境和浅层地下的地貌形态和生物地球化学变化受到了科学家的广泛关注（Walvoord and Striegl，2007）。

相比而言，科学家对多年冻土区地下水文过程研究较少，仅有的研究也主要使用数值模拟方法。Bense 等（2009）建立了地下水流和热传输的耦合模型，模拟上覆多年冻土区融化对地下水流系统的影响，且预测在未来几个世纪，地下水向河流的排泄量将会大幅增加。Ge 等（2011）改进了热传输和地下水流耦合模型，模拟了包含多年冻土层的地下水流过程与地下热传输过程。他们使用该模型模拟青藏高原中北部地区多年冻土层的地下水流与热传输过程，研究结果表明，随着气候变暖的加剧，未来几十年活动层中地下水径流量和河流中的基流将会持续增加。然而，需要指出的是：这一研究结论只有在上坡地区有足够的雪或冰川融水来补充增加流量时才成立。Evans 和 Ge（2017）、Evans 等（2018）将多年冻土区地下水和地表水具有水力联系的范围扩展到季节性冻土。一般情况下，气候变暖导致多年冻土区融化，增强了地表水和地下水的水文连通性，从而改变和加强了水循环的两个组成部分之间的交换（Ge et al.，2011；Lamontagne-Hallé et al.，2018）。

与多年冻土相关的水文过程仍然是一个相对较新的研究领域，但研究领域和研究问题也随之不断涌现（Walvoord and Kurylyk，2016）。由于预计未来几年气候变化将加剧，多年冻土区的温度将大范围升高，冰冻圈的反应可能会很强烈，水循环过程将发生变化。水文系统的这种变化对未来水资源和生态系统的健康至关重要。此外，越来越多的报道称，多年冻土融化导致了许多山体滑坡（Lewkowicz and Way，2019），冻土融水可能是引发大规模山体移动的一个关键因素。了解气候变暖下的冻土水文，对地质灾害预测具有紧迫性。

（二）关键科学问题

研究寒区地球关键带地下水流过程还面临着诸多科学挑战，其主要科学问题如下。

1. 冻土区温度变化对冻融过程影响机理

多年冻土和浅层地下土壤介质的水力特性具有高度非线性，这就导致了描述包气带流体运动的控制方程也具有非线性。冻融条件下，人们对非饱和土体的这种非线性性质目前还不甚清楚。由于温度变化引起的冻融过程增加了研究冻土的复杂性，加之实验数据或现场资料很少，这些都限制了人们对冻土区温度变化对冻融过程影响机理的认识。

2. 寒区流域尺度水文、热力和力学过程的耦合建模与模拟技术

由于寒区水文过程受气候变化影响比较敏感，过程极为复杂，涉及水的相态之间的转化，随着冻融循环的进行，土体孔隙空间不断膨胀或塌陷，水文特性发生变化。因此，在建模与模拟过程中，不仅需要水分运移信息，更重要的是需要温度、应力等方面的信息和参数。以往的研究大多考虑垂向一维热传导的冻土融化模型（Riseborough et al.，2010；Zhang et al.，2008），对流体流动与热传输之间的反馈关系研究较少。在有关水流的对流热传输作用对热状态的潜在贡献（Ge et al.，2011），以及对横向热传输的作用（Mcclymont et al.，2013；Kurylyk et al.，2016；Sjöberg et al.，2016）等方面，人们知之甚少。更为重要的是缺乏流域尺度水文、热力和力学过程的耦合建模与模拟技术。

3. 气候变化引起区域多年冻土区水文-生态效应与调控机制

面临的主要科学问题包括：在气候变化的情况下，多年冻土水文的变化如何影响我们未来的水资源？活动层动力学如何影响地表水和地下水的相互作用机理？永久多年冻土受季节性及长期的气温变化影响，如何对地下水文过程产生影响？多年冻土退化与流域水文-生态系统的互馈机制和调控机理是什么？

4. 寒区冻融过程引起的地质灾害与预警技术

其主要包括引起的滑坡、泥石流等地质灾害和预警、风险评价与管控等技术。

5. 多年冻土区空-地-井多源信息联合监测技术

探索利用遥感、地面和井下数据协同观测，是助推冰冻圈水文地质研究的基础和关键。近年来，研究人员已经探索了多种遥感方法，如利用陆地卫星（Landsat）图像（Nitze et al.，2018）绘制永冻层的扰动图，或利用激光雷达绘制多年冻土融化相关景观变化图（Jorgenson and Grosse，2016）。干涉式合成孔径雷达（InSAR）用于绘制形变图，为提供高分辨率的形变数据提供技术支撑。它们对包括冻土地区融化引起的塌陷或滑坡在内的模型校准具有重要的作用。因此，加强冻土区大气－地面－包气带－地下水多变量原位监测技术，构建流域以及区域尺度监测网，是深化寒区地球关键带地下水文过程和效应以及调控研究的关键。

（三）优先发展方向

针对以上科学问题，寒区地球关键带地下水流过程优先发展的方向为：①变化环境下多年冻土区冻融动力学过程与水文－生态效应及调控机制；②寒区流域尺度水文、热力和力学过程的耦合建模与模拟技术；③气温变化条件下多年冻土对地下水文过程的影响与调控机理；④多年冻土区不同尺度空－地－井多源信息联合监测技术研发与监测网的优化与设计等。

第三节　地下水非达西渗流

天然条件下，多数地下水运动服从线性渗透定律（达西定律），即地下水的渗透速度与水力梯度呈线性关系。但是，在喀斯特含水层、水利工程坝体、缝洞型介质、低渗透储层、大口径抽／注水井附近以及矿井突水、大坝管涌等情况下的地下水流往往呈现出渗透速度与水力梯度的非线性关系，即所谓的非达西渗流问题。地下水的非达西渗流问题有两种：一种是高流速非达西渗流问题，是指空隙（孔隙或裂隙）较大或水力梯度较大，从而地下水渗流速度较大，此时研究地下水流不仅要考虑黏滞力的影响，还要考虑惯性力的影响；另一种是低渗透介质的非达西渗流问题，是指水流在低渗透介质中流动时，存在起始水力梯度和临界水力梯度，从而导致地下水渗透速度与水力梯度呈非线性关系。通常，水文地质学关注的地下水非达西渗流运移主要是高流速非达西渗流问题，研究的对象是赋存于基岩裂隙或岩溶裂隙介质中的地下水流。为方便起见，除特别说明外，针对非达西渗流运移过程的介质，无论是基岩裂隙还是岩溶裂隙，在本节均统一表述为裂隙介质。低渗透介质的非达西渗流问题多见于低渗透地层中的有害废物处置以及石油与热能开发利用等领域，这种低渗透介质的非达西渗流问题不仅涉及水力梯度的作用，往往还涉及化学、电势梯度以及温度梯度的作用，需要研究多因素作用下的耦合渗流（Sun et al.，2016）。

一、科学意义与战略价值

裂隙介质广泛存在于自然界，它是地下水赋存的主要载体。与一般的多孔介质相比，裂隙介质往往不会成层分布，多以网络的形式存在，而且具有更为明显的非均质性，裂隙大小相差悬殊，可达若干数量级，由此造成地下水流运动只在细小的裂隙中服从达西定律，而在宽大裂隙中的水流为非达西渗流。个别的宽大裂隙具有比整个裂隙介质大得多的渗透性，可能会因此而改变整个地下水流场。裂隙介质这种强烈的非均质性和尺度上的巨大差异给研究裂隙介质中的水流尤其是宽大裂隙中的水流运动带来了极大困难和挑战。

近 50 年来，国内外学者对裂隙介质及其渗流理论开展了大量研究，在裂隙介质地下水的形成条件、富集理论、定量评价、室内试验及数值模拟等方面均有了长足进展，初步形成了裂隙水的科学理论，并已得到广泛应用（王沐，2018）。但是，目前对裂隙介质的属性认识以及对裂隙水流的研究依然不够深入。以我国北方裂隙岩溶含水层为例，虽然其溶蚀裂隙发育不均，但地下水流具有统一的水面，由此认为其水流运动总体服从达西定律（朱学愚等，1994；Zhao et al.，2016），可近似运用多孔介质理论模型来描述。从水资源评价角度，这种水文地质条件的概化方式固然可行，但在裂隙介质分布区的人类工程活动（如水利水电、隧道硐室、矿产开采、核废料地质存储等）过程中，需通过分析与刻画岩石或地层中的裂隙分布来研究裂隙介质中水流运动规律，尤其需要重点研究宽大裂隙或裂隙网络中高流速非达西渗流的运移机理，以达到科学指导防止废物泄漏和保障工程安全之目的，而这恰恰是目前水文地质学所面临的挑战之一。因此，针对裂隙介质的非均质性和多尺度性，研究裂隙网络的定量刻画方法、揭示裂隙水的赋存规律及其非达西运移机理，对推动水文地质学学科发展具有重要的科学理论意义。

从国家重大需求角度，开展裂隙介质中非达西渗流运移过程研究具有现实的紧迫性和必要性。我国的基岩山区约占国土面积的 72.78%，裂隙水是我国分布最为广泛的地下水类型之一。但裂隙水埋藏分布条件复杂、勘探费用高、成井难度大，致使裂隙水理论研究发展缓慢，也导致其开发利用率较低。更主要的是，裂隙介质不仅是地下水资源的赋存载体，而且是各种工业废料、核废料的地质处置库，同时也是油气资源的天然储库和运输通道。在水利水电工程、隧道工程、核工程、采矿工程及石油工程等诸多工程建设中，必须面对各种不同的裂隙介质非达西渗流问题。例如，随着对裂隙地质构造研究的深入，低渗透性的裂隙由于其阻断岩体中流体的独特性质，使得低渗透性的裂隙岩体在放射性废物的地质处置方面得到了广泛应用（Neuman，2005）。地质处置库的场址多选于地下深部的基岩，利用地质体和人为工程作为屏障，防止放射性核素迁移到人类的生活环境。这些地质屏障（如花岗岩、凝灰岩、页岩和泥岩等），均育有大量的断层和节理裂隙。在自然条件下，有害的放射性核素迁移到人类环境最可能的机制就是地下水的搬运，而这些地质屏障中的断层和裂隙就是核素迁移的最主要通道，所以选择包含低渗透性裂隙介质作为地质处置的地质屏障，在开展放射性废物地质处置研究中已成为共识。在地质处置的安全期内，场址的地质环境应该具有能够将地质处置库区地下水流限制在库区内的水文地质特性和背景，以利于废物的安全隔离（孙晓敏和吴剑锋，2017）。因此，为确保核素污染物不致威胁人类生存环境，在核废料处置场址的调查中，必须基于多因素耦合渗流理论，深入研究待选场地的基岩裂隙水，预测低渗透性介质中地下水流动与放射性核素的运移路径，这是核废物地质处置研究中极为重要的组成部分。

近年来，随着地热开发、稠油开采、页岩气开发以及二氧化碳地质封存等涉及国家发展战略问题研究的迅猛发展，越来越多新凸现的科学技术问题（如页岩气开发相关的水力压裂作用下的水气运移等）都涉及裂隙水流的运移研究，也为裂隙地下水的研究开辟了具有重要意义的新领域（Wang et al.，2018）。

总之，开展裂隙介质中非达西渗流运移过程研究不仅具有重要的科学理论意义，而且符合国家和社会重大需求，其成果可为水利水电、隧道、采矿和核废物处置等各类重大工程的安全保障提供技术支撑，具有重要的应用价值与战略意义。

二、关键科学问题

围绕地下水非达西渗流运移过程的研究与当前国内外水文地质学科其他主要领域的前沿问题类似，关键的科学问题都与非均质性、尺度效应及过程耦合等三方面相关。为此，亟待解决的关键科学问题可归纳为以下三类。

（一）裂隙及裂隙网络的识别与模拟

裂隙介质有很强的空间变异性和明显的各向异性与定向性，导致赋存于其中的地下水也存在着分布与流动的不均匀性。因此，如何识别、预测并定量表征裂隙介质的分布，建立能反映其分布特征的裂隙网络模型，是揭示裂隙水运动尤其是其非达西渗流运移规律的根本前提。在水文地质学领域所面临的诸多难题中，裂隙介质的准确刻画和模拟是最具挑战性的问题之一（Neuman，2005）。

很多学者认为，裂隙介质模型的研究方向应当是将每个裂隙带中每条裂隙的几何形状尽可能详细地准确描绘出，然后结合成为精确、完整的裂隙介质模型。这种观点认为，不仅要刻画裂隙带内的大型裂隙或占据主导地位的导水裂隙，而且要将整个研究区内成百上千条大大小小裂隙的位置、走向、迹长、宽度等几何要素全部准确刻画，以达到裂隙介质模型的极高分辨率（Voeckler and Allen，2012），进而使后续的水流和溶质运移模拟足够准确。这种详细刻画每条裂隙的模型就是离散裂隙网络模型。

然而，随着裂隙模拟分辨率和精度的不断提升，人们发现，精细、复杂的离散裂隙网络模型并没有提高水流和溶质运移模拟的精度，反而需要消耗大量的建模时间和运行时间，并需要庞大的数据资料作为支持。甚至复杂的离散裂隙网络模型与简单的等效连续介质模型在模拟地下水流及溶质运移时效果相近，没有体现出离散裂隙网络模型明显的优越性（Tsang and Doughty，2003）。对此，Neuman（2005）认为，离散裂隙网络模型主要存在以下两方面问题。

（1）数据资料的局限性。裂隙介质的几何特征主要包括位置、迹长、走向、密度和张开度等，在野外露头调查过程中，除一些较大规模裂隙的几何特征相对较容易确定外，更多的是数量众多、位置、产状难以确定的小规模裂隙因大多深埋于岩体内部而无法直接测量，并且其分布非常复杂，其几何特征对应的参数在空间上的分布有很大的不确定性，现有的勘测方法很难一一查明。尽管现有的地球物理探测方法（如地质雷达、地震层析成像等）已经可以达到很高的分辨率，但依然无法将研究区内所有的裂隙都清晰表达。

（2）水文地质参数的未知性。离散裂隙网络模型不仅要求精确刻画每条裂隙的位置和几何形状，还要获知每条裂隙的水文地质参数。即使通过裂隙介质的几何数据和地球物理数据能够建立起裂隙网络模型，也不能得到后续水流及溶质运移模拟相关的水文地质参数。具体的参数还是需要通过原位抽水试验或示踪剂试验获取，而这些试验无法得到每一条裂隙的具体参数，得到的往往是某一区域内的等效水文地质参数，难以保证较高的精度。

正因为如此，人们又重新关注等效连续介质模型的研究。随着统计学原理在地质研究中的不断发展以及地质统计学方法的应运而生，离散裂隙网络模型存在的问题得到了根本性的解决。Neuman（1988）提出基于等效连续介质的随机方法应用于裂隙网络的随机模拟，通过统计方法得到不同裂隙参数的概率分布，进而利用随机模拟生成裂隙网络。目前，随机模拟被认为是刻画介质非均质性的一种高效可行的方法（Neuman，2005），已广泛应用于采矿工程、水资源工程、石油工程和核废料地质处置等多个领域。尤其在模拟复杂地质结构且数据资料较少时，随机模拟方法有很好的效果。

基于示性点随机过程的布尔模拟是一种常用的随机模拟方法（Mckenna et al.，2001）。近年来，有一种多点地质统计模拟方法也常用于模拟复杂地质结构，并应用于模拟裂隙网络（张弛等，2015）。相对而言，采用布尔模拟的较多。在模拟过程中，裂隙特征参数（裂隙迹长、走向等）往往服从简单的对数正态分布，均值和方差取定值。但在方差较大时，这种随机方法得到的模拟结果往往和真实场裂隙特征相差很大。为此，可针对裂隙参数的服从规律进行专门研究（Xu and Dowd，2010）。

图 2-3 是采用布尔模拟和多点地质统计模拟方法分别对同一裂隙场进行模拟生成的裂隙场与真实裂隙场的参数统计结果对比。统计参数分别为裂隙迹长和走向的累积概率分布曲线。图中由布尔模拟及多点地质统计模拟所得到的裂隙场统计数据与真实场的误差大多在 10% 以内，表明两种随机方法均能很好地实现对真实裂隙场迹长和走向的还原。图中显示，布尔模拟对裂隙迹长的模拟误差略小于多点地质统计模拟，而多点地质统计模拟对裂隙走向的误差更小。这是由于两种方法的不同原理。布尔模拟将裂隙的迹长、走向作为裂隙的两个特征，通过每组裂隙特征的概率分布，"标记"在裂隙中心点上，因此其模拟的走向和迹长均在一定误差范围内波动。多点地质统计模拟结果则与训练图像相关，训练图像如果精准，则模拟结果的误差很小。本书中的训练图像就是真实场的数据，因此其模拟结果裂隙走向的误差很小；而多点地质统计模拟对裂隙迹长主要是基于研究区内若干点之间的关系进行计算，从而不可避免地在某些点的模拟结果上产生误差，使得裂隙出现了"断开"的现象。虽然在进行裂隙迹长的统计时，尽量忽略这一现象的影响，但仍然会造成模拟结果与真实场的误差，这种现象可能也会对后续的水流及溶质运移模拟产生一定的影响。

然而，多点地质统计模拟对数据的要求较少，只需要训练图像及随机采样点，便可得到很好的模拟效果，相反，布尔模拟需要较为详细的裂隙统计数据。因此，在数据资料缺乏的条件下，多点地质统计模拟是模拟裂隙场的较好方法；若统计资料齐全且准确，则两种方法均可以选择；若继续应用于水流及溶质运移模拟，且多点地质统计模拟方法的"断开"现象影响明显时，则应当选择布尔模拟方法。

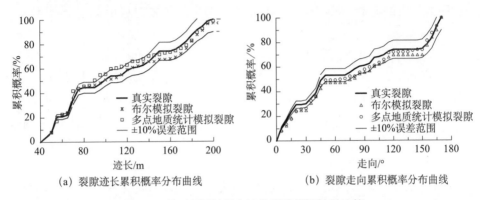

(a) 裂隙迹长累积概率分布曲线 (b) 裂隙走向累积概率分布曲线

图 2-3 基于不同随机方法的裂隙模拟结果比较

资料来源：张弛等，2015

与离散裂隙网络模型相比，随机模拟对裂隙特征参数的几何分布数据在野外地质调查中相对比较容易获得，因此该方法是一种较为理想的基岩裂隙模拟方法，有着较强的实用性。未来可结合这不同方法的优点来开展裂隙网络的随机混合模拟；亦可采用其他方法，如利用裂隙介质自相似性和非标度性的特点，来研究裂隙的分形特征。尤其对于三维裂隙网络来说，开展其随机模拟较二维随机模拟更为复杂，突出的难题是：一方面，需要表征裂隙面在三维空间的延展形状，代表性的空间刻画方法包括圆盘裂隙网络模型、多边形裂隙网络模型等。另一方面，还要确定裂隙面对岩体的切割算法及裂隙面之间的交叉算法等，数据结构非常复杂。尽管这些研究实现了三维随机裂隙网络模型的几何特征刻画，但由于生成模型所需的数据结构复杂、数据量庞大，难以直接应用于实际裂隙水尤其是裂隙非达西渗流问题的模拟。

（二）地下水非达西渗流的运移机理及尺度效应

地下水非达西渗流的发生与否通常以临界雷诺数或福希海默（Forchheimer）数（*F0*）的大小来判别。临界雷诺数是水力学中用于判断层流与紊流的一个无量纲数，也可以用于判别达西渗流与非达西渗流。但临界雷诺数随介质的特性（如特征长度）变化而变化，导致针对不同介质研究得到的临界雷诺数相差较大（李健等，2008）。与临界雷诺数不同，Forchheimer 数是基于介质固有渗透系数判别达西渗流与非达西渗流的一种临界参数（Ma and Ruth，1993），其物理意义相对更加清晰，计算更为便捷，使用更为广泛。试验测得多孔介质的 Forchheimer 数为 0.005 ～ 0.020，与之对应的临界雷诺数为 3 ～ 10。

已有研究表明，地下水非达西渗流可表示为 Forchheimer 方程和 Izbash 方程两种形式。其中，前者具有理论上的推导，后者是基于试验数据的经验公式。通常，地下水非达西渗流的产生可从介质非线性和流体非线性两方面来解释。在孔隙介质中，介质的非线性受孔隙的几何结构特征如孔径、孔喉、孔喉比、孔隙迂曲度以及孔隙分布密度等因素的影响，其中孔喉半径的变化对流态的影响最为明显；在裂隙介质中，裂隙的开启度、粗糙度以及裂隙的几何特征等是影响地下水流态的主要因素（Zou et al.，2015）。流体的非线性则取决于流体性质如流体的黏滞性、密度等。对于总溶解性固体（TDS）变化不大的地下水来说，流体的非线性可忽略；对于密度变化的地下水或油气等流体来说，则需考虑这些流体的性质及其变化。

国内外已有大量地下水非达西渗流运移机理研究的相关成果，主要可概括为两方面的研究。

1. 针对单个裂隙中地下水非达西流动及溶质非菲克运移的试验与模拟研究

Qian 等（2005，2011）通过长期试验研究，揭示了单个裂隙中地下水非达西渗流的运移机理，建立了基于非局部立方定律的量化模型，并证实了裂隙介质渗透性变化的尺度效应；初步揭示了在不同裂隙性质（如粗糙度、张开度）影响下，单个裂隙中地下水溶质的非菲克运移机理，建立了描述其运移过程的动区－不动区模型（图 2-4）。

2. 针对裂隙网络中地下水非达西流动及溶质非菲克运移的试验与模拟研究

多数试验条件下，研究裂隙网络中地下水非达西流动及溶质非菲克运移过程时，均会针对特定几何参数的简化裂隙网络进行。场地环境条件下，裂隙网络更为复杂，其中水流及溶质运移具有更大的不确定性和研究难度，往

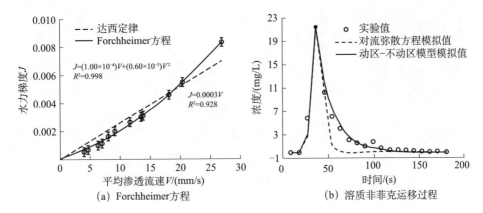

图 2-4　单个裂隙中地下水非达西流动 Forchheimer 方程及溶质
非菲克运移过程的试验模拟结果对比

资料来源：改自 Qian et al.，2011

往需要在合理假设的基础上辅以必要的室内试验，使问题得以简化（田开铭，1983；王沐，2018）。裂隙网络中裂隙的连通性、几何特征及其充填程度等是决定其渗流特征的主要因素，整个裂隙介质中渗流通道一般只占裂隙总量的 10% ～ 20%，其余多为不连通或导水性较差、主要起储水作用的微裂隙（Salve，2005）。因此，研究裂隙介质中的非达西渗流时，重点要关注介质中主干裂隙（或优势通道）中的水流，其研究方法也与裂隙网络的刻画与模拟方法相适应，比较可行的方法是采用离散裂隙网络模型刻画主干裂隙，并基于统计学方法的随机模拟产生其他裂隙网络。

　　总的说来，裂隙网络中非达西渗流的产生与运移机理并不清楚，其关键科学问题依然是捕捉和刻画裂隙网络中达西渗流－非达西渗流的转变以及溶质运移的菲克－非菲克过程。特别是裂隙介质的非均质性和多尺度性（图 2-5），导致试验条件得到的水流运动和溶质运移参数无法应用于场地条件。因此，发展一种能有效刻画裂隙中非达西流动与溶质非菲克运移过程并能解释其参数尺度依赖性的模拟与预测模型，是裂隙水研究的一个重要问题（Wang et al.，2018）。

（三）多因素作用下非达西渗流运移机理与过程耦合

　　根据耦合流理论，除了在水力梯度作用下可引起渗流，其他在化学、电势梯度及温度梯度下也都能引起渗流。达西定律只是描述水力梯度作用下渗流规律的一个特例。在水力梯度和浓度等其他多种梯度的驱动下，富含化学

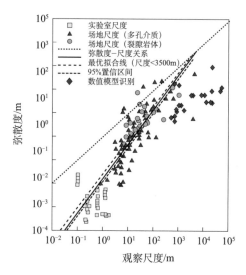

图 2-5　弥散度与观测尺度之间的变化关系

资料来源: Neuman，1995

组分的地下水通过低渗透介质时，水流会表现出相对延迟，即产生超滤或反渗透现象。显然，在这种多因素作用下，低渗透孔隙介质中水流的渗透速度与水力梯度呈非线性关系，因此这种渗透流其实质就是一种低渗透性的非达西渗流，无法直接用传统的达西定律来刻画其流动过程。

近几十年来，与地下水相关的许多领域，包括地球物理（如深部多孔介质中非饱和流的运移、二氧化碳的地质封存、沉积盆地的水文地质环境演化过程等）、环境科学（如污染土壤的修复、污染物在黏土屏障中的运移和污染物填埋以及核废料储存等）、土木工程（如斜坡稳定性的处理、建筑材料的耐久性研究等）与石油工业（如油气的开采、钻井的稳定性）等，都可涉及低渗透性黏土或页岩中的化学渗透作用。大量研究表明，富含黏土矿物的沉积物或页岩在浓度梯度的作用下，会出现化学渗透现象并产生相应的渗透压力，从而导致沉积盆地中的水头压力异常或盐度异常（图 2-6）。在地质条件相对封闭的环境下，渗透压力可以长久保持甚至存在千万年（Neuzil，2000），倘若这种渗透流现象被忽略或者解释为其他机制或原因（如地形流或不均衡压力），则在评价地下水流时可能出现差错（Takeda et al.，2014）。在类似地质条件下的地下水系统中，化学渗透的重要性同样不可忽略，尤其在密闭的垃圾填埋场或核废料地质处置场址时，黏土物质由于渗透性很低，常作为围堵屏障。在正常情况下，化学渗透作用使水流从外部流向填埋场或

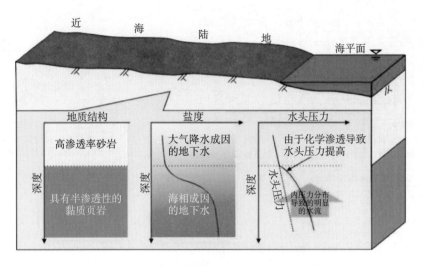

图 2-6 可能发生化学渗透现象的地质构造略图

资料来源: 改自 Takeda et al., 2014

处置库, 但由于储藏室处于密封状态, 长时间的储藏可能会使储藏室内压力升高从而导致渗滤液在较高的压力下渗出甚至压裂破坏原有的黏土衬垫, 进而污染地下水系统。

与实验室的试验结果相比, 黏土的膜性能及化学渗透现象的野外证据多来自观察到的传统水文地质理论难以解释的异常水头压力或异常的水质浓度等现象(Neuzil, 1995)。相对于室内试验, 关于黏土的膜性能的场地尺度的试验要少很多。Neuzil(2000)在美国中部达科他(Dakota)页岩中进行黏土的膜性能试验, 首次为黏土的膜性能及化学渗透现象提供了最直接的证明。类似地, Noy 等(2004)在瑞士中部侏罗纪的蛋白石黏土中进行场地试验, 同样提供了化学渗透现象的野外证据。

2016 年, 孙晓敏和吴剑锋(2016)通过自主设计的硬壁式渗透仪(图2-7)对取自华北平原典型咸淡水区的原状土开展了化学渗透试验, 证明华北平原典型咸淡水区黏性土层具有一定的膜性能, 由此产生的化学渗透压力在一定程度上抵消了由于过量开采深层淡水引起的向下水头差, 并减弱了咸淡水界面的下移速率。其研究结果表明, 在处理华北平原咸淡水运移问题时, 应该考虑可能发生的化学渗透现象。当然, 通过室内原状土试验得到的化学渗透参数能否用于评估场地条件的化学渗透效应, 有待于后续可能开展的场地试验证实。

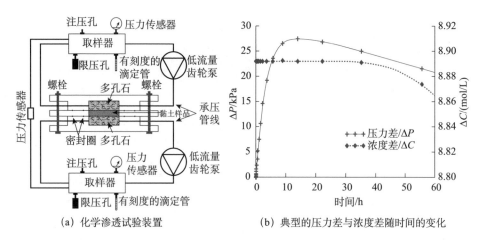

（a）化学渗透试验装置　　　　　（b）典型的压力差与浓度差随时间的变化

图 2-7　化学渗透试验装置及典型的压力差与浓度差随时间的变化

资料来源：孙晓敏和吴剑锋，2016

总的来说，场地条件下天然介质的耦合流相关资料严重不足。针对野外观察到的耦合流或渗流异常，很难区分水力渗透、化学渗透等不同因素的作用程度。因此，室内测试的参数如何随着场地条件的变化而变化，黏土矿物的成分如何影响耦合系数，如何建立模型来刻画考虑不同因素作用的耦合流过程，这些都是解决多因素作用下耦合流运移机理及过程耦合这一关键科学问题的核心内容。

三、优先发展方向

根据国内外地下水非达西渗流运移过程研究的现状，围绕上述三类主要关键科学问题，今后应加强野外长期监测与试验，利用高分辨率的地球物理探测方法（如地质雷达、高密度电阻率成像等）、现代同位素技术手段和先进的数值模拟技术，揭示地下水非达西流动及溶质非菲克运移，乃至多相流物质传输与耦合机理。

（一）裂隙分布与地下水流态（达西渗流与非达西渗流）判别的定量关系

裂隙水的流场主要由少数宽大的主干裂隙（优势通道）控制。如何准确刻画裂隙及裂隙网络始终是研究裂隙水非达西流动的根本前提。同时，水的流态受到裂隙的开启度、粗糙度以及裂隙几何特征等因素的影响，尤其依赖于研究的尺度（Zou et al.，2015），而场地本身的水力条件变化也会影响到流态的转变。因此，建立裂隙分布与地下水流态判别定量关系的关键在于如何识别这些众多影响因素中的主控因素。

（二）应力变化与裂隙发育的动态预测

在水利水电、隧道施工、矿井开采等重大工程活动中，围岩应力的变化与重新分布会导致裂隙的开启度、连通性等结构的变化（张发旺等，2016），其中的水流可能由最初的达西渗流往非达西渗流转变。如何刻画这一变化过程和内在机理，涉及水文地质学、流体力学、岩石力学等多学科的综合交叉，其面临巨大的挑战性。

（三）非达西渗流运移过程的本构关系与求解方法

非达西渗流的 Forchheimer 方程虽然是基于理论推导的（Ma and Ruth，1993），但对于裂隙网络来说，由于达西渗流与非达西渗流并存，同时达西渗流与非达西渗流具有时变特征，构建裂隙网络中达西渗流－非达西渗流的本构关系需要考虑裂隙的特征参数。与之对应的就是如何求解这种具有时变特征的动态方程。

（四）人类活动影响下的非达西渗流运移过程

人类活动会改变介质的特征，如过量开采地下水会导致弱透水层的永久释水与压缩变形（周志芳等，2014），从而导致其中的水流特征（包括强开采井附近的高速非达西渗流与弱透水层中的耦合流）发生变化。过去多从介质本身的改变角度而很少从流态变化角度来定量评价水资源量的变化（Sun et al.，2016）。

（五）反应性溶质的非菲克运移机理

伴随着达西渗流－非达西渗流的转变水中溶质如何由菲克运移向非菲克运移的转变，以及达西渗流－非达西渗流转变是否与溶质菲克－非菲克运移存在对应关系（Cherubini et al.，2013），这些问题值得深入研究。尤其对于反应性溶质来说，包括岩溶裂隙中的，其伴随着非达西渗流对介质的溶解从而改造着裂隙网络，同时又进一步影响着水流的变化。因此，复杂裂隙水流和反应性溶质（如有机污染、多相流、核素等）的物理、化学和生物化学反应过程的非菲克运移过程与机理，值得人们深入探索研究。

第四节　地下水多相流

地下水动力学研究的多相流是指两种或两种以上不相混溶相物质的流动（Bear，1972），所谓"相"是指自然界中物质的态，例如气态、液态、固态等。"相"与"相"之间有明显的界面（图 2-8）。多孔介质多相流，也称为多相渗流，主要研究地下流体即非水相液体（non-aqueous phase liquid，NAPL，如油）、气、水在多孔介质中的渗流规律，它是采油、土壤渗流、二氧化碳封存等科学／工程领域的核心问题。

地下水系统是一个多相流系统。多孔介质由固体骨架和空隙组成，可能存在单相、两相或多相的流体同时在空隙中流动（Bear，1972）。例如，包气带中空隙就同时充满了水相（孔隙水）和气相（孔隙气），而非水相液体需要作为单独的相来研究。每一相中可以有多个组分，如水相不仅包含了液态水，也包含溶解的空气、盐分和少量有机物；气相不仅可以包括水蒸气，还可以包括垃圾填埋气（主要成分为甲烷、二氧化碳等）。

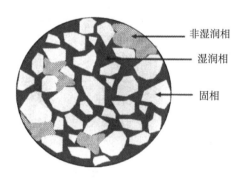

非湿润相
湿润相
固相

图 2-8　多孔介质中多相概念示意图

一、科学意义与战略价值

多相流在自然界以及工业、军事等领域普遍存在。多相流的普遍性和复杂性决定了其在流体力学中的重要地位。多孔介质多相流理论是地热资源开发、油气资源开采、有机污染物防治、二氧化碳地质封存、核废料地质埋藏等众多工程的基础（林学钰，2007；许天福等，2012）。如《国家中长期科学和技术发展规划纲要（2006—2020 年）》在重点领域及其优先主题的"能源－复杂地质油气资源勘探开发利用"、"水和矿产资源"与"环境"中均涉及相关内容，特别提到要对环境污染进行综合治理与控制，并将其作为国家的重大战略需求。治理和控制的基础就是要掌握环境污染的形成机制，这也属于多相流问题。

在多孔介质多相流动过程中，每一相的物理参数会发生变化，相与相之间会发生互溶、力的耦合作用和界面的改变，从而进一步影响每一相的运动，甚至可以出现相变。以包气带中水分迁移为例（Kuang et al., 2013），水和气两相并存，意味着部分饱和介质中会出现水和气的微小接触面，水流体系因此受到水气接触面上作用力的影响，部分饱和水流与完全饱和水流一样，受固体－水接触面上作用力的影响，但部分饱和水流中这些力还与相邻气－水界面上的力共同作用，造成明显不同于饱和流（单相）的情况。

过去的几十年中，多孔介质多相流研究已取得了显著进展（Wu, 2015）。传统的多相渗流理论以连续介质假设和达西方程为基础。随着近年来非常规油气资源（如页岩气）的开发利用，传统的多相渗流理论已无法准确描述非常规油气藏的流动问题。如对于缝洞型碳酸盐岩油藏来说，由于缝洞空间尺度较大，多孔介质连续性假设已不成立，缝洞中的流动已不是传统意义上的渗流，而是自由流。因此，有必要从多尺度、多场耦合和多流动模式的角度来研究多孔介质多相流的问题（姚军等，2018）。

二、关键科学问题

围绕地下水多相流，研究亟待解决的关键科学问题，其可归纳为以下两类。

（一）多相流多尺度多模式多场耦合渗流特征

沿用现代油气渗流力学的体系（姚军等，2018），多孔介质多相渗流主要包括微纳尺度渗流力学、岩心（厘米）尺度渗流力学、达西尺度宏观渗流力学和缝洞大尺度渗流力学，具有多尺度、多场耦合和多流动模式的特征，其渗流特点可以用"五多"来描述，即多孔介质、多尺度、多相流、多模式和多场耦合。

1. 岩石多孔介质的多尺度特征

多孔介质由固体物质组成的骨架和由骨架分隔成大量密集成群的微小孔隙构成，孔隙尺寸微小，比表面积很大。这些微小孔隙可能互相连通，也可能部分连通。多孔介质存在两种固有的特性,即浸润性与毛细管现象。浸润性是在固体和两种流体(两种非互溶液体或液体与气体)的三种介质的接触面上显现的流体浸润固体表面的一种物理性质。当浸润角为锐角,此时就较易浸润,该材料也称为亲水性材料;当浸润角为钝角,此时就较难浸润,该材料也称为憎水性材料。毛管力的大小与流体的表面张力、浸润角和界面的曲率有关。

多孔介质具有明显的多尺度特征。从多孔介质表征单元体尺度上看,跨越五个尺度:即分子(纳米)尺度、孔隙(微米)尺度、达西(毫米)尺度、岩心(厘米)尺度以及大(百米甚至千米)尺度。针对不同尺度,多孔介质表征单元体具有不同的流动机制、控制方程、渗流模型以及流动模拟方法。不同尺度流动的关联性即尺度升级是多相渗流需要解决的重要基础问题之一。

2. 多相渗流的多流动模式特征

达西定律是宏观尺度上描述多孔介质中流体的渗流速度与压力降之间的线性关系的规律(黏性流),称之为线性渗流模式。随着对实际复杂问题的关注,研究者发现,在一些情况下线性达西定律并不成立,如致密多孔介质中的低速渗流、高速渗流以及非牛顿流体渗流等(Zeng et al.,2011)。因此,学者们建立了多种非达西渗流模式来解释和描述这一现象。

在纳微孔隙尺度上,流体的流动模式众多,包括努森扩散、表面扩散、分子扩散、温度引起的热扩散以及压力差作用下的黏性流等。多种流动模式并存导致了纳微孔隙尺度下复杂的流动机制。在缝洞型多孔介质中,既存在基岩孔隙和微裂缝中的渗流,又存在大裂缝和溶洞中的自由流〔由纳维-斯托克斯方程(Navier-Stokes equation,N-S 方程)描述〕,在不同类型的孔隙介质中呈现出不同的流动模式,缝洞型多孔介质的流体流动是渗流与自由流的耦合流动。总之,流动模式的多样性导致了多孔介质中流体流动的复杂性。

3. 多相渗流的多场耦合特征

随着对二氧化碳地质储存、石油及天然气的地下储存、深部资源开采、高放废物处置与增强型地热系统等大型地下工程研究的深入,研究者发现,在这些涉及多相流的工程设计、施工及运行中,温度-流体-化学-应力(THCM)多场耦合问题对工程的正常运行及安全的影响十分重大。

多孔介质的力学效应及渗流特性会受到温度、孔压、应力及化学力的影响。以油藏开发为例，为了高效开采，对水平井进行大规模的分段压裂以形成了地下缝网，这必将改变油气藏的应力场分布，由此影响油气多相渗流，因此存在渗流场和应力场的耦合问题。为提高采收率，采用化学驱油，注入聚合物、表面活性剂以及碱等各类化学剂，这些化学剂与多孔介质孔隙喉道表面及油水界面发生系列化学反应，这些反应对渗流场有较大影响，因而存在渗流场与化学场耦合的问题。对于稠油油藏，由于原油黏度较大，常采用注热方法提升地层温度降低原油黏度来实施有效开采，热场对渗流场有较大影响，因而存在渗流场与热场耦合的问题。此外，油气开采中通过实施多种物理采油方法（如声、光、电、磁、震动等）改善近井油藏岩石和流体的物理性质，以提高油气藏的采收率。因此，存在渗流场与其他物理场的耦合问题。

总之，多孔介质多相渗流体系具有多场耦合的特征（图 2-9）。

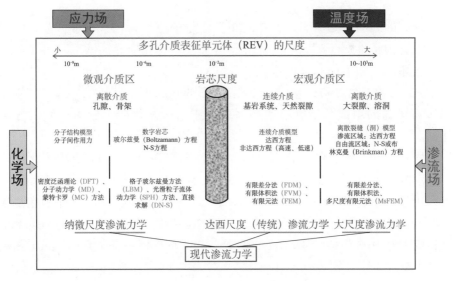

图 2-9　多场耦合的多孔介质多相渗流体系

资料来源：改自姚军等，2018

（二）多相流界面和相间过程

当多相流体以油、气、水中的两相或三相同时存在于多孔介质中时，在各相流体之间、流体与岩石颗粒固相间就存在着水和岩石、油和岩石、油和水、油和气、气和水等多种接触面（林宗虎，2006）。这些界面总面积极大，明显增大了流动阻力。两相界面分子的相互作用导致了有关界面性质的诸多问题：水驱油时的油水界面问题、互溶混相驱油时的油水界面消失问题，以及存在油水界面时的毛细管附加阻力问题等。因此，表面或界面性质（界面张力、吸附作用、油水对岩石孔隙表面的有选择性的润湿等现象）极为突出。此外孔隙孔道很小，结构复杂，又会引起毛细管现象、各种附加阻力效应等，从而对多相流体的分布和流动有重大影响。因此，多相渗流在孔道中的分布和流动过程极为复杂。

研究多孔介质多相渗流时，通常必须考虑多种流体同时流动的情况。考虑两种不溶混流体同时流动时，通常认为每个孔隙内均有一个明显界面将两种流体分开，流体间存在界面张力，流体与固体之间形成润湿性，从而产生毛管力。每种流体都充满整个流动区域，只是其中每种流体所占比例将随空间和时间变化。通常把某种流体所占据空隙的比例用该流体的饱和度来表示。

岩石的润湿性是岩石－流体间相互作用的重要特性。一般认为，润湿性、毛管力特性属于岩石－流体静态特性。理想孔隙介质的毛管力是湿润相（或非湿润相）饱和度的函数，但针对实际的岩石，影响毛管力的因素并不唯一。毛管力还直接受控于储层岩石的孔隙大小、孔隙分选性、流体和岩石矿物的组成、毛管滞后等诸多因素，所测得的毛管力曲线也各不相同。

岩石的润湿性、各种界面阻力、孔隙结构等都会影响岩石中多相流体的流动能力。即多相流体流动时，各相间会发生相互作用、干扰和影响。一般采用相对渗透率来描述相间（如岩石－油－水）的相互影响大小，它是岩石－流体间相互作用的动态特性参数，相对渗透率曲线 K_r 及毛管力曲线 P 是多相流理论中极为重要的基础资料，具有极大的实际意义，它们也是多相流计算中最重要的参数之一。

流体驱替过程需要驱替液体和被驱替液体之间相互接触，所以接触界面的移动和动态变化是关键问题。早期关于驱替机制的研究主要通过简单几何形状的微模型试验，观测两相流在孔喉元件中的移动行为，归纳出两相流拟静态驱替的条件（图 2-10）（Lenormand et al.，1988）。在排退的过程中，两相流界面在孔或颈管中均以活塞式运动驱替。在吸湿过程中，两相流界面以三种不同的机制进行驱替，分别为活塞式运动、截断和 In 型吸取。其中，前两者发生在喉道中，后者发生在孔隙中。

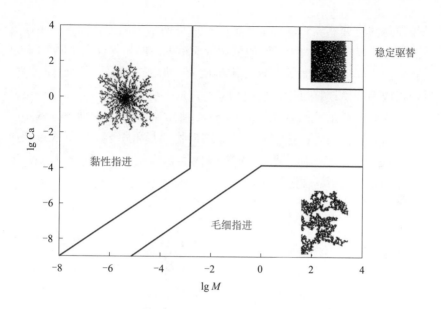

图 2-10 毛管力和黏性力主导下的驱替形态相图

资料来源: Lenormand et al., 1988

注: Ca 指毛管数（Capillary number）；M 指黏度比（Viscosity ratio）

多孔介质中两相流驱替过程的界面不稳定性受到人们的持续关注（Yadigaroglu and Hewitt，2017）。水驱前缘的稳定性会影响到流体驱替的效率，在水驱前缘通过介质时，如果驱替液和被驱替液之间的界面能保持形状不变，则前缘可视为稳定。当低黏性流体进入多孔介质驱替高黏性流体时，其两相流交界面是不稳定的，将发育成高度复杂的指形结构，这种现象称为黏性指进（也称为指流）。在油藏开发的二次采油过程中，通常采用水驱油技术。黏性指进现象会导致水驱控制难度增大以及原油采收率的下降，从而影响到油田开发成本和原油产量。非饱和土壤渗流作为多相流的一个特例，气相和液相之间的界面因种种因素的影响而变得不稳定，从而湿锋面不稳，产生指流。另一方面，多孔介质的拓扑结构、湿润性、矿物成分、流体的性质、注入流速等影响多相流驱替过程，目前孔隙介质系统研究颇丰，裂隙介质相关研究成果很少。

多孔介质中多相流界面的化学反应过程是研究难点，包括发生在固－液／气界面的吸附－脱附、挥发等物理过程，沉淀－溶解、氧化还原、络合、水解等化学过程，还包括发生在固／液／气－生物界面的吸附富集、跨膜／转运、转化／降解等生物过程。界面的外观随观测尺度的变化而改变。突变界面是指理化性质突然发生变化的界面，扩散界面是指理化特性在一定厚度层内平滑变化的界面。如固相反应的最大特征是先在两相界面上（固－固界面、固－液界面、固－气界面等）进行化学反应，形成一定厚度的反应产物层；然后经扩散等物质迁移机制，反应物通过反应产物层进行传质，使得反应继续进行。反应过程也可以改变界面的外观，如矿物的非均匀性可导致降解区的产生，而在降解区中，速溶矿物从难溶矿物的基质中溶出，形成多孔连续介质（Deng et al., 2013）。水－NAPL界面面积变化是决定残留NAPL溶解的非线性特征及机制的关键。

三、优先发展方向

在多孔介质中，通常可识别出两个空间尺度："微观或孔隙尺度"（$1 \sim 100\mu m$）和"宏观或连续介质尺度"（1m）。前者是物理化学（流动、迁移和地球化学）过程发生的基本尺度，在此尺度上，多孔介质被视为是离散的；后者是应用性更强的尺度，被认为是一个连续体。下文按照自下而上的升尺度思路，论述地下水多相流研究的发展趋势和优先发展方向。

（一）多相流实验

目前，多相渗流的物理模拟呈现两极化：①微米尺度实验，开展微观物理模拟，即利用显微技术直接观察或借助计算机断层扫描术（CT）、核磁共振成像（NMRI）等技术间接监测多相流体在微观孔喉内的分布和流动。②宏观尺度实验，开展流动机理和开采机理的研究。

1. 微米尺度实验

微米尺度通常称为孔隙尺度。一般以多孔介质的数字岩心作为孔隙尺度微观渗流理论研究的基础平台，为在微观孔隙尺度上研究流体在多孔介质中的流动提供了重要的研究手段。目前，孔隙结构微观表征方法主要有三类：①二维图像观测法，包括光学显微镜、场发射扫描电子显微镜分析等，实现对孔隙结构的二维精细表征；②三维体积重构法，包括微米CT、纳米CT及聚焦离子束场发射扫描电子显微镜分析等，实现对孔隙结构及连通性的三维刻画与评价；③定量体积评价法，包括气体吸附法与高压压汞法，实现对孔隙结构的定量评价。几种研究方法各有优缺点，将几种方法相互结合就可以得到致密储层二维平面及三维空间上的孔隙大小、形态及连通情况（姚军等，2018）。

目前，通过系列切片法、聚焦离子光束法、CT、NMRI、聚焦离子束扫描电子显微镜（FIB-SEM）法，可获得多孔介质高精度的二维或三维数据，为多孔介质重构研究提供真实的基础数据。在这些实验研究中，尽管岩心试样能够较精确地反映岩石的三维孔隙结构，但由于复杂的微纳几何结构和孔道网络系统且 CT 扫描等精度有限，岩心实验无法提供多相流动的细节，较难获取微米尺度下多相流体毛细捕获的细部特征。

微流控（microfluidics）提供了一个能够直接设计微米级几何结构并控制 / 观察其中的流动的工具。基于激光刻蚀技术制备而成的微观孔隙模型，可以通过显微镜和照相机直接观测微米尺度下的两相流动状态，能够采集到比 CT 扫描更高分辨率的流体运动图像（Kim et al.，2012）。研究人员基于微观模型实验研究了驱替速率与流体黏滞系数（Wang et al.，2012）、介质湿润性（Zhao et al.，2016）和孔隙结构（Xu et al.，2014）对驱替模式和毛细捕获的影响。近年来，研究人员还针对超临界二氧化碳流体展开了研究（Chang et al.，2017）。

基于微流控技术可建立自下而上、从孔隙尺度机理出发的逐级放大的研究思路，并为宏观尺度的建模和应用奠定坚实的物理基础。Matthew Balhoff 课题组针对地下多孔介质的特征，在孔道网络尺度将三维特征引入到二维的孔道网络中，制造了"2.5-D 微模型"平台，使之能更具代表性地研究多孔介质中的多相流动规律。这一重大改进解决了传统二维微模型缺乏连续颗粒表面相而导致的无法通过自发渗吸形成残余非润湿相液滴的关键问题。利用 2.5-D 微模型可以研究复杂多相流体在多孔介质中的流动规律。单孔 - 喉微模型可以模拟多孔介质中基本集几何单元，并用以研究"残余油"液滴在不同流体（牛顿流体、纳米流体、黏弹性流体）驱替下的动力学。在单孔尺度，他们还建立了连续相牛顿流体的驱替下非润湿液滴在孔喉结构中滞留和采出的临界条件物理模型，并以此为基础，展开了对非牛顿流体情形下的若干研究（Xu et al.，2017）。

陈益峰等通过天然裂隙的微观尺度两相流实验，在粗糙裂隙中观测到毛细指进、黏性指进和过渡区三种驱替模式（毛细指进与黏性指进之间存在过渡区），以及有利驱替条件下由裂隙开度空间变异性引起的局部失稳产生提前突破的现象，提出粗糙裂隙非混相驱替相图，将其从孔隙介质扩展到裂缝介质中，增加了对粗糙裂隙中两相驱替的认识（Chen et al.，2017）。

值得注意的是，国内外学者通过岩心尺度的单相和多相渗流实验，发现致密多孔介质中流体渗流规律不遵循线性达西定律，会表现出较强的非线性特征和存在启动压力梯度特点（Zeng et al., 2011）。非达西渗流现象成因概括为：一方面，致密多孔介质孔隙狭小、表面积大，岩石与流体间界面作用强烈，微观尺度效应影响严重，活性物质会吸附在孔隙内表面形成边界层，阻碍流体流动；另一方面，致密多孔介质喉道半径差异较大，非均质性强，当驱动压力梯度较小时，流体仅沿大喉道的中央部位流动，随着驱动压力梯度的增加，边界层厚度逐渐变薄，更多的小孔道及大孔道壁面处也有更多的流体参与到流动中，使得岩石有效渗透率逐渐增加至最大值。

2. 宏观尺度实验

随着物理技术的发展，国内外很多学者将层析成像（tomography）技术应用于室内试验的多相流过程监测中，从而获取多相流体二维和三维的时空分布信息（Deng et al., 2017；Kang et al., 2018）。这为流动特征复杂多变、用常规方法检测难度大的多相流研究提供了有效的监测途径，是目前多相流参数检测技术研究发展的前沿和趋势之一。根据层析成像采用传感器敏感性原理的不同，主要分为电阻率层析成像（ERT）、电容层析成像（ECT）、射线层析和超声层析等。随着工业化要求精度的提高，单单使用一种技术已不能满足测量需求。多相流领域的研究方向将是多源数据融合技术，如将电容层析和超声反射层析技术相结合，将 ERT 和 ECT 相结合等。许多实验室和野外尺度的研究表明，地球物理技术（如电法和电磁法）可用于检测和刻画 NAPL 在地下的空间分布。如潘玉英等（2012）通过在室内模拟柴油泄漏情景，利用电阻率监测系统，对轻非水相液体（LNAPL）在砂土 - 地下水系统垂向渗透过程中进行电阻率变化动态监测，探讨 LNAPL 在砂质土体中的运移过程及电性反应机制。由于近地表环境的复杂性和非均质性，很难将单个地球物理参数 [电阻率或探地雷达（GPR）反射率] 与特定流体相关联。因而，可以利用基于钻孔数据约束的多种地球物理技术来提供附加信息。如 Atekwana 等（2000）利用 ERT、GPR 和电磁方法（EM），在土壤钻孔资料的约束下，研究了某一 LNAPL 在冰川 - 河流地质环境中长达 50 年的泄漏所产生的电特性。研究表明，原位电阻率测量与地表地电测量相结合，可以表征与 LNAPL 在地下生物降解有关的导电带的分布。Cardarelli 和 Filippo（2009）利用电阻率法和频谱激发极化法调查了潘达利亚（Pandania）平原沉积层中氯代烃的分布情况，并依据所获取的电阻率和充电率分布，推断氯代烃在地下的三维空间分布。

时间推移成像方法对观察 NAPL 动态迁移过程具有重要意义。钻孔数据只能从穿过含水层的有限数量的井点获取，而地球物理方法能估计这些井之间的二维到三维范围内 NAPL 随时间的变化情况。在加拿大波顿实验场地，Greenhouse 等（1993）将 770L 四氯乙烯（PCE）在 70h 内释放到含有中等至细粒砂的 9m×9m×3.3m 试验场地中，利用多种地球物理技术，成功监测了重非水相液体（DNAPL）的释放过程。Seferou 等（2013）在三维砂箱中模拟了橄榄油厂废水泄漏情景，并采用高精度跨孔电阻率法监测其运移过程。研究结果表明，时间推移的高精度跨孔电阻率法可以很好地识别 LNAPL 的空间分布。最近的相关研究表明，在难以控制的野外背景条件下，约束信息（如通过取芯直接采样）对建立地球物理数据和 NAPL 运移之间的可靠联系是必不可少的。有效识别实际场地中的 DNAPL 池是一项艰巨任务，很难将流体性质的变化与岩性变化区分开，除非该场地已经有详细的地质调查资料。

宏观物理实验一般通过二维砂箱、三维砂箱、大理石组合、有机玻璃刻蚀和 3D 打印等物理模型来实现（姚军等，2018）。室内试验的多孔介质也由孔隙介质，逐渐拓展到裂隙介质和缝洞介质。对于缝洞型油藏来说，其自身存在着孔、缝和洞，且结构复杂多样，尺度大小分布范围非常大，具有较大的各向异性和非均质性，导致流体在缝洞型介质中的流动十分复杂。其流动模式多为自由流或自由流－渗流耦合流动，因此其油水流动机理和开采机理都需要通过宏观物理模拟来研究。一般采用规则裂缝或缝洞组合模型，进行单相或油水两相渗流的研究，探讨不同裂缝开度、裂缝密度、裂缝网络形式、洞径、洞密度、洞隙度等形式下的水驱油规律和相渗规律。如丁祖鹏等（2013）通过采用精细粘接造缝技术和有限真空饱和技术，分别实现了裂缝性渗流介质中裂缝物性分布和基质裂缝渗吸耦合参数的定量控制，并运用该方法制作了三维裂缝网络系统的大尺寸裂缝性渗流介质，研究了基质裂缝渗吸耦合作用下的宏观渗流规律。

国外利用注水注气开采缝洞型油藏技术已成熟，而国内仅开展了相关的可行性研究。一般采用缝洞网络模型，针对缝洞型油藏开采过程进行物理模拟，分析开采机理和主控因素。如苏伟等（2017）设计并制作了满足相似性条件的二维可视化物理模型，研究了水驱后剩余油类型、分布规律及注氮气启动剩余油规律，分析了注气速度、注气方式和注入井别三类因素对氮气启动剩余油效果的影响。

（二）多相流数值模拟

由于多相流体运动的复杂性、非线性和多尺度性，以及可能出现的多介质、多物理化学过程等重要特点，需要建立不同尺度和类别的控制方程。而求解不同类型的方程需要不同的数值方法。此外，流体的运动特性与流场所处的区域几何特征密切相关，有效的数值计算方法必须适应求解域几何复杂性的要求。这些特点都造成了多相流数值方法的多样性和复杂性。

根据数学和物理原理不同，多相流数值模拟主要分为三类：①建立在统计分子动力学基础上的分子动力学模拟方法。为了研究微观机制和现象，分子或拟粒子模拟方法，如分子动力学、直接模拟蒙特卡罗（DSMC）、光滑粒子流体动力学、离散元方法（DEM）等迅速发展。②介观层次上的模拟方法（LBM）等。③经典的连续介质力学方法（欧拉-拉格朗日方程和欧拉-欧拉方法）。以连续介质力学基本方程离散化为基础，发展了有限差分法、有限元法、有限体积法和谱方法，研究了各种格式的相容性、稳定性和收敛性[Godunov 型，总变差消减（TVD）型等]。

1. 微米尺度模拟

孔隙尺度模拟是连接孔隙尺度属性（如孔隙形态和润湿性）、驱替机理与连续尺度多孔介质多相流的有效桥梁，也是帮助确定毛管力和相对渗透率曲线等连续尺度模拟所需的重要流动函数。孔隙尺度建模可以直接建立在复杂的空隙几何结构上，也可以建立在其简化结构上。前者通常称为直接建模，后者则与孔隙网络建模密切相关。目前，直接孔隙尺度模拟（DPSM）和孔隙网络模型（PNM）是被广泛接受的研究流体-流体、流体-基质相互作用等孔隙尺度机理的数值方法（Golparvar et al., 2018）。

1）直接建模

直接建模包括计算流体力学（CFD）方法、LBM 和 SPH，其中 CFD 方法已得到公认。正是 CFD 方法在计算方面的优势，使得孔隙尺度直接数值模拟得到越来越广泛的应用（Blunt et al., 2013）。OpenFOAM 和 Chombo 等高级开源类库的开放使得模拟能力得以扩展（Colella et al., 2014）。

2）基于数字岩心的 LBM 模拟

LBM 直接利用多孔介质的孔隙结构，不需要对孔隙结构进行简化，可以直接进行流动模拟。与孔隙网络模型的模拟相比，LBM 能够对多孔介质内的流动进行精细刻画，但计算量也大大增加。根据描述相之间相互作用的方式，LBM 多相流动模拟可以分为四大类：颜色模型、伪势模型、自由能模型和其他模型。其中，颜色模型是早期的多相流模型，与拉普拉斯定律（Laplace's law）相符，被应用于多孔介质内的多相流等问题。此类模型具有一定局限性，表面张力与界面的走向相关，在重新标色过程中计算量较大。伪势模型只有当相互作用力中的有效密度函数取指数形式时，才与热力学相关理论一致。自由能模型当界面之间存在较大的密度梯度时，会导致一些非物理现象的发生（姚军等，2018）。目前，LBM 在微观尺度液体流动模拟领域仍处于探索阶段，模拟的关键是如何考虑壁面的影响。流固耦合是 LBM 的发展趋势之一，在多孔介质流动模拟方面进行纳米颗粒流、聚合物微球流等复杂多相流体系的模拟，以及考虑应力敏感的流固耦合模拟是重要研究方向之一。

3）基于数字岩心和孔隙网络模型的 N-S 方程模拟

孔隙网络模型是中间尺度或介观尺度的模型，填补了孔隙尺度和岩心尺度（10cm ～ 1m）之间的空白。最早的孔隙网络模型由 20 世纪 50 年代 Fatt 提出（Fatt，1956）。近年来，以多孔介质图像为基础，结合现有成熟的计算流体力学方法，通过数值求解 N-S 方程进行孔隙尺度多孔介质内的单相流和多相流模拟在不断发展。

N-S 方程单相流模拟目前较为成熟，但仍存在网格剖分困难、计算量巨大的问题。多相流模拟中液相界面的动态描述及界面张力计算是关键。描述液相界面动态变化的方法主要有动网格法和界面追踪法两大类。动网格法在各相区域内单独划分网格，相界面被表示为两套网格的边界。随着流体的运动，网格需要进行调整以适应相界面的变化，因此这类方法的计算量较大。常用的界面追踪方法有水平集（level set，LS）、流体体积（volume of fluid，VOF）和耦合水平集和流体体积（coupled level-set and volume-of-fluid，CLSVOF），其中 CLSVOF 方法是前两种方法的耦合方法，有效克服了水平集方法物理量不守恒以及流体体积法不能准确计算相界面的法向和曲率的缺点。结合动态液相界面形状可以求取界面张力，常用的模型有连续表面力模型、连续表面应力模型和间断表面力模型等。

多孔介质孔隙尺度多相流模拟中另一个关键问题是如何准确描述液相与固体表面接触角的动态变化过程。与其他流动模拟方法相比，N-S 方程结合非结构化网格，可以模拟任意复杂形状多孔介质内的微观流动，但同时也存在网格剖分及计算代价大、对求解器要求较高的缺陷。通过对多孔介质内流体进行流动模拟，不仅可以更好地理解流体在多孔介质内的流动机理，还可以根据求得的速度及压力场等数据通过尺度提升得到多孔介质的等效绝对渗透率和相渗曲线等宏观物理性参数。

2. 宏观尺度模拟

基于连续介质假说，以动量、质量和能量三大守恒原理为基础，可推导出多相渗流的连续性方程（Miller et al.，1998）。随着计算机技术的发展和数值技术的广泛应用，采用数值方法求解多相渗流偏微分方程已成为宏观尺度表征的重要手段。特别是在油藏开发领域，数值模拟技术具有无可替代的优势。

近几十年来，多相流数值模拟计算迅速发展，具体表现在：①提高数值模拟精度的网格技术在不断发展。目前，多相流数值模拟研究主要采用正交或近似正交网格技术，局部网格加密仍然是目前网格设置的主要处理技术。②针对各类问题的高效数值计算方法大量涌现。须不断发展新的数值解法，提高求解速度、收敛性和精度。数值解法主要包括边界的处理、矩阵的离散化方法、代数方程组的系数处理和数值解法的优化等。应用数值方法求解多相流方程，目前主要是借鉴油藏数值模拟中的有限差分法。③商用软件发展迅速并得到广泛应用。如计算流体力学软件 Fluent，油藏模拟软件 Eclipse、CMG、VIP、UTCHEM 等，地下水领域常用的多相流数值模拟软件 FEHM、TOUGH 系列以及 OpenGeoSys 等。④多相流数值模拟应用领域不断扩大。除了传统的油藏领域，在二氧化碳地质封存、地热能开采、核废料地质处置、地下水污染修复、深部资源开采和地下空间开发利用等能源、环境和工程建设中，多相流数值模拟都得到了广泛应用，特别是热-水-力-化学（THMC）多场耦合研究取得了长足进展，建立和开发了一系列数值模拟程序（陈益峰等，2009），如 TOUGHREACT、TOUGH-FLAC、TOUGHREACT-FLAC 等。

另一方面，基于成熟的孔隙介质多相渗流理论，近年来针对裂隙和缝洞介质的数值模型发展迅速。对于单一孔隙型裂隙介质来说，人们通常是把裂隙的渗透性按流量等效原则均化到岩体中，概化为等效连续介质模型。对于孔隙-裂隙型介质来说，人们最常用的是双重介质模型，将基质和裂隙视为两个相互平行的连续系统，系统间通过窜流函数/质量传输函数联系起来。双重介质模型将裂缝的影响等效到整个模型中，重点研究整体的渗流特征，该模型的关键在于如何准确刻画基岩与微裂缝间的非稳态窜流。离散裂缝模型可以准确刻画单个裂缝的导流特征，但由于裂缝形态的复杂性，其网格剖分难度较大，同时模型的计算量也大，难以用于模拟储层中的所有裂缝。也有学者提出一种耦合模型，将双重介质模型与离散裂缝模型相结合：对小尺度的微裂缝建立双重介质模型，大尺度裂缝建立离散裂缝模型。这种耦合模型有效结合了双重介质模型和离散裂缝模型的优点，具有较高的计算精度和计算效率。

未来，多相流数值模拟计算的主要研究内容包括高精度、高鲁棒性格式，复杂网格及其自适应，高效求解算法，新型算法的工程应用，以及新一代商业软件对计算机硬件的要求等重要问题。先进多相流模拟计算方法应具有以下特征：①能有效预测包括物理复杂性和几何复杂性的真实流动。②最大限度地保持流动的本质物理特征，消除或减少非物理数值扰动。③实现计算效率（计算精度/计算量）的最大化。高精度、高分辨率和高保真的数值方法应是新一代多相流软件的主要特征。非结构网格在处理复杂几何区域时具有明显优势，如新型的间断伽辽金（DG）和基于重构的通量修正（correction procedure via reconstruction，CPR）等方法被认为是未来发展的重要方向。未来，人们会更关注精确计算的高阶紧致差分格式（high-order compact finite difference scheme）、网格生成计算、有利于加快计算速度的并行计算、图形处理单元（GPU）计算、加速收敛方法等高性能计算方法，同时更关注物理建模、多相流逆问题的求解以及不确定性分析。

3. 多尺度升级

复杂多孔介质的空间类型具有多样性和多尺度性，导致流体在不同尺度的空间上流动机制不同，此时采用单一尺度控制方程或流动模拟方法不能准确揭示复杂多孔介质流体流动规律。理论上，在精细尺度上能够准确描述流体的运移特征，但由于每一模拟方法都有其适用的空间尺度和时间尺度，在实际应用过程中，因计算量的问题，宏观尺度无法直接采用精细尺度模拟方法进行模拟。如何在宏观模拟中考虑微观尺度特征，实现对整个多尺度区域的准确模拟，是目前研究的热点和难点。一般采用逐级尺度升级的方法得到宏观尺度上的控制方程。

常用尺度升级的方法有多种，目前多孔介质流动中常用的是均化理论和体积平均法。均化理论一般应用在周期性问题上，假定存在宏观和微观两个尺度，可推导出不同尺度介质耦合的宏观控制方程以及获取等效渗透率等渗流参数（Huang et al.，2011）。微观尺度的方程通过双尺度渐进展开，得到宏观尺度上均化的方程和参数，该方法适用的条件是微观尺度空间尺寸相对于宏观尺度必须趋于零。体积平均法一般采用平滑化和空间平均公式进行尺度升级，不需要有小尺度假设，因此不需要假定必须有两个尺度相差较大的空间，一般在典型单元体（representative elementary volume，REV）尺度上进行升级（Whitaker，2013）。

4. 多相流逆问题

多相流逆问题是指基于有限的监测数据（井底压力、油相饱和度等），反演求解描述多相流运移的模型参数（如介质渗透率和孔隙度等）。广义的多相流逆问题还包括渗漏源（污染源）的识别和释放历史的推估（Hou et al.，2017）。多相流逆问题属于数理方程反问题，具有强烈非线性与不适定性，且待估参数维数往往很多，通常需要多个参数来描述一个网格内的介质属性（渗透率、孔隙度与残余饱和度等）。尤其是大尺度多相流问题（如二氧化碳地质封存），其参数维度往往可高达 106 以上（Li et al.，2015）。

由于多相流逆问题的上述特点，其求解存在以下难点与挑战：

（1）已知的信息量（观测数据）远远少于待求参数；

（2）运行多相流正演模型需要庞大的计算量，而求解反问题又需多次迭代正演模型，导致反演过程常因计算负担过重而无法进行；

（3）参数反演过程中协方差矩阵的计算和储存成本高。

为解决观测数据稀少情况下的高维参数反演问题，研究者将地球物理数据（如地震法、电法）等"软数据"引入以辅助约束参数反演过程。如 Li 等（2015）基于地震勘探数据与压缩状态卡尔曼滤波法刻画二氧化碳地质封存过程。Kang 等（2018）基于电阻率成像方法和耦合地球物理反演方法精确刻画多相流运移过程并反求多相流参数。

针对多相流正演模型计算负担沉重的问题，可通过构建替代模型来近似替代正演模型，以较小的计算负荷逼近正模型的输入-输出关系，并保持较高的计算精度（Asher et al.，2015）。另一方面，研究者将高性能并行技术用于求解多相流正演问题，如 Commer 等（2014）基于构建并行的多相流反演框架 MPiTOUGH2，可有效求解多相流和水文地球物理反演问题。

为缓解反演过程中协方差矩阵的计算和储存问题，基于样本的方法［如集合卡尔曼滤波（EnKF）方法］被广泛应用于高维参数反演问题（Kang et al.，2018）。但 EnKF 方法的参数推估结果取决于初始样本的选取，且当样本数量较低时会导致滤波发散问题（Li et al.，2015）。Li 等（2015）提出的压缩状态卡尔曼滤波方法（compressed state Kalman filter，CSKF）通过矩阵压缩方法有效改善了传统卡尔曼滤波的上述弊端，已应用于多相流参数反演研究中。

（三）优先发展方向

综上所述，建议今后优先发展以下几个优先发展方向。

1. 微纳尺度的微观实验

该实验主要用于微观喉道内的流动机制研究。检测手段从早期的只检测压力、流量，发展到目前通过 CT、NMRI、粒子图像测速（PIV）等技术直接获得孔隙结构、饱和度场和速度场。但由于这些实验技术的限制，需要发展和借助更精细的三维速度场及饱和度场等的分析测量技术，进一步研究缝洞介质、致密岩石内的多尺度多场耦合流动，特别是微观孔隙内流体流动及宏观介质间的流体交换。

2. 微米孔隙尺度的数值模拟

微米孔隙尺度的数值模拟计算方法主要有孔隙网络模型模拟、LBM、基于 N-S 方程的直接模拟、水平集方法、SPH 模拟等。每种微观流动模拟方法都有各自的优缺点。数字岩心和孔隙网络模型是基础研究平台。数字岩心的构建需根据不同的研究目的，选择不同的构建方法或联合使用各种方法，构建能够反映矿物成分、孔隙结构空间特征的多尺度数字岩心。模拟需要考虑复杂的吸附 / 解吸、润湿反转、边界效应等物理化学过程，以及化学场、应力场、温度场等多场作用对流动的影响，从而精确模拟多相流体流动，这是未来发展的热点和难点问题。

3. 宏观尺度的物理实验

可充分利用有机玻璃刻蚀、3D 打印技术等，建立裂缝和溶洞等复杂的物理模型，为流动机理的定量刻画和分析奠定基础。发展高精度的地球物理层析成像技术是多相流参数检测技术研究发展的前沿和趋势。

4. 宏观尺度的数学模型

宏观尺度介质具有空隙类型多、尺度差异大、非均质性强等特点，流体在不同尺度空间上的流动机制不同，传统的单一流动模型往往无法使用。在实际问题中，往往需要根据不同的介质发育条件来选择不同的流动模型。如裂缝和缝洞中的流动具有显著的非牛顿特征，需要考虑高速非达西渗流模型。裂缝 / 缝洞与基质岩块之间的流体交换物理机制目前仍不是很清楚，应从微观孔隙尺度出发，研究交界面上质量、动量和能量的传输机理；然后借助体积平均方法或均化理论对其微观流动进行尺度升级，最终得到交界面区域附近的宏观流动数学模型。目前的升尺度方法多基于周期性假设，难以应用于复杂真实大尺度介质的流动模拟。

5. 大尺度宏观多相流数值模拟

需要大规模的数值计算，继续发展多尺度计算方法、GPU 并行算法等高效求解算法，同时更关注多相流逆问题以及不确定性分析。随着多相流数值模拟应用领域的不断扩大，THMC 多场耦合数值模拟对二氧化碳地质储存、油气藏开发、高放废物处置与增强型地热系统等大型地下工程的设计和安全运行将发挥越来越重要的作用。

第五节　地下水与地质灾害

水是地球各圈层物质、能量及信息传输与交换的关键载体，参与了各种地质作用和多种生态环境过程，是近地表最为活跃和强大的地质营力之一。地质灾害体包含岩土体和地下水，地质灾害的发生是地下水和岩土体发生物理、化学、力学等耦合作用的结果。地下水会导致岩土体劣化，影响地质体渗流场和应力场，对各类地质灾害有不同的影响机制。

一、科学意义与战略价值

（一）水-岩（土）耦合作用对地质灾害影响机理研究

水-岩（土）耦合作用主要研究水圈与地球岩石圈重叠区域内，地下水与岩土体间物理、化学、力学相互作用机制，水岩耦合系统的演化及其生态环境效应。水-岩（土）耦合作用是近地表环境系统演化的主要动力。地下水动态响应、溶质迁移和岩土体结构、组分、性质变化，会极大地影响地下水环境和岩土体稳定性，常造成各类地质灾害现象，如崩塌、滑坡、泥石流、地面塌陷、地面沉降和地裂缝等（Bense et al.，2013）。系统研究水-岩（土）耦合作用，对揭示地质灾害成因机理具有重要的科学价值。

水-岩（土）耦合作用是连续、缓慢、长期的地质过程，水对岩土体具有物理、化学和力学改造作用，被改造后的岩土体使地下水流场和化学场发生变化（Watakabe and Matsushi，2019）。研究地下水与岩土体耦合作用对地质灾害的影响机理主要包括地质灾害水-岩（土）耦合体对地质环境变化的响应机理、地下水对灾害岩土体多种尺度作用机制及地质灾害水-岩（土）耦合体动态演化规律，对提高和完善水-岩（土）耦合作用理论具有重要意义，可为地质灾害形成机理、监测预警、风险评价和综合防控提供理论支撑。

（二）流域水文模型与地质灾害风险研究

流域地质灾害的时空分布受地质、地貌与水文过程的综合影响，具有明显的尺度效应，其水文过程是激发地质灾害演化的重要因素。流域地质地貌控制着地下水流场，而流域水文过程又强烈地改造着地质地貌，并伴有滑坡、崩塌和泥石流等地质灾害。开展流域水文结构和水文动态模型研究是地质灾害预测预报及风险调控的关键。

地质灾害水文模型主要开展了灾害体内部或局部小尺度的流场分析，缺乏对地下水多级流场的研究（Ehret et al.，2014）。在区域地质灾害预测预报中，人们主要采用统计模型或无限斜坡模型等简单水文模型，但这些模型不能反映水岩作用的长期过程（Segoni et al.，2018）。流域单元的地质灾害具有长期的演化历史，开展地质-地貌-水文系统耦合作用过程的动态研究，可弥补现行地质灾害水文模型在地质演化时空尺度上的缺陷。

流域系统内存在坡面水文过程、斜坡地下水流场以及地表水与斜坡地下水的交互过程，这些影响流域地质灾害的演化进程（Sidle and Bogaard，2016）。坡面水文过程受控于地貌和下垫面结构，对危岩体和浅层堆积层滑坡具有直接影响；斜坡地下水流场受控于斜坡岩土结构和滑坡滑动面，影响深层滑坡的稳定性；地下水和地表水交互带是表层岩土体改造和地貌演化的地球关键带。建立流域地质-地貌-水文耦合模型，开展斜坡单元物理场、化学场、力学场及位移场耦合研究，是实现流域水文过程与地质灾害演化关系量化研究的有效途径。

目前，区域地质灾害风险评价研究多基于地质灾害影响因素与灾害相关性分析的统计模型，气象预警主要通过历史地质灾害与降雨特征参数之间的经验关系，建立降雨诱发地质灾害临界条件（Bogaard and Greco，2018）。基于统计学的研究方法未考虑水文过程触发地质灾害的诱发机理和地质地貌时空演化，使其科学性和推广性受到限制，主要作为防灾减灾决策参考。将流域地质-地貌-水文耦合模型应用于地质灾害风险评价，既体现了流域地质地貌的演变过程，也实现了地质灾害风险调控，具有重要的理论意义和应用价值。

（三）地下水–工程结构–地质体协同作用研究

工程结构与地质体组成的协同演化统一体系受外界各类因素，如地震、降雨、地下水等的影响，其中地下水是长期存在且影响重大的因素。地下水对岩土体具有软化、劣化等作用，且会侵蚀工程结构，从而影响工程结构与地质体的响应特性与作用效果。因此，研究地下水–工程结构–地质体协同作用机理对地下空间利用和工程建设具有重要的理论意义。

地下水与地质体的作用主要表现为物理作用和化学作用。物理作用体现在地下水与地质体长期接触，地下水会对地质体产生泥化、润滑、软化、浮托等作用，导致岩土体稳定性和强度下降。同时，地下水中存在的大量化学离子和侵蚀性物质通过离子交换、沉淀、水解等化学反应（Deiana et al.，2018），引起地质体沉降、开裂和软化等现象，导致岩土体强度降低、压缩性增大，给边坡和隧道等工程带来极大危害。

地下水分布的随机性和岩土体参数的不确定性导致相同工程结构在地质体不同地段会产生不同的防护效果（Zhang et al.，2019）。地下水与工程结构长期接触，地下水中盐类结晶可能会导致工程结构中的混凝土膨胀开裂，当地下水 pH 较小时可能产生对钢筋的腐蚀。结构工程会使地下水径流面积减小，改变地下水的原有径流、排泄条件。

工程结构与地质体的相互作用包括两方面：一方面，如地下建筑和隧道等长期存在的基础工程会改变原有的地质体结构及其力学性质，可能诱发地质灾害；另一方面，防护工程结构是地质灾害防控的主要手段，工程结构与岩土体之间的相互作用可有效增加岩土体的稳定性。

由于地质条件与水文条件的不同和地下水流系统的存在，地下水对工程结构及岩土体具有短期或长期多尺度的劣化效应。传统研究多侧重于地下水改变应力场从而影响工程结构防护效果方面，而实际渗流场与应力场在地下水–工程结构–地质体的体系中相互影响且协同演化。因此，开展复杂条件下地下水–工程结构–地质体协同作用研究对地质灾害防控具有重要的理论与实践意义。

（四）地下水与岩土体耦合的地质灾害模拟预报模型研究

地质灾害体包含地下水和岩土体，地质灾害的发生是地下水和岩土体发生物理、化学、力学等耦合作用的结果。为了实现地质灾害的科学预警预报，非常有必要开展基于地下水与岩土体耦合的地质灾害模拟预报数学模型研究（Ye et al.，2018）。

地质灾害体结构复杂，地下水分布、岩土体结构、力学参数均具有很强的随机性和不确定性（Gambolati and Teatini，2015），给地质灾害预测预报带来了极大的挑战。地下水与岩土体耦合的地质灾害模拟预报模型可刻画上述随机性和不确定性。

复杂地质条件下，地质灾害监测系统通常只能获得地质灾害体的局部信息。通过将有限的监测数据与地质灾害模拟预报模型相结合，可模拟地质灾害体连续时间和全空间的破坏演化过程（李世海等，2018），不断跟踪地质灾害体的变化，实现由局部推演全局、由当前预测未来的地质灾害预测。

地下水与岩土体耦合的地质灾害模拟预报模型可通过模拟多种情境、多种预警目标，为地质灾害监测网的设计和优化提供科学依据。同样，也可以通过模型模拟，为灾害防治工程的设计、施工提供科学依据，为地质灾害防治措施提供具体的解决方案，如为达到地面沉降防控目标所采取的地下水压采方案或回灌方案等（Gambolati and Teatini，2015；Ye et al.，2018）。

由于地质灾害发生伴随着各种气象、水文、地质、水文－地质、工程地质条件和各种诱发因素的随机性和不确定性，开展地下水与岩土体耦合作用下的地质灾害模拟预报模型研究，可系统深入考虑上述各种随机性和不确定性，为地质灾害预警预报和防控治理提供科学支撑。

二、关键科学问题

（一）复杂地质环境条件下地下水诱发地质灾害的机理

地质环境存在地层多样、构造复杂等特点，地下水组分、赋存及运移也差异明显。地下水致岩土体劣化，影响地质体渗流场、应力场，对各类地质灾害有不同的影响机制。因此，研究复杂地质环境条件下地下水对地质灾害的影响机制及诱发机理是地质灾害评价、预测及防控的重要基础。主要科学问题包括以下几方面。

1. 复杂地质环境条件下地下水致岩土体劣化特征

地下水对岩土体力学行为的影响是决定其稳定性的关键（Zhao et al.，2017）。探究地下水浸泡、腐蚀、水压力和干湿循环等作用对岩土体所造成的结构及强度劣化效应，建立地下水劣化作用下岩土体参数表征模型，揭示地下水致岩土体的劣化机制，可为研究地下水诱发地质灾害的机理提供理论支撑。

2.复杂地质环境条件下地下水诱发地质灾害机理

风暴、强降雨等极端事件频发，可能会引发致命的山体滑坡（Lin et al.，2017）。从复杂地质环境条件出发，研究地质灾害对地下水的响应特征，提出地质灾害演化阶段判别方法，揭示地下水诱发地质灾害的机理，可为地质灾害防控提供科学依据。

（二）复杂地质条件下地下水诱发地质灾害的模拟预报模型

由于地质灾害形成机理和演化过程非常复杂，复杂地质条件下地下水诱发地质灾害的模拟预报模型的构建须解决三个关键问题，即水-岩（土）耦合作用过程刻画、破坏过程刻画和模拟预报模型的数值求解（Gambolati and Teatini，2015；李世海等，2018）。

1.复杂地质条件下地下水诱发地质灾害水-岩（土）耦合作用过程刻画

复杂地质条件下地下水诱发地质灾害涉及应力场、渗流场和破裂场等多场耦合（李世海等，2018）。为了实现多场耦合过程的刻画，需要解决不同过程的四个问题，即本构关系、控制方程、参数变化和耦合方式。

2.复杂地质条件下地下水诱发地质灾害破坏过程刻画

地质灾害的模拟预报模型的核心是对破坏过程的定量刻画。滑坡、崩塌、地面塌陷、地裂缝等都存在破坏过程，即地质体从连续性介质向非连续性介质的变化（李世海等，2018；Ye et al.，2018）。因此，实现破坏过程的刻画，须构建地质灾害的破坏准则，建立刻画非连续介质破坏面发展过程的数学模型。

3.复杂地质条件下地下水诱发地质灾害模拟预报模型的数值求解

地质灾害的模拟预报模型非常复杂，给模型的数值求解带来很多困难（李世海等，2018；Ye et al.，2018）。其具体涉及连续性介质和非连续性介质的转化问题、三维地质体上的多场演化和二维破坏面灾害发展的维度转化问题、多场耦合的非线性问题、地下水流场等变化发生在区域尺度而地质灾害往往发生在局部尺度而产生的多尺度问题。如何在解决上述问题的同时保证算法收敛性和快速求解能力也是必须解决的问题之一。

（三）流域地质-地貌-水文耦合模型及地质灾害预测预报

流域是山区地质灾害研究的基本单元。地质灾害时空演化规律受流域地质、地貌和水文的综合影响，而三者间又密切相关。地质灾害预测预报的关键是建立流域地质-地貌-水文耦合模型，分析流域地貌演化的地质条件和水文过程，研究流域地质灾害的分布规律和演化模型。主要科学问题包括以下几方面。

1. 流域地质-地貌-水文的演化过程

流域地质-地貌-水文是相互依存的多层级系统。宏观地质构架控制地貌单元和区域地下水流场属于短期相对稳定的系统；微观地质条件决定微地貌和局部地下水流场，具有显著的动态特征，是地质灾害预测预报主要考量的指标（Leshchinsky et al.，2019）。流域地质-地貌-水文具有复杂的演化过程，其演化历史和动态频幅显著不同，形成多个层级的动态系统。通过地质地貌重塑、斜坡地球关键带地质监测和流域水文监测，研究流域地质地貌演化历史、水文结构和动态规律，预测斜坡地球关键带的发展趋势。

2. 流域地质灾害的时空演化规律及尺度效应

流域内地质灾害包括多种类型，往往存在于不同的时空范围。群发型灾害与空间地质结构和某个时段环境输入有关，离散型灾害是流域局部地质、地貌和水文演化到一定阶段的产物（Sidle et al.，2019）。在流域演化过程和地质灾害分类的基础上，开展典型斜坡地质力学分析，建立斜坡演化过程的力学模型，研究各阶段不同环境输入条件影响下地质灾害的演化规律，建立不同时空尺度地质灾害的演化模型，是流域地质灾害分析由不确定性迈向确定性的核心问题。

3. 基于流域地质-地貌-水文耦合模型的地质灾害预测预报

传统的地质灾害预测预报指标体系缺乏对流域系统属性的表达，无法真正意义地实现地质灾害时空预测预报。流域地质-地貌-水文耦合模型是流域系统演变过程的量化表达，不同时空尺度下地质灾害的演化模型回答了灾害形成与流域系统结构的关系。为此，可将两者结合，实现流域地质灾害的时空预测预报，以解决流域地质灾害空、天、地调查数据时空量不匹配等难题。

（四）地下水动态作用条件下工程结构与地质体长效作用机制

地下水动态作用是指在各类地质、环境因素的影响下，地下水的水位、水量、水化学成分、水温随时间变化，从而对工程结构以及地质体产生的作用。地下水的动态作用主要表现在对岩土体的软化、泥化作用，动、静水压力作用，冲刷、掏蚀作用，波浪作用，浮托减重作用及超孔隙水压力、动态渗透压作用等方面，进而诱发岩土体发生塌陷、滑坡、沉降等地质灾害，从而影响工程结构与地质体安全性。因此，研究地下水动态作用条件下工程结构与地质体的长效作用机制具有重要意义。其主要科学问题包括以下几方面。

1. 复杂地质环境下地下水动态变化预测模型

受各类地质及环境因素影响，不同地质环境中地下水响应机理和特征差异较大，研究各类复杂地质环境条件下地下水动态变化预测模型是开展地质灾害演化机制与防控的重要前提。统计分析影响地下水的相关因素，开展复杂地质环境条件下地下水影响的物理模型试验，建立地下水动态变化预测模型，采用数值预报模式对预见期地下水动态变化进行预报，通过提高模式预报空间分辨率等方法来描述地下水动态变化的时空变异性。

2. 地下水动态作用对工程结构与地质体的长效劣化机理

长期作用下，地下水会对地质体产生持续复杂的劣化作用，进而影响其长期稳定性。因此，需开展地下水动态作用诱发工程结构与地质体劣化的关联性分析，研究地下水动态作用诱发地质灾害的劣化阈值；需研究地下水动态作用下工程结构与地质体的响应规律以及劣化效应，建立其力学参数劣化模型，揭示地下水动态作用对工程结构与地质体的长效劣化机理。

三、优先发展方向

基于上述分析，对地下水与地质灾害的关系研究，建议优先发展以下方向。

（一）地下水作用下地质灾害系统多场结构演化规律

分析岩土体物理、化学和力学特性，以及地下水流场、地应力状态和分布规律等因素对地质体灾变状态的影响，研究地下水作用下的地质灾害系统流场、应力应变场等多场耦合结构模型构建方法；研究表征区域地质体空间形态、内部结构和力学等特性的建模方法，开发包括复杂地质体和地下水多场结构模型的软件系统；分析地质灾害演化过程中地质体结构、应力场、应变场等变化特征，研究成灾过程中地质体结构与应力应变等状态变化的敏感性关系，建立地质体结构、多场状态变化与地质灾害的关联性。

（二）地下水作用下地质灾害监测系统及模拟预报模型

开发地下水和地质灾害体的空天地一体化观测的新理论和新方法（彭建兵等，2017），实现地下水作用下地质灾害的多维度连续实时监测，开展空天地一体化监测技术及智能监测系统研究；研究地质灾害与地下水动态变化的关联性，揭示水－岩（土）相互作用的过程和机制；采用数学模型刻画相应作用过程，建立地质灾害模拟预报模型（彭建兵等，2017；Ye et al.，2018；李世海等，2018）。

（三）基于流域水文过程的地质灾害监测系统及预测预报模型

采用航空、航天和地面地下测量设备（地面合成孔径雷达、声发射仪、分布式光纤等）（Wasowski and Bovenga，2015），开发流域和地质体空天地一体化观测的新理论和新方法；开展智能监测技术研究，建立适用于流域多灾种的智能监测系统；构建流域地质－地貌－水文耦合模型，探求地质灾害的时空分布规律，分析流域不同类型地质灾害与地质地貌演变、水文过程的相关关系；建立不同时空尺度的地质灾害预测预报模型，研发流域地质灾害风险调控系统。

（四）地质灾害立体排水与工程结构联合防控技术

研究在潜在的地质灾害中建立排水系统以减小地质灾害破坏程度、防止地质灾害的发生的排水方法（Marchi et al.，2019）；研发有效的地质灾害立体排水系统与新型工程结构，研究地质灾害立体排水及新型工程结构减灾效果；研究地质灾害的排水与工程措施联合防控技术，以改善地质体渗流特征、应力特征；研究地质灾害－立体排水－工程结构体系防控机理，提出联合防控设计关键技术，建立体系演化阶段的判识及预测模型，提出多参量体系的长期稳定性评价方法。

本章作者：

中国地质大学（武汉）马瑞和南京大学吴吉春撰写第一节；长安大学王文科和张在勇、南京大学谢月清和曾献奎、南方科技大学李海龙、中国地质大学（北京）王旭升、天津大学王铁军和美国科罗拉多大学葛社民撰写第二节，长安大学王文科负责组织和统稿；南京大学吴剑锋、吴吉春撰写第三节；南京大学施小清、吴吉春撰写第四节；中国地质大学（武汉）李长冬、柴波和南京大学叶淑君撰写第五节。南京大学吴吉春负责本章内容设计和统稿。

参考文献

陈梦熊. 2004. 西北干旱区荒漠化成因分析与防治对策. 国土资源科技管理，21（6）：9-13.

陈益峰，周创兵，童富果，等. 2009. 多相流传输 THM 全耦合数值模型及程序验证. 岩石力学与工程学报，28（4）：649-665.

陈宇，温忠辉，束龙仓. 2010. 基岩裂隙水研究现状与展望. 水电能源科学，28（4）：62-65.

丁祖鹏，刘月田，屈亚光. 2013. 裂缝油藏基质裂缝耦合渗流三维宏观物理实验. 特种油气藏，20（6）：109-111.

李健，黄冠华，文章，等. 2008. 两种不同粒径石英砂中非达西流动的实验研究. 水利学报，39（6）：726-732.

李世峰，金瞰昆，周俊杰. 2008. 资源与工程地球物理勘探. 北京：化学工业出版社.

李世海，冯春，周东. 2018. 滑坡研究中的力学方法. 北京：科学出版社.

李小雁，马育军. 2016. 地球关键带科学与水文土壤学研究进展. 北京师范大学学报（自然科学版），52（6）：731-737.

林学钰. 2007. "地下水科学与工程"学科形成的历史沿革及其发展前景. 吉林大学学报（地球科学版），37（2）：209-215.

林宗虎. 2006. 多相流体力学及其工程应用. 自然杂志，28（4）：200-204.

潘玉英，贾永刚，郭磊，等. 2012. LNAPL 在砂质含水层中动态迁移的电阻率法监测试验研究. 环境科学，33（5）：1744-1752.

彭建兵，卢全中，黄强兵. 2017. 汾渭盆地地裂缝灾害. 北京：科学出版社.

苏伟, 侯吉瑞, 郑泽宇, 等. 2017. 缝洞型油藏氮气驱提高采收率效果及其影响因素分析. 石油科学通报, 2（3）: 390-398.

孙晓敏, 吴剑锋. 2017. 黏性岩土的化学渗透效应及其研究进展. 地球科学进展, 32（1）: 56-65.

孙晓敏, 吴剑锋, 施小清, 等. 2016. 华北平原原咸: 淡含水层间黏性土层的化学渗透效应研究. 南京大学学报（自然科学）, 52（3）: 421-428.

田开铭. 1983. 偏流与裂隙水脉状径流. 地质论评, 29（5）: 408-417.

田秋菊, 牛波, 王现国, 等. 2004. 我国基岩地下水开发利用和研究现状. 地下水,（2）: 88-90.

王沐. 2018. 网络裂隙中水流及溶质非费克运移机理与模拟研究. 合肥工业大学博士学位论文.

王文科, 宫程程, 张在勇, 等. 2018. 旱区地下水文与生态效应研究现状与展望. 地球科学进展, 33（7）: 702-718.

许天福, 金光荣, 岳高凡, 等. 2012. 地下多组分反应溶质运移数值模拟: 地质资源和环境研究的新方法. 吉林大学学报（地球科学版）, 42（5）: 1410-1425.

姚军, 孙海, 李爱芬, 等. 2018. 现代油气渗流力学体系及其发展趋势. 科学通报, 63（4）: 425-451.

袁道先. 1994. 中国岩溶学. 北京: 地质出版社.

原民辉, 刘韬. 2017. 国外空间对地观测系统最新发展. 国际太空,（1）: 22-29.

张弛, 吴剑锋, 陈干, 等. 2015. 裂隙网络生成的随机模拟研究. 水文地质工程地质, 42（4）: 12-17.

张殿发, 欧阳自远, 王世杰. 2001. 中国西南喀斯特地区人口、资源、环境与可持续发展. 中国人口·资源与环境, 11（1）: 77-81.

张发旺, 陈立, 王滨, 等. 2016. 矿区水文地质研究进展及中长期发展方向. 地质学报, 90（9）: 2464-2475.

周志芳, 王锦国. 2004. 裂隙介质水动力学. 北京: 中国水利水电出版社.

周志芳, 郑虎, 庄超. 2014. 论地下水资源的永久性消耗量. 水利学报, 45（12）: 1458-1463.

朱学愚, 朱国荣, 吴春寅, 等. 1994. 山东临淄地区喀斯特-裂隙水资源的管理模型. 地理学报, 49（3）: 247-256.

Acreman M C, Adams B, Birchall P, et al. 2000. Does groundwater abstraction cause degradation of rivers and wetlands? Water and Environment Journal, 14（3）: 200-206.

An K D, Wang W K, Zhao Y Q, et al. 2016. Estimation from soil temperature of soil thermal diffusivity and heat flux in sub-surface layers. Boundary-Layer Meteorology, 158（3）: 473-488.

Arrarás A，Gaspar F J，Portero L，et al. 2019. Geometric multigrid methods for Darcy-Forchheimer flow in fractured porous media. Computers and Mathematics with Applications，78（9）：3139-3151.

Asher M J，Croke B F W，Jakeman A J，et al. 2015. A review of surrogate models and their application to groundwater modeling. Water Resources Research，51（8）：5957-5973.

Asoka A，Gleeson T，Wada Y，et al. 2017. Relative contribution of monsoon precipitation and pumping to changes in groundwater storage in India. Nature Geoscience，10（2）：109-117.

Atekwana E A，Sauck W A，Werkema D D. 2000. Investigations of geoelectrical signatures at a hydrocarbon contaminated site. Journal of Applied Geophysics，44（2）：167-180.

Baena-Ruiz L，Pulido-Velazquez D，Collados-Lara A J，et al. 2018. Global assessment of seawater intrusion problems（status and vulnerability）. Water Resources Management，32（8）：2681-2700.

Bates B C，Hope P，Ryan B，et al. 2008. Key findings from the Indian Ocean Climate Initiative and their impact on policy development in Australia. Climatic Change，89（3-4）：339-354.

Bear J. 1972. Dynamics of Fluids in Porous Media. New York：American Elsevier Publishing Company.

Bense V F，Ferguson G，Kooi H. 2009，Evolution of shallow groundwater flow systems in areas of degrading Permafrost. Geophysical Research Letters，36（22）：297-304.

Bense V F，Gleeson T，Loveless S E，et al. 2013. Fault zone hydrogeology. Earth-Science Reviews，127：171-192.

Berre I，Doster F，Keilegavlen E. 2019. Flow in fractured porous media：A review of conceptual models and discretization approaches. Transport in Porous Media，130（1）：215-236.

Blunt M J，Bijeljic B，Dong H，et al. 2013. Pore-scale imaging and modelling. Advances in Water Resources，51：197-216.

Bogaard T，Greco R. 2018. Invited perspectives：Hydrological perspectives on precipitation intensity-duration thresholds for landslide initiation：Proposing hydro-meteorological thresholds. Natural Hazards and Earth System Sciences，18（1）：31-39.

Bonacci O，Pipan T，Culver D C. 2009. A framework for karst ecohydrology. Environmental Geology，56（5）：891-900.

Brantley S L，Eissenstat D M，Marshall J A，et al. 2017. Reviews and syntheses：On the roles trees play in building and plumbing the Critical Zone. Biogeosciences，14（22）：5115-5142.

Brooks P D，Chorover J，Fan Y，et al. 2015. Hydrological partitioning in the critical zone：

Recent advances and opportunities for developing transferable understanding of water cycle dynamics.Water Resources Research, 51（9）: 6973-6987.

Callaghan T V, Johansson M, Brown R D, et al. 2011. The changing face of arctic snow cover: A synthesis of observed and projected changes. Ambio, 40: 17-31.

Cardarelli E, Filippo G D. 2009. Electrical resistivity and induced polarization tomography in identifying the plume of chlorinated hydrocarbons in sedimentary formation: A case study in Rho（Milan-Italy）. Waste Management and Research, 27（6）: 595-602.

Chalikakis K, Valérie P, Guerin R, et al. 2011. Contribution of geophysical methods to karst-system exploration: An overview. Hydrogeology Journal, 19（6）: 1169-1180.

Chang C, Zhou Q L, Oostrom M, et al. 2017. Pore-scale supercritical CO_2 dissolution and mass transfer under drainage conditions. Advances in Water Resources, 100: 14-25.

Charette M A, Moore W S, Burnett W C. 2008. Chapter 5 uranium and thorium-series nuclides as tracers of submarine groundwater discharge. Radioactivity in the Environment, 13（7）: 155-191.

Chen Y F, Fang S, Wu D S, et al. 2017. Visualizing and quantifying the crossover from capillary fingering to viscous fingering in a rough fracture. Water Resources Research, 53（9）: 7756-7772.

Cherubini C, Giasi C I, Pastore N. 2013. Evidence of non-Darcy flow and non-Fickian transport in fractured media at laboratory scale. Hydrology and Earth System Sciences, 17（7）: 2599-2611.

Colella P, Graves D T, Ligocki, et al. 2014. EBChombo Software Package for Cartesian Grid, Embedded Boundary Applications. Berkeley: Lawrence Berkeley National Laboratory.

Commer M, Kowalsky M B, Doetsch J, et al. 2014. MPiTOUGH2: A parallel parameter estimation framework for hydrological and hydrogeophysical applications. Computers and Geosciences, 65: 127-135.

Deiana M, Cervi F, Pennisi M, et al. 2018. Chemical and isotopic investigations（$\delta^{18}O$, $\delta^{2}H$, ^{3}H, $^{87}Sr/^{86}Sr$）to define groundwater processes occurring in a deep-seated landslide in flysch. Hydrogeology Journal, 26（8）: 2669-2691.

Deng H, Ellis B R, Peters C A, et al. 2013. Modifications of carbonate fracture hydrodynamic properties by CO_2-acidified brine flow. Energy and Fuels, 27（8）: 4221-4231.

Deng Y P, Shi X Q, Xu H X, et al. 2017. Quantitative assessment of electrical resistivity tomography for monitoring DNAPLs migration-comparison with high-resolution light transmission visualization in laboratory sandbox. Journal of Hydrology, 544: 254-266.

Döll P, Flörke M. 2005. Global-scale Estimation of Diffuse Groundwater Recharge. http: // www.geo.uni-frankfurt.de/ipg/ag/dl/f_publikationen/2005/FHP_03_Doell_Floerke_2005.pdf

［2008-01-08］.

Dragoni W，Sukhija B S. 2008. Climate change and groundwater：A short review. Geological Society London Special Publications，288（1）：1-12.

Ehret U，Gupta H V，Sivapalan M，et al. 2014. Advancing catchment hydrology to deal with predictions under change. Hydrology and Earth System Sciences，18（2）：649-671.

Evans S G，Ge S. 2017. Contrasting hydrogeologic responses to warming in permafrost and seasonally frozen ground hillslopes. Geophysical Research Letters，44（4）：1803-1813.

Evans S G，Ge S，Voss C I，et al. 2018. The role of frozen soil in groundwater discharge predictions for warming alpine watersheds. Water Resources Research，54（3）：1599-1615.

Fan Y. 2015. Groundwater in the Earth's critical zone：Relevance to large-scale patterns and processes. Water Resources Research，51（5）：3052-3069.

Fan Y，Miguez-Macho G，Jobbágy E G，et al. 2017. Hydrologic regulation of plant rooting depth. Proceedings of the National Academy of Sciences of the United States of America，114（40）：10572-10577.

Fatt I. 1956. The network model of porous media Ⅱ. Dynamic properties of a single size tube network. Transactions of the American Institute of Mining and Metallurgical Engineers，207（7）：160-163.

Ford D，Williams P. 2007. Karst Hydrogeology and Geomorphology. London：Jone Wiley and Sons Ltd.

Fumagalli A，Keilegavlen E，Scialò S. 2019. Conforming，non-conforming and non-matching discretization couplings in discrete fracture network simulations. Journal of Computational Physics，376：694-712.

Gambolati G，Teatini P. 2015. Geomechanics of subsurface water withdrawal and injection. Water Resources Research，51（6）：3922-3955.

Ge S M，Mckenzie J，Voss C，et al. 2011. Exchange of groundwater and surface-water mediated by permafrost response to seasonal and long term air temperature variation. Geophysical Research Letters，38（14）：L14402.

Gleeson T，Befus K M，Jasechko S，et al. 2015. The global volume and distribution of modern groundwater. Nature Geoscience，9（2）：161-167.

Golparvar A，Zhou Y，Wu K J，et al. 2018. A comprehensive review of pore scale modeling methodologies for multiphase flow in porous media. Advances in Geo-Energy Research，2（4）：418-440.

Greenhouse J，Brewster M，Schneider G，et al. 1993. Geophysics and solvents：The Borden experiment. The Leading Edge of Exploration，12（4）：261-267.

Hartmann A，Goldscheider N，Wagener T，et al. 2014. Karst water resources in a changing world: Review of hydrological modeling approaches. Reviews of Geophysics, 52（3）: 218-242.

Hou Z Y, Lu W X, Xue H B, et al. 2017. A comparative research of different ensemble surrogate models based on set pair analysis for the DNAPL-contaminated aquifer remediation strategy optimization. Journal of Contaminant Hydrology, 203: 28-37.

Huang Z, Yao J, Li Y, et al. 2011. Numerical calculation of equivalent permeability tensor for fractured vuggy porous media based on homogenization theory. Communications in Computational Physics, 9（1）: 180-204.

Jones B R, Brouwers L B, Dippenaar M A. 2018. Partially to fully saturated flow through smooth, clean, open fractures: Qualitative experimental studies. Hydrogeology Journal, 26（3）: 945-961.

Jorgenson M T, Grosse G. 2016. Remote sensing of landscape change in permafrost regions. Permafrost and Periglacial Processes, 27（4）: 324-338.

Kang X Y, Shi X Q, Deng Y P, et al. 2018. Coupled hydrogeophysical inversion of DNAPL source zone architecture and permeability field in a 3D heterogeneous sandbox by assimilation time-lapse cross-borehole electrical resistivity data via ensemble Kalman filtering. Journal of Hydrology, 567: 149-164.

Kim Y, Wan J M, Kneafsey T J, et al. 2012. Dewetting of silica surfaces upon reactions with supercritical CO_2 and brine: Pore-scale studies in micromodels. Environmental science and technology, 46（7）: 4228-4235.

Kolditz O, Görke U J, Shao H, et al. 2016. Thermo-Hydro-Mechanical Chemical Processes in Fractured Porous Media: Modelling and Benchmarking. Berlin: Springer.

Kuang X X, Jiao J J, Li H L. 2013. Review on airflow in unsaturated zones induced by natural forcings. Water Resources Research, 49（10）: 6137-6165.

Kurylyk B L, Hayashi M, Quinton W L, et al. 2016. Influence of vertical and lateral heat transfer on permafrost thaw, peatland landscape transition, and groundwater flow. Water Resources Research, 52（2）: 1286-1305.

Lamontagne-Hallé P, Mckenzie J M, Kurylyk B L, et al. 2018. Changing groundwater discharge dynamics in permafrost regions. Environmental Research Letters, 13（8）: 084017.

Lenormand R, Touboul, E, Zarcone C. 1988. Numerical models and experiments on immiscible displacements in porous media. Journal of Fluid Mechanics, 189: 165-187.

Leshchinsky B, Olsen M J, Mohney C, et al. 2019. Quantifying the sensitivity of progressive landslide movements to failure geometry, undercutting processes and hydrological changes. Journal of Geophysical Research: Earth Surface, 124（2）: 616-638.

Lewkowicz A G, Way R G. 2019. Extremes of summer climate trigger thousands of thermokarst landslides in a High Arctic environment. Nature Communications, 10（1）: 1329.

Li H L, Jiao J J. 2013. Quantifying tidal contribution to submarine groundwater discharges: A review. Chinese Science Bulletin, 58（25）: 3053-3059.

Li J Y, Kokkinaki A, Ghorbanidehno H, et al. 2015. The compressed state Kalman filter for nonlinear state estimation: Application to large-scale reservoir monitoring. Water Resources Research, 51（12）: 9942-9963.

Li X, Cheng G D, Lin H, et al. 2018. Watershed system model: The essentials to model complex human-nature system at the river basin scale. Journal of Geophysical Research: Atmospheres, 123（6）: 3019-3034.

Lin F, Wu L Z, Huang R Q, et al. 2017. Formation and characteristics of the Xiaoba landslide in Fuquan, Guizhou, China. Landslides, 15（4）: 669-681.

Ma H, Ruth D W. 1993. The Microscopic analysis of high Forchheimer number flow in porous media. Transport in Porous Media, 13（2）: 139-160.

Marandi A, Shand P. 2018. Groundwater chemistry and the Gibbs Diagram. Applied Geochemistry, 97: 209-212.

Marchi L, Brunetti M T, Cavalli M, et al. 2019. Debris-flow volumes in northeastern Italy: Relationship with drainage area and size probability. Earth Surface Processes and Landforms, 44（4）: 933-943.

McBean G, Alekseev G, Chen D, et al. 2005. Arctic climate: Past and present. // Sumon C, Arris L, Heal, et al. Arctic Climate Impact Assessment. Cambridge: Cambridge University Press.

Mcclymont A F, Hayashi M, Bentley L R, et al. 2013.Geophysical imaging and thermal modeling of subsurface morphology and thaw evolution of discontinuous permafrost. Journal of Geophysical Research: Earth Surface, 118（3）: 1826-1837.

Mckenna S A, Meigs L C, Haggerty R. 2001. Tracer tests in a fractured dolomite: 3. Double-porosity, multiple-rate mass transfer processes in convergent flow tracer tests. Water Resources Research, 37（5）: 1143-1154.

Mernild S H, Liston G E, Hiemstra C A. 2014. Northern hemisphere glacier and ice cap surface mass balance and contribution to sea level rise. Journal of Climate, 27（15）: 6051-6073.

Miller C T, Christakos G, Imhoff P T, et al. 1998. Multiphase flow and transport modeling in heterogeneous porous media: Challenges and approaches. Advances in Water Resources, 21（2）: 77-120.

Mondal R, Benham G, Mondal S, et al. 2019. Modelling and optimisation of water management in sloping coastal aquifers with seepage, extraction and recharge. Journal of

Hydrology, 571: 471-484.

Moore W S. 1996. Large groundwater inputs to coastal waters revealed by Ra-226 enrichments. Nature, 380 (6575): 612-614.

National Research Council. 2001. Basic Research Opportunities in Earth Sciences. Washington, D. C.: National Academies Press.

Neuman S P. 1995. On advective transport in fractal velocity and permeability fields. Water Resources Research, 31 (6): 1455-1460.

Neuman S P. 1988. Stochastic continuum representation of fractured rock permeability as an alternative to the REV and fracture network concepts. Groundwater Flow and Quality Modelling, 224: 331-362.

Neuman S P. 2005. Trends, prospects and challenges in quantifying flow and transport through fractured rocks. Hydrogeology Journal, 13 (1): 124-147.

Neuzil C E. 1995. Abnormal pressures as hydrodynamic phenomena. American Journal of Science, 295 (6): 742-786.

Neuzil C E. 2000. Osmotic generation of 'anomalous' fluid pressures in geological environments. Nature, 403 (6766): 182-184.

Neuzil C E, Provost A M. 2009. Recent experimental data may point to a greater role for osmotic pressures in the subsurface. Water Resources Research, 45 (3): W03410.

Nitze I, Grosse G, Jones B M, et al. 2018. Remote sensing quantifies widespread abundance of permafrost region disturbances across the Arctic and Subarctic. Nature Communications, 9 (1): 5423.

Novak M D. 2016. Importance of soil heating, liquid water loss, and vapor flow enhancement for evaporation. Water Resources Research, 52 (10): 8023-8038.

Noy D J, Horseman S T, Harrington J F, et al. 2004. An experimental and modelling study of chemico-osmotic effects in the Opalinus Clay of Switzerland. Mont Terri Project—Hydrogeological Synthesis, Osmotic Flow, Geol. Ser., 6: 95-126.

Overeem I, Syvitski J P M. 2010. Shifting discharge peaks in Arctic rivers, 1977-2007. Geografiska Annaler Series A, Physical Geography, 92 (2): 285-296.

Ozdogan M, Rodell M, Beaudoing H K, et al. 2010. Simulating the effects of irrigation over the United States in a land surface model based on satellite-derived agricultural data. Journal of Hydrometeorology, 11 (1): 171-184.

Pepin N, Bradley R S, Diaz H F, et al. 2015. Elevation-dependent warming in mountain regions of the world. Nature Climate Change, 5 (5): 424-430.

Pulido-Velázquez D, Renau-Pruñonosa A, Llopis-Albert C, et al. 2018. Integrated assessment of future potential global change scenarios and their hydrological impacts in coastal aquifers:

A new tool to analyse management alternatives in the Plana Oropesa-Torreblanca aquifer. Hydrology and Earth System Sciences, 22（5）: 3053-3074.

Qian J Z, Zhan H B, Chen Z, et al. 2011. Experimental study of solute transport under non-Darcian flow in a single fracture. Journal of Hydrology, 399（3-4）: 246-254.

Qian J Z, Zhan H B, Zhao W D, et al. 2005. Experimental study of turbulent unconfined groundwater flow in a single fracture. Journal of Hydrology, 311（1-4）: 134-142.

Riseborough D, Shiklomanov N, Etzelmüller B, et al. 2010. Recent advances in permafrost modeling. Permafrost and Periglacial Processes, 19（2）: 137-156.

Russo T A, Lall U. 2017. Depletion and response of deep groundwater to climate-induced pumping variability. Nature Geoscience, 10（2）: 105-108.

Saito H, Šimůnek J, Mohanty B P. 2006. Numerical analysis of coupled water, vapor, and heat transport in the vadose zone. Vadose Zone Journal, 5（2）: 784-800.

Salve R. 2005. Observations of preferential flow during a liquid release experiment in fractured welded tuffs. Water Resources Research, 41（9）: 477-487.

Schädle P, Zulian P, Vogler D, et al. 2019. 3D non-conforming mesh model for flow in fractured porous media using Lagrange multipliers. Computers and Geosciences, 132: 42-55.

Seferou P, Soupios P, Kourgialas N N, et al. 2013. Olive-oil mill wastewater transport under unsaturated and saturated laboratory conditions using the geoelectrical resistivity tomography method and the FEFLOW model. Hydrogeology Journal, 21（6）: 1219-1234.

Segoni S, Piciullo L, Gariano S L. 2018. A review of the recent literature on rainfall thresholds for landslide occurrence. Landslides, 15（8）: 1483-1501.

Sidle R C, Bogaard T A. 2016. Dynamic earth system and ecological controls of rainfall-initiated landslides. Earth-Science Reviews, 159: 275-291.

Sidle R C, Greco R, Bogaard T. 2019. Overview of landslide hydrology. Water, 11（1）: 148.

Sjöberg Y, Coon E, Sannel A B K, et al. 2016. Termal effects of groundwater flow through subarctic fens: A case study based on field observations and numerical modeling. Water Resources Research, 52（3）: 1591-1606.

Smith S L, Romanovsky V E, Lewkowicz A G, et al. 2010. Thermal State of Permafrost in North America: A Contribution to the International Polar Year. Permafrost and Periglacial Processes, 21（2）: 117-135.

Sorooshian S, AghaKouchak A, Li J L. 2014. Influence of irrigation on land hydrological processes over California. Journal of Geophysical Research: Atmospheres, 119（23）: 13137-13152.

Sun X M, Wu J F, Shi X Q, et al. 2016. Experimental and numerical modeling of chemical osmosis in the clay samples of the aquitard in the North China Plain. Environmental Earth Sciences, 75（1）: 59.

Takeda M, Hiratsuka T, Manaka M, et al. 2014. Experimental examination of the relationships among chemico-osmotic, hydraulic, and diffusion parameters of Wakkanai mudstones. Journal of Geophysical Research: Solid Earth, 119（5）: 4178-4201.

Taylor R G, Scanlon B, Döll P, et al. 2012. Ground water and climate change. Nature Climate Change, 3（4）: 322-329.

Tong X W, Brandt M, Yue Y M, et al. 2018. Increased vegetation growth and carbon stock in China karst via ecological engineering. Nature Sustainability, 1（1）: 44-50.

Tsang C F, Doughty C. 2003. A particle-tracking approach to simulating transport in a complex fracture. Water Resources Research, 39（7）: 1-7.

Voeckler H, Allen D M. 2012. Estimating regional-scale fractured bedrock hydraulic conductivity using discrete fracture network（DFN）modeling. Hydrogeology Journal, 20（6）: 1081-1100.

Walvoord M A, Kurylyk B L. 2016. Hydrologic impacts of thawing permafrost: A review. Vadose Zone Journal, 15（6）: 1-20.

Walvoord M A, Striegl R G. 2007. Increased groundwater to stream discharge from permafrost thawing in the Yukon River basin: Potential impacts on lateral export of carbon and nitrogen. Geophysical Research Letters, 34（12）: L12402.

Wang M, Garrard R, Zhang Y, et al. 2018. Revisit of advection-dispersion equation model with velocity-dependent dispersion in capturing tracer dynamics in single empty fractures. Journal of Hydrodynamics, 30（6）: 1055-1063.

Wang Y, Zhang C Y, Wei N, et al. 2012. Experimental study of crossover from capillary to viscous fingering for supercritical CO_2-water displacement in a homogeneous pore network. Environmental Science and Technology, 47（1）: 212-218.

Wasowski J, Bovenga F. 2015. Landslide Hazards, Risks and Disasters. Manhattan: Academic Press.

Watakabe T, Matsushi Y. 2019. Lithological controls on hydrological processes that trigger shallow landslides: Observations from granite and hornfels hillslopes in Hiroshima, Japan. Catena, 180: 55-68.

Werner A D, Bakker M, Post V E A, et al. 2013. Seawater intrusion processes, investigation and management: Recent advances and future challenges. Advances in Water Resources, 51（1）: 3-26.

Whitaker S. 2013. The Method of Volume Averaging. California: Springer Science & Business

Media.

William D D. 1993. Nutrient and flow vector dynamics at the hyporheic/groundwater interface and their effects on the interstitial fauna. Hydrobiologia, 251: 185-198.

Wu Y S. 2015. Multiphase Fluid Flow in Porous and Fractured Reservoirs. Amsterdam: Gulf Professional Publishing.

Xiao K, Li H L, Wilson A M, et al. 2017. Tidal groundwater flow and its ecological effects in a brackish marsh at the mouth of a large sub-tropical river. Journal of Hydrology, 555: 198-212.

Xu C S, Dowd P. 2010. A new computer code for discrete fracture network modelling. Computers and Geosciences, 36 (3): 292-301.

Xu K, Zhu P X, Colon T, et al. 2017. A microfluidic investigation of the synergistic effect of nanoparticles and surfactants in macro-emulsion-based enhanced oil recovery. SPE Journal, 22 (2): 459-469.

Xu W, Ok J T, Xiao F, et al. 2014. Effect of pore geometry and interfacial tension on water-oil displacement efficiency in oil-wet microfluidic porous media analogs. Physics of Fluids, 26 (9): 093102.

Yadigaroglu G, Hewitt G F. 2017. Introduction to Multiphase Flow: Basic Concepts, Applications and Modelling. Berlin: Springer.

Ye S J, Franceschini A, Zhang Y, et al. 2018. A novel approach to model earth fissure caused by extensive aquifer exploitation and its application to the Wuxi case, China. Water Resources Research, 54 (3): 2249-2269.

Yu X, Michael H A. 2019. Mechanisms, configuration typology, and vulnerability of pumping-induced seawater intrusion in heterogeneous aquifers. Advances in Water Resources, 128: 117-128.

Zeng B Q, Cheng L S, Li C L. 2011. Low velocity non-linear flow in ultra-low permeability reservoir. Journal of Petroleum Science and Engineering, 80 (1): 1-6.

Zhang Y M, Hu X L, Tannant D D, et al. 2019. Field monitoring and deformation characteristics of a landslide with piles in the Three Gorges Reservoir area. Landslide, 15 (3): 581-592.

Zhang Y S, Carey S K, Quinton W L. 2008. Evaluation of the algorithms and parameterizations for ground thawing and freezing simulation in permafrost regions. Journal of Geophysical Research Atmospheres, 113: D17116.

Zhang Z Y, Wang W K, Wang Z F, et al. 2018. Evaporation from bare ground with different water-table depths based on an *in situ* experiment in Ordos Plateau, China. Hydrogeology Journal, 26 (5): 1683-1691.

Zhao B Z, MacMinn C W, Juanes R. 2016. Wettability control on multiphase flow in patterned microfluidics. Proceedings of the National Academy of Sciences of the United States of America, 113 (37): 10251-10256.

Zhao J, Lin J, Wu J F, et al. 2016. Numerical modeling of seawater intrusion in Zhoushuizi district of Dalian City in northern China. Environmental Earth Sciences, 75 (9): 805.

Zhao L, Wu Q B, Marchenko S S, et al. 2010. Thermal state of permafrost and active layer in Central Asia during the international polar year. Permafrost and Periglacial Processes, 21 (2): 198-207.

Zhao Z H, Yang J, Zhou D, et al. 2017. Experimental investigation on the wetting-induced weakening of sandstone joints. Engineering Geology, 225: 61-67.

Zou L C, Jing L R, Cvetkovic V. 2015. Roughness decomposition and nonlinear fluid flow in a single rock fracture. International Journal of Rock Mechanics and Mining Sciences, 75: 102-118.

第三章
地下水水质

地下水是水资源的重要组成部分。在我国许多城市和农村，地下水是重要的，有时甚至是唯一的供水水源。然而，在某些地区，劣质水分布和地下水污染使得地下水的可利用性受到限制，造成"水质型"缺水，加剧了这些地区水资源短缺形势。劣质地下水常与缺水、贫困、地方病等民生问题相伴而生，因此对劣质水的分布规律、成因机制与水质改良进行研究，对缓解劣质地下水分布区水资源短缺具有重要意义。地下水污染常呈现出污染物来源多样、污染成因复杂等特征，污染物进入地下水系统受到多个耦合过程影响。对这些过程进行深入研究，不仅是认识地下水污染物分布和迁移转化规律以及它们对生态环境影响的基础，也是控制污染源头、开发经济高效地下水修复和管控技术的关键。污染场地修复在我国将是一项长期而艰巨的任务，如何有效利用场地水土环境的自净能力控制和减缓污染，以比较小的代价换取水土环境的改善和修复，以及修复过程中如何控制污染物的进一步扩散，是水文地质工作者面临的挑战。水质监测网的构建、水文地球化学模拟、溶质运移模拟和地下水示踪是全面掌握地下水水质的技术手段，是地下水水质研究的基础，地质微生物和环境同位素示踪等技术手段的引入为地下水水质研究注入了新的活力，为深入和综合理解污染成因、污染过程、修复机理提供了重要的基础。

由于水文地质条件的复杂性和污染源类型的多样性，地下水污染造成的地下水水质问题的解决在科学理论的完善以及工程原理的提升上仍存在很大的发展空间。本章从水文地质学的视角就劣质地下水成因、地下水污染过程、污染场地修复机理和地下水水质研究方法四个方面论述每个方面的科学意义与战略价值、关键科学问题和优先发展方向，旨在系统分析地下水水质基础研究与工程应用中的关键问题，为系统建立地下水水质的研究方法、基础理论体系和工程应用原理奠定基础。

第一节　劣质地下水成因

一、科学意义与战略价值

劣质地下水指某种或几种元素以特定存在形态和含量赋存于地下水中、人类长期饮用会导致身体病变的地下水。由于高砷地下水、高氟地下水与高碘地下水分布广、危害大、影响人口众多，其分布规律、成因机制与水质改良是水文地质学领域研究的热点。劣质地下水具有如下特点：①区域性：与点源污染所致污染羽不同，它是岩石（或沉积物）矿物中的有害组分通过水-岩相互作用和水循环过程，在特定地质单元内富集形成的区域性自然现象；②复杂性：受地质、气候等多因素影响，有害组分的来源和迁移转化过程难以识别，时空分布呈现高度变异性；③伴生性：在分布格局上常出现多种劣质地下水共生或与优质地下淡水相互伴生。

二、关键科学问题

（一）劣质地下水的分布规律与预测

水文地球化学调查具有快速刻画特定区域劣质地下水分布规律的特点，但其精度严重依赖样本量。劣质地下水在自然环境介质中浓度时空分布变异性较大，传统水文地球化学调查极大地限制了对大尺度劣质地下水分布规律的认识与预测。

利用代用指标对地下水中目标劣质组分［如砷（As）、氟（F）、碘（I）等］的分布进行模型预测，是破解上述瓶颈的有效方法。模型预测可以分为基于过程建模和基于数据建模两大类。基于过程建模需要对劣质地下水成因有准确的认识和较高的运算成本，且部署速度慢，泛化能力差。基于数据建模虽需要大量的数据支撑，但其具有良好的移植潜力。基于数据建模方法已在不同尺度下对砷的空间分布规律与预测进行了应用研究（Amini et al.，2008；Rodríguez-Lado et al.，2013；Winkel et al.，2008），其中机器学习模型强大的非线性识别能力，使其更适用于揭示劣质地下水的分布与环境条件之间复杂的因果关系或相关关系。水文地球化学数据的持续累积和计算成本的不断下降使得机器学习模型成为劣质地下水分布规律预测研究的重要发展方向。

针对劣质地下水分布规律及其预测的研究，机器学习模型存在如下关键问题亟待解决：①高效可靠的代用指标的识别与选取。建立模型面临的最大挑战是使用何种代用指标来与目标劣质组分建立映射（Bindal and Singh，2019；Cao et al.，2018）。此外，代用指标间的多重交互性可能成为极具潜力的新代用指标，因此揭示指标间这种复杂的交互作用关系是模型代用指标识别与选取的重要研究内容。②模型的可解释性。传统模型通常只关注预测的准确性和精度，将模型视为不可解释的"黑箱"，但准确性和精度是对大多数现实任务的非完整描述（Doshi-Velez and Kim，2017），对水文地质学研究尤其如此。模型可解释性的核心在于揭示科学发现和获取新的知识，如对劣质地下水成因与机理的新认识。PDP（partial dependence plot，部分依赖图）、ICE（individual conditional expectation，个体条件期望）、LIME（local interpretable model-agnostic explanations，局部可解释模型的不可知解释）和SHAP Value 等全局或局部非模型依赖方法是模型解释的重要技术，但其仍不足以完整准确地解释大型复杂模型。因此，围绕机器学习模型的代用指标选取与识别和模型解释方法的开发是劣质地下水分布规律与预测研究的关键。

（二）劣质地下水的形成及其地质过程

劣质地下水是一系列地质过程和水-岩/矿物相互作用的结果。近20年来，人们对特定类型劣质地下水（如高砷地下水、高氟地下水）的成因开展了较为系统的研究，并取得了深入的认识（Pi et al.，2015，2018；Sø et al.，2018；Stuckey et al.，2016；Zhu et al.，2014；Fendorf et al.，2010）。基于劣质地下水赋存的水文地质条件和主导性水文地球化学过程，可将劣质地下水成因概括为四种基本模式（Wang et al.，2020）（图3-1）：①淋滤-汇聚型：有害组分主要为迁移性较强的元素，有害组分在淋滤作用下从岩石（沉积物）矿物中淋溶浸出，并在地下水系统的排泄区汇聚富集，如华北平原局部和河套平原的高氟地下水（Li et al.，2017；Guo et al.，2012）。②埋藏-溶解型：有害组分的物源为含水介质。富含有害组分的沉积物随侵蚀搬运过程堆积形成含水介质，在有利的环境条件和水文地球化学过程（如还原性溶解作用）影响下，有害组分从含水介质尤其是细粒沉积物中溶解释放，并在地下水中富集，如河套平原和大同盆地的高砷地下水（Xie et al. 2014；Wang et al.，2014；Xie et al.，2013a；Xie et al.，2013b；Xie et al.，2009）。③压密-释放型：有害组分的物源为区域性弱透水层，常为湖沼相淤泥质沉积物。在人为或自然因素影响下，沉积物压实固结过程中，有害组分被释放进相邻含水层，并在有利地段富集，如华北平原局部分布的高碘地下水（Xue et al.，2019）。④蒸发-浓缩型：有害组分的物源区为浅层地下水系统。由于气候干旱，地下水埋深浅、蒸发强烈，有害组分在地下水中相对富集，如大同盆地的高氟地下水和西北、华北地区的高矿化度地下水（Su et al.，2013；Li et al.，2016；Wang et al.，2009）。

图 3-1　地质成因劣质地下水成因模式

资料来源：Wang et al.，2020

地质过程的复杂性使得人们对劣质地下水成因机制的认识仍有不足，特别是地质过程、水文过程和气候条件驱动的多种有害物质共存（如高砷地下水与高氟或高碘地下水共存）的主导机制仍不明确。

（三）地下水中劣质组分迁移转化的多地球化学过程耦合

地下水在长期的水-岩-生-气相互作用下，不断改变其化学组分的类型、含量及分布特征。了解多过程影响下地下水中劣质组分的迁移转化过程，对认识其在地下水中的分布规律，探究其形成机理，预测其时空变化规律具有重要的意义。

在地下水系统中，溶解－沉淀、吸附－解吸等水－岩相互作用过程决定了沿地下水流向地下水化学组成的演化（图 3-2）。如高氟地下水的形成与含氟矿物的溶解－沉淀、碱性环境中氢氧根（OH^-）对氟离子（F^-）的竞争吸附以及蒸发浓缩等过程密切相关（Guo et al.，2012；Wang et al.，2018；Jia et al.，2018）。地下水中 F^- 的浓度受到钙离子（Ca^{2+}）浓度的控制，两者呈现了高度负相关关系（Guo et al.，2012）。地下水中溶解氧和有机碳的浓度、活性及有效性决定了地下水的氧化还原条件，从而影响地下水中氧化还原敏感元素的迁移转化行为（Guo et al.，2019）。在溶解氧含量低、有机碳含量高的地下水系统中，氧化还原敏感组分呈低价态，利于劣质组分的富集（如 As 和 I 等）（Guo et al.，2014）。同时，被释放的劣质组分也可吸附到沉积物表面的吸附位点上，该过程受 pH 条件及离子交换作用的影响与控制（Hiemstra and Riemsdijk，2007）。例如，地下水中的 As 通常以络阴离子的形式存在，其吸附过程与地下水的 pH、碳酸氢根（HCO_3^-）

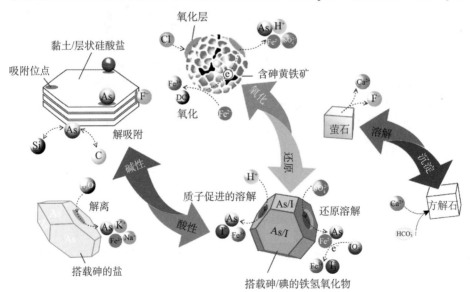

图 3-2 地下水砷－氟－碘迁移转化释放多地球化学过程耦合机理

注：碘酸根（IO_3^-）、碘离子（I^-）、硅（Si）、碳（C）、钾离子（K^+）、钠离子（Na^+）、氢离子（H^+）、三价铁离子（Fe^{3+}）、溶解氧（DO）、连二亚硫酸根离子（$S_2O_4^{2-}$）、硫酸根离子（SO_4^{2-}）、氯离子（Cl^-）、电子（e^-）

等共存阴离子的浓度密切相关，高 pH 及高浓度的 HCO_3^- 可以造成 As 的解吸（Stachowicz et al., 2008）。强还原环境下铁矿物的还原溶解产物二价铁离子（Fe^{2+}）可与地下水中的 HCO_3^-、硫氢根（HS^-）、磷酸根（PO_4^{3-}）等发生沉淀，生成菱铁矿（$FeCO_3$）/菱锰矿、马基诺矿（FeS）及蓝铁矿 $[Fe_3(PO_4)_2 \cdot 8H_2O]$ 等次生矿物，进而控制劣质组分的固液分配模式（Guo et al., 2013a, 2013b; Wang et al., 2019）。氧化环境下，当地下水中 Fe^{2+} 含量较高时，可促使羟基铁氧化物发生矿物相转化（Hansel et al., 2003）。例如：高浓度 Fe^{2+} 促使水铁矿转化为针铁矿或赤铁矿，而不同铁矿物对劣质组分（如 As、I 等）表现出明显不同的吸附能力，从而影响与控制劣质组分的迁移与释放。

由上可知，劣质组分在含水层中的迁移转化，一方面受氧化还原环境、pH、有机碳含量、阴阳离子组分等水环境因素的影响，另一方面由氧化还原、络合、吸附 - 解吸、竞争吸附、蒸发浓缩、矿物相等水文地质化学过程的控制。因此，亟须对上述多地球化学过程的耦合进行深入探讨，以求解决多劣质组分在地下水中共生的关键科学问题。

三、优先发展方向

（一）地下水系统中劣质组分迁移转化过程的识别与定量模拟

劣质组分的释放与迁移转化受到多个水文地球化学过程的共同控制，识别与量化相关过程就变得相对困难。采用实验与模拟相结合的方法，构建多组分、多过程、多尺度耦合反应运移模型，有助于定量识别相关的水文地球化学过程。

反应运移模型的构建，涉及释放、吸附、迁移、转化等诸多水文地球化学过程。首先，地下水劣质组分的物源主要为岩石或沉积物，随岩石矿物经过物理 / 化学风化过程以不同的形式赋存于含水层介质中。通常采用分步化学提取、同步辐射 X 射线吸收精细结构（XAFS）、X 射线光电子能谱（XPS）等手段表征劣质组分在沉积物中的赋存形态（Shen et al., 2018; Guo et al., 2016; Bostick and Fendorf, 2003）。在模拟的过程中，常仅考虑对劣质组分迁移转化起主要作用的赋存形态（Postma et al., 2016）和含水层劣质组分的释放过程，即劣质组分在水 - 岩相互作用下释放进入地下水中的过程（Fendorf et al., 2010）。在氧化环境中，铁氧化物结合态组分相对稳定；在还原环境中，微生物介导下铁氧化物的还原性溶解是与之共存的劣质组分向地下水释放的主要过程（Harvey et al.，2002）。有机物降解为含水层氧化还原过程的发生提供电子供体，驱动了沉积物中铁氧化物的还原以及劣质组分的释放。其次，含水层常存在多种氧化还原对，如硝酸-亚硝酸/铵根、硫酸-硫化物等，并根据不同水体氧化还原对赋存特征呈现出分带相（Hunter et al.，1998）。再次，含水层介质次生矿物相的形成演化也间接影响着劣质组分的固液分配模式。微生物介导下，铁氧化物还原释放的 Fe^{2+}，一方面可吸附于沉积物表面，促使沉积物铁氧化物的矿物相从弱结晶态向强结晶态演化（Hansel et al.，2003；Hiemstra and Riemsdijk，2007；Rawson et al.，2016）；另一方面，水中 Fe^{2+} 与 HCO_3^- 或氢硫酸氢根离子（HS^-）沉淀生成菱铁矿或马基诺矿，对调节地下水中铁和某些亲铁劣质组分的分布具有重要影响（Wang et al.，2019）。最后，释放进入地下水中的劣质组分，同时可被沉积物所吸附，吸附过程通常较为复杂且重要，在反应运移模型中不可或缺。常采用两种方法来定量表征沉积物对劣质组分的吸附：一是传统的表征吸附能力的参数——分配系数（K_d），二是表面络合模型（surface complexation model）。后者为目前多过程耦合模型的常用方法。劣质组分迁移转化过程的量化与模拟通常基于多尺度的吸附模型及反应运移模型的联合模拟，应用于时空分布及其对邻近含水层危害的预测等问题的研究中（Postma et al.，2016；Rawson et al.，2017；Michael and Voss，2008；van Geen et al.，2013）。基于此，针对劣质组分耦合模型的构建，在向更大空间尺度、更复杂多地球化学过程、更精细概念模型的方向发展。微生物-有机物-铁氧化物耦合生物地球化学过程的模拟，将更有利于识别劣质组分迁移释放富集机理。

（二）弱透水层释水过程中劣质组分的迁移转化

弱透水层的压密释水主要发生于地下水超采所致的地面沉降过程。在黏土矿物理化性质特征影响下，其表面常可搭载多种微量元素，搭载元素在含水介质压密释水过程中，可随重力水、结合水甚至是结构水受挤压排出而进入液相，或是随压密矿物的演化而发生迁移释放，进而影响地下水水质。从压密形变角度，弱透水层压密可分为物理压密和化学压密。

物理压密主要改变沉积物本身的物理性质，如孔隙度、颗粒弯曲度及热导率，因此其压密程度主要受孔隙水比例、矿物组分、颗粒粗细、比表面积、表面电荷及有机组分影响（Mondol，2009；Revil et al.，2002；Revil，2000）。在一定外界应力作用下，黏土组分含量越高，沉积物颗粒就表现出越高的重排能力，压密孔隙度更小（Fawad et al.，2010）。固相本身的有机质含量越高，其抗压密能力越高。随着压密程度的加强，黏土矿物固结程度及颗粒间黏结程度加强（Storvoll et al.，2005）。物理压密过程中所涉及的不同介质条件下黏土矿物压密参数的获取，是完成后续长时间尺度弱透水层压密预测模型的基础。

化学压密则可导致弱透水层黏土矿物相发生变化，促使蒙脱石及高岭石逐渐向伊利石转换，原固相八面体晶格中的铁矿物相被还原，为 K 提供搭载电位，同时释放多余的镁（Mg）、Fe、Si 进入液相，或吸收周围液相中多余的 Fe^{2+} 进入伊利石八面体晶格中（Andrade et al.，2018；Huggett and Cuadros，2005）。释放至液相的 Si 在液相中发生富集，当含量达到一定程度后，可在固相介质表面重结晶生长为自生石英晶体，促使颗粒表面形成硅质薄层，阻止后续弱透水层持续的物理压密过程（Bjørlykke and Jahren，2012；Thyberg and Jahren，2011；Bjørlykke，2014）。上述过程所涉及的黏土矿物相微观演化的精细刻画与表征相关研究工作较为薄弱，如何选取并充分运用固相微观精细表征手段，成为解决上述问题的关键所在。

弱透水层物理机械压密可直接致使原本稳定赋存于固相介质中的液态组分进入周围液相介质中，而黏土及其铁矿物相的改变，也可致使晶格内及矿物表面元素分布重新分配，特别是与黏土及铁矿物共存的微量元素，均可直接或间接地影响周围含水层水体化学组成。在长时间尺度，弱透水介质的持续压密导致劣质组分在地下水中富集，因此构建长时间尺度弱透水层压密对劣质组分迁移释放的预测模型是亟待发展的方向。

（三）劣质地下水的原位改良

劣质地下水的原位改良是在人为干预下，原位地将地下水中劣质组分固定 / 去除的技术，包括原位物理（Benner et al.，2002；Pazos et al.，2007）、原位化学氧化还原（Xie et al.，2016；Rai et al.，2018）和原位生物改良技术（Albers et al.，2015）。原位改良具有诸多优点，但同时也面临反扩散（Lee et al.，2014）、拖尾（Brusseau et al.，2007；Maghrebi et al.，2014）、反弹（Barros et al.，2013）、长期有效性（Zhao et al.，2014）等挑战。这些挑战主要与污染物及改良试剂在非均质各向异性介质中的不均匀分布、试剂的非选择性消耗、界面传质 / 反应速率等因素有关。

非均质各向异性或劣质地下水的原位改良过程中水力压裂造成的优势流会造成注入的化学试剂和微生物培养基等绕流某些低渗透区，产生改良空白区，继而成为劣质组分持续释放的源（Lee et al.，2014）。改良过程中的介质孔隙堵塞，如产生羟基氧化铁（FeOOH）、二氧化锰（MnO₂）沉淀或是微生物大量繁殖，也是某些情况下优势流产生的重要原因（Zhu et al.，2019）。注入的改良试剂除了与目标污染物发生反应，还可能会被土壤、含水层介质中非污染物大量消耗，显著降低修复试剂的有效利用率（Stefaniuk et al.，2016；Sun et al.，2017）。修复试剂的非选择消耗还会严重影响原位修复系统的寿命（Sun et al.，2018），即系统能够有效固定、消耗污染物的时间。此外，当吸附剂与污染物界面间存在速率限制传质，或是非水相污染物向地下水的溶解为速率限制溶解时，同样会导致修复过程的明显拖尾（Barros et al.，2013；Brusseau et al.，2007）。因此，消除介质非均质各向异性的不利影响、开发专性改良试剂以及深入研究界面反应是发展原位改良技术的核心。

劣质地下水的原位改良过程中，含水层结构以及劣质组分的空间分布常存在不确定性，这种不确定性会对改良实施的效果及预测产生巨大影响。利用场地的钻孔数据，建立若干个水文地质模型，并以这些水文地质模型为基础，进行改良过程的模拟计算，再利用地下水水位和劣质组分含量的测量数据，对建立的模型进行筛查，最后得到多个满足条件的计算模型，由此来确定水文地质条件的不确定性对改良效果的影响（Moreno and Paster，2018）。研究中，对初始水文地质非均质性的刻画极为重要，虽然渗透系数、导水系数、孔隙度等模型参数可以通过随机模拟来减小其在模型各个位置的不确定性，但模型边界的控制也是一个需要着重考虑的因素。上述过程中涉及的含水层结构及水化学组分等空间异质性的刻画与表征是相关研究的重点。

第二节　地下水污染过程

一、科学意义与战略价值

环境中的污染物可以通过各种自然和人为途径进入地下水系统，导致地下水污染。人类活动如农业灌溉和农药化肥的使用、工业废水/城市污水的下渗、化学或有毒有害废物的泄漏，以及自然过程如地面污染物随降水淋滤渗入、受污染地表水与地下水交互作用等，都是污染物进入地下水的主要途径。地下水开采引起的地面沉降也可能导致地下排污系统破坏，从而污染地下水（钟云琛，2002）。在含有地质成因污染物的地质介质中，地下水环境条件的变化也能导致地下水污染。地下水污染过程具有来源复杂和污染途径众多的特征。

污染物进入地下水系统后，受各种物理、化学和生物因素的影响，在地下水中迁移转化。对流、扩散、弥散等物理过程，沉淀溶解、吸附解吸、氧化还原等化学反应，生物富集、降解、萃取等生物过程不但直接和间接地影响地下水污染物的迁移、转化速率、在地下水中的浓度和分布，同时还将导致地下水环境条件的变化，如溶解氧浓度、氧化还原电势、微生物群落组成和功能的改变等，而环境条件的改变反过来会影响污染物迁移转化速率。地下水污染是一个复杂的地质-地球化学-生物地球化学的耦合过程。

地下水系统一旦受到污染就会很难恢复，并将长期影响地下水水质、地下水系统生态平衡和人体健康。进入地下水系统的污染物受含水层非均质性影响，随着水流运动，在扩散和各种化学过程作用下，呈现非均质分布特征。富集在低渗透区的污染物往往迁移过程缓慢且不易发现，给地下水污染治理和水环境保护工作带来极大困难。地下水污染过程具有长期性、隐蔽性和难以修复的特征（曹红，2010），对地下水水质、地下水系统微生物群落结构和功能、地下水系统的自净和修复能力具有长期影响。

地下水污染具有污染物来源多样、污染成因复杂、污染物进入地下水系统受到多个耦合过程影响等特征。对污染过程进行深入研究，不仅是认识地下水污染物分布和迁移转化规律以及它们对生态环境影响的基础，也是控制污染源头、开发经济高效地下水修复和管控技术的关键，对深入认识污染物在地下水系统中的分布、形态和毒性具有重要的科学意义，对保护地下水资源具有重要的战略价值。

二、关键科学问题

（一）地下水污染物迁移转化的多过程、多因素动态耦合和反馈机制

地下水污染过程的研究发展到今天，已经从单一过程和简单因素的机理研究阶段，进入多过程和多因素间的动态耦合和反馈机制的研究阶段。地下水系统中污染物的迁移转化往往受到多个水岩反应和环境因素的制约，受到微生物驱动的生物地球化学过程的共同控制。同时，由于受到地下水介质的物理性质差异和非均质分布影响，地下水流运动与污染物迁移速率往往呈现非均质分布，影响污染物和与污染物转化相关物质的时空分布，进而影响污染物的地球化学和生物地球化学反应，而地球化学和生物地球化学反应将影

响介质的物理、化学和生物地球化学性质和条件，反过来影响水流运动和污染物迁移转化过程，形成复杂的多过程和多因素间的动态耦合和反馈机制。这种动态耦合和反馈机制复杂，关键过程和参数具有线性和非线性叠加的双重特征，目前机理仍然不明确，难以构建定量预测模型，亟待开展进一步的机理研究，建立污染物运动的动态耦合和反馈机制理论。

（二）地下水污染物迁移转化的多尺度过程和尺度转换机制

地下水介质结构复杂（图3-3），具有强烈的非均质性，在物理、化学和生物地球化学性质方面呈现多尺度特性（分子尺度、孔隙尺度、土体尺度和流域尺度等）。污染物在地下水介质中进行化学和生物地球化学反应的本质是分子尺度的均相和异相反应，孔隙尺度的化学和生物地球化学反应速率是分子尺度反应速率的叠加。在地下水介质中，分子和孔隙尺度的微观反应速率难以直接观察，土体和更大尺度的宏观反应速率是通过观察测量大尺度上的反应物浓度估算。在非均质介质中，观察到的大尺度反应物浓度是小尺度包括各种反应在内的多过程动态耦合和反馈的结果，因此估算的大尺度反应速率不等于孔隙尺度反应速率的平均，往往随着观察尺度的增加而呈现

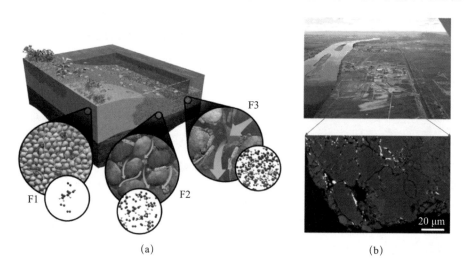

(a)   (b)

图 3-3　含水层介质非均质性和污染物迁移转化多尺度特征

注：（a）F1，F2，F3分别描述了河岸带三个不同尺度地层的微观非均质性（固体颗粒粒径大小、孔隙率和渗透率分布、表面附着的沉积物和微生物群落等）（Hou et al.，2017），以及其中的流动和溶质反应过程；（b）污染物（例如铀，红色圈出部分的亮白色物质）在土壤颗粒表面的沉积仅占表面积的极少部分，却对宏观反应过程起主控作用（Liu et al.，2006）

非线性减小的趋势（Liu et al.，2015），导致实验室刻画的均相和异相动力学反应速率和参数难以直接用来描述大尺度反应速率。亟待开展污染物迁移转化过程的多尺度研究，寻找控制尺度转换的关键因素，建立污染物地球化学和生物地球化学反应动力学速率和参数的尺度转换理论。

（三）污染物迁移转化的多尺度多过程集成和预测

地下水污染过程是多尺度多过程耦合和反馈的集成，需要建立集成模型才能定量模拟和预测。建立集成模型的两大关键是，开发不同尺度的水流运动、地球化学和生物地球化学过程的耦合反馈模型和建立不同尺度模型间的尺度转换关系。建立多过程耦合和反馈模型的难点是不同过程间耦合和反馈的非线性特性，其难以通过简单的过程线性叠加来描述。建立不同尺度间转换关系的难点是地下水系统中小尺度物理、化学和生物性质分布和变化的不确定性。亟须开展机理、建模、预测和验证研究，厘清造成非线性耦合和反馈的机制并建立定量模型；通过大量观察和统计分析，建立不同尺度物理、化学和生物性质间的本构或统计关系，为建立集成模型、预测地下水污染过程奠定理论和模型基础。

三、优先发展方向

（一）地下水系统中新兴污染物的迁移转化过程

地下水污染过程与污染物性质密切相关，不同污染物在地下水介质中的物理、化学和生物性质方面的差异性会导致地下水污染过程的不同。随着地下水污染过程的深入研究，许多传统的有机物、重金属和生物污染物在地下水系统中的迁移转化过程机理被人们逐渐认识。同时，随着监测技术和污染毒理性质的研究深入，新型地下水污染物被不断发现，亟须开展针对不同新型污染物迁移转化过程的研究。

1.纳米颗粒污染物

纳米颗粒作为新型污染物，日益受到人们关注，其最常见的是金属基纳米颗粒，如家用设备（冰箱、空调、吸尘器）、油漆、清漆、塑料等物品中用作抗菌剂的纳米银，陶瓷和电池中用作颜料的氧化铜，涂料/自清洁涂料、水泥、催化剂和护理产品（防晒、防紫外线）中的氧化锌、二氧化钛，以及金属首饰和镜片制造、生化分析（造影剂）和催化剂中的铁的氧化物（Fe_2O_3

和 Fe_3O_4），还有用于电池制造和消防的氧化铝。碳纳米管是另一种造成环境问题的纳米颗粒，主要用于轮胎、润滑油、电子产品和污染物吸附的添加剂。这些纳米颗粒进入地下水系统后的运动形式、稳定性、与地下水介质的相互作用、对地下水微生物群落结构和功能的影响等都是需要研究的重要问题（Tijani et al.，2016）。

2. 新型有机类污染物

环境中新型有机类污染物受到人们越来越多的关注，内分泌干扰物如邻苯二甲酸盐、酚类化合物、二氯苯氧氯酚、炔雌醇、二乙基己烯雌酚、17-雌二醇等化学物质（Tijani et al.，2016），微塑料类的微颗粒和纳米颗粒（Cauwenberghe et al.，2013；Eerkes-Medrano et al.，2015；Peng et al.，2017；Wagner et al.，2014；Lebreton et al.，2017）。药物和个人护理产品包括各种处方药、非处方药（如抗生素、消炎药、镇静剂及显影剂）、化妆品等。这些新型有机化学物质进入地下水的途径、在地下水中的含量和分布规律，以及迁移转化过程都有待于深入研究。

3. 抗生素和抗性基因

抗性基因是另一类新型污染物，抗生素在进入地下水系统后的一个重要生态效应是改变微生物群落的组成，引起群落抗生素抗性的提高及抗性基因的生长和转移。长期暴露于低剂量的抗生素浓度下，可能导致抗生素敏感型的微生物被抑制或杀死，而具有抗生素抗性基因的微生物会存活并成为群落主导菌株，从而导致群落结构的改变，影响地下水系统的生态功能和生物地球化学过程（Peralta-Maraver et al.，2018）。抗生素在地下水中的分布特征和迁移转化过程、微生物群落组成和功能对抗生素浓度的响应机制、抗性基因的生长和扩散转移特征和控制因素等都是亟待研究的问题。

4. 放射性核素

相对于重金属与有机污染物，地下水系统的核素污染较少受到重视，但是其引起的环境效应可能影响巨大。即使是较低辐照水平的放射性核素污染区域，在长期暴露下也会引起一系列健康问题，如致突变、致畸、急性毒性及致癌效应等。随着我国核电战略的全面振兴，铀矿需求旺盛，铀矿开采、水冶、尾矿堆放及核燃料生产和浓缩过程中产生和带来的放射性核素污染问题也日益突出。铀矿在开采和提取过程中会向环境释放天然放射性核素，比

如 ^{238}U、^{235}U、^{226}Ra、^{232}Th、^{210}Pb、^{212}Po 等；在核燃料生产过程中也可能会向环境释放强放射性核素，如 ^{137}Cs、^{90}Sr、^{3}H、^{99}Tc 等。这些核素及其衰变过程会不断地释放阿尔法射线、贝塔射线或伽马射线，使得区域放射性强度远远高于背景值，并随着废水排放、尾矿堆置、风化、雨水淋滤等物理、化学过程进入污染地下水系统，影响地下水的水质安全。需要开展放射性核素在地下水系统中的分布规律，以及影响放射性扩散迁移转化的扩散速率、吸附富集、氧化还原等过程研究。

上述不同类型的污染物在地下水中的来源、污染途径以及富集性质极为复杂，涵盖了工业、农业、医疗、日常生活等几乎所有的典型人类活动以及水文生物地球化学作用等自然过程。目前，对于上述污染物，尤其是新型污染物的来源与污染途径的解析多为定性的、半经验性的，缺少系统、全面的定量数据积累与挖掘，因而亟须开展这方面的系统研究，以解决地下水污染防控与修复的理论瓶颈。

（二）污染物在非均质地下水环境中的迁移转化过程和预测

污染物在非均质地下水环境中的多尺度多过程耦合和反馈机制研究，以及建模和集成是目前地下水污染过程研究的全球难题。解决这一问题需要开展以下四个方面的研究，来揭示污染物在非均质地下水环境中的多尺度迁移转化行为和过程，提高污染物迁移转化行为的预测能力。

1. 地下水环境非均质性的多尺度刻画和联系

地下水系统具有物理、化学、生物性质的时空差异性。由于地下环境很难直接观测，如何刻画地下水系统的非均质性是一个长期以来悬而未决的难题。随着微观层面扫描技术［X射线计算机断层成像（X-CT）、微区X射线衍射（micro-XRD）、微束X射线荧光光谱（micro-XRF）、纳米二次离子质谱（nano-SIMS）、透射电子显微术（TEM）、扫描电子显微术（SEM）、X射线衍射（XRD）、共聚焦显微镜（confocal microscope）等］的发展，实验室得以直接观测多种微观尺度的物理、化学、生物性质的非均质分布特性，为直接观察研究孔隙尺度的迁移转化过程机理奠定了坚实基础。但这些微观层面的非均质性很难在野外进行原位观测（Liu et al., 2015；Werth et al., 2010）。场地和流域尺度的非均质性通常通过钻孔和地球物理相结合的方法进行直接和间接观察，构建数学模型，在各种假设下进行插值和反演，获取宏观尺度上的所需参数和非均质分布。随着观察尺度的增大，非均质性刻画的挑战越强（Hou et al., 2017）。目前，在微观、土体、场地、流域各个尺度已经累积了大量地下水系统非均质性的研究成果和数据，亟须开展大数据挖掘，寻找不同尺度间参数的统计或本构关系，建立耦合微观分布特征的宏观物理、化学和生物性质非均质分布关系。

2. 污染物反应行为的多过程耦合

污染物在地下水系统中的反应包括水解、络合、离子交换、吸附－解吸、沉淀－溶解、氧化还原、微生物作用、界面作用等，同时受到与污染物反应有关的化学成分的影响，形成多过程多元素的耦合，共同控制污染物的反应和迁移转化行为（Borch et al., 2010；Liu et al., 2017）。现有的污染物反应行为研究往往专注于目标污染物的直接反应性行为，忽视了与之相关的其余生物地球化学过程，因此造成研究成果的通用性和推广性较差。需要开展污染物反应行为的多元素多过程分解和耦合研究，重点关注耦合过程中出现的非线性叠加现象，揭示非线性叠加的机理和主要影响过程或参数，建立多元素多过程耦合机制。

3. 污染物迁移转化行为的多尺度耦合机制

微观时空尺度的研究能够更好地揭示控制污染物迁移转化行为的过程和机制，但往往与宏观尺度缺乏定量联系，难以预测和解决实际问题。宏观时空尺度的研究与实际问题紧密相连，但由于对机制的研究不足，其通用性和推广性较差。目前，各种尺度污染物迁移转化的研究较多，包括分子尺度均质条件下反应机理研究、孔隙尺度均质和非均质条件下反应迁移行为研究、土体尺度迁移转化机制研究、场地单元迁移转化行为研究、流域尺度基于分散观察站的迁移转化研究。但跨尺度的研究十分匮乏，亟须解决的问题包括污染物的迁移转化行为在不同的尺度是否由不同的过程驱动，小尺度迁移转化行为对大尺度迁移转化行为的影响，联系不同尺度迁移转化行为的关键变量和参数（Hubbard et al., 2018）。

4. 污染物迁移转化的多尺度多过程耦合模型和模型集成

尺度转换模型是建立多尺度多过程耦合模型的关键和难点。受困于模型和模型参数尺度转换的学术难题，目前尤其缺乏对多尺度、多变量、多界面、多过程模型的集成，亟须开展尺度转换模型的开发，识别升尺度与降尺度过程中的各种变量和参数的变化，寻找尺度转换过程中出现的新变量和新参数，建立多尺度多过程耦合模型和集成模型。开展模拟不同尺度下地下水系统中元素迁移转化行为，尤其在动态变化的地下水环境中，如地表水－地下水交互带、地下水位波动带、基岩风化带等区域的迁移转化行为，验证和优化尺度转换和集成模型，建立地下水污染过程的预测模型。

<h1 style="text-align:center">第三节　污染场地修复机理</h1>

一、科学意义与战略价值

土壤和地下水污染的形成与分布是污染源、包气带－含水层结构与介质、地下水环境，以及后期自然、人类活动共同作用的结果。污染的形成过程是极其复杂的，其修复也常常具有复杂性和挑战性。在污染场地尺度下厘清土壤和地下水污染过程的基础上，掌握污染物在包气带和含水层的迁移转化途径，建立基于水文地质条件的污染模式，将有助于掌握地下水系统中污染物的分布规律；对于污染物在地下水系统中迁移转化机理的研究将为控制污染源扩散、清除污染源、切断污染羽迁移途径和强化地下水系统的自净能力提供支撑；同时，污染物在地下水系统中的对流、弥散、吸附、衰减（生物和非生物）过程机理的研究也为修复技术的开发和选择提供技术基础；修复过程中，污染物的多相分配规律、相间转移动力学过程、转化产物的确认以及由于修复过程引起的含水层介质进一步非均质化的定量化研究为修复过程和效果的科学评价提供了可能。这些问题尽管在国际上已有几十年的研究，但我国污染场地的水文地质条件复杂、污染物类型纷繁多样，因此开展污染场地修复机理研究具有重要的科学意义。污染场地的修复在我国将是一项长期而艰巨的任务，如何有效利用场地水土环境的自净能力来控制和减缓污染，以比较小的代价换取水土环境的改善和修复，以及修复过程中如何控制污染物的进一步扩散，是水文地质工作者面临的挑战。这些问题的解决与国家生态文明建设的进程密切相关，具有重要的战略意义。

二、关键科学问题

污染场地污染物的类型纷繁复杂，污染分布具有空间各向异性。根据其对污染场地的干扰程度和污染场地污染物浓度水平，修复技术可以分为污染场地（强化）监测自然衰减技术、污染源区控制及多介质共修复技术和非均质含水层复合污染羽修复技术（图3-4）。

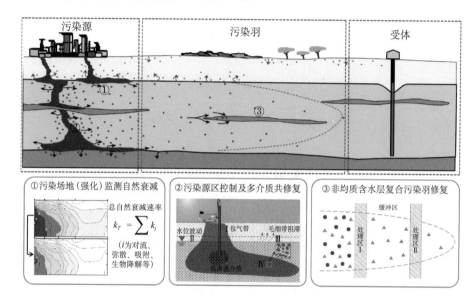

图 3-4　地下水系统中污染物的存在形式与修复策略

（一）污染场地（强化）监测自然衰减技术原理

监测自然衰减（monitored natural attenuation，MNA）技术是通过特定自然衰减过程（精细化控制并监测污染物去除的自然衰减过程）将污染场地中的污染物去除，并在设计时间内达到修复目标的技术。此过程不需要人为干预就可以减少土壤和地下水中污染物的质量、毒性、迁移性、体积或浓度（Lu et al.，2006；Interstate Technology and Regulatory Council，2008）。这项技术适用的前提是污染物自然衰减的速率要远大于污染物排泄速率。在污染物自然衰减的同时，污染场地水文地球化学特征也会产生相应的变化，并影响自然衰减技术的效果（He et al.，2009）。自然衰减技术修复效率低、周期漫长，一般适用于污染物迁移能力较弱的污染场地。在自然衰减过程中，污染物类型、水文地质条件和地下水环境的不同形成了千差万别的污染物衰减过程。在此过程中，厘清自然衰减的限速步骤，针对限速步骤进行强化即形成了强化监测自然衰减（enhanced monitored natural attenuation，EMNA）技术。强化监测自然衰减技术主要分为两种方式，即控制源区污染物的迁移性和增强源区下游含水层的自然衰减能力。相对于污染羽，污染源的污染浓度和污染质量比较高。分析污染场地监测的结果，基本上污染源的衰减状态决定了污染场地修复的时间，因而关于污染源区的自然衰减（natural source zone depletion，NSZD）也日益受到研究和关注（Garg et al.，2017），污染源区的自然衰减过程的机理以及强化措施将是监测自然衰减技术的关键。

（二）污染源区控制及多介质共修复技术原理

在污染场地治理中，污染源的控制是确保达成修复目标并控制污染场地治理成本的关键，同时也是应对一些污染事件发生时的应急措施之一。污染源包括一次污染源和二次污染源。污染源控制技术的第一步是确定污染源的位置及估算污染物总量，防止污染源扩大。污染源控制技术根据其原理可以分为防止污染源扩散技术和污染源治理技术。防止污染源扩散技术主要包括物理移除（辜凌云等，2012）、物理隔离（异位收集、原位安全胶囊封存等）、流场控制如顶部覆盖（EPA，2011，2012）、防渗墙/带（潘倩，2016）、地下水水力隔离系统（钟佐燊，2001）、河流改道（潘倩，2016）等。在此过程中，对水文地质结构、污染物存在状态和地下水流场的精细刻画是保障防止污染源扩散技术成效的先决条件，因而精确的场地刻画、现场检测以及数值模拟是成功控制污染迁移扩散的关键。

在很长一段时期，挖掘和抽出处理成为地下污染源区治理技术的代名词。目前，地下污染源治理技术可以分为污染源原位治理技术和污染源异位治理技术。污染源原位治理技术包括土壤气体抽提、固化/稳定化、生物修复、热处理、土壤淋洗、化学氧化还原、酸碱中和、土壤添加剂、植物修复、多相抽提、原位压裂治理、水平渗透反应格栅。污染源异位治理技术包括挖出土壤处理和抽出水处理。常用的地上处理技术包括固化/稳定化、焚烧、资源化回收利用、污染源的抽出处理、生物降解、热解吸、热处理、化学氧化还原、酸碱中和、土壤淋洗、土壤气体抽提、土壤曝气、人工湿地等。在异位修复过程中，污染物的暴露，特别是挖出和抽出物质的储存、运输和排放等问题需要特别关注。尽管每一种技术都有其应用场景，但一般来说，污染源原位治理技术比污染源异位治理技术在实施过程和机理上要更复杂。原位的污染源处理过程中污染物的迁移、转化以及处理后场地的生态功能恢复是技术成功与否的关键，非常剧烈的化学过程（化学氧化还原、酸碱中和等）需要进行严格的地下水系统生态安全评估。

包气带是地表的污染物进入含水层的必经途径（非法的渗井排污是特殊的案例），而含水层的污染必然包含地下水和含水层介质两个部分，因而系统的修复技术方法一定涵盖了包气带介质、含水层介质和地下水三个部分。实现三者的共修复需要研究以下几个重要问题：修复过程中污染物在包气带的相间转移模型；水位波动带污染物的人工强化自然衰减；污染物在毛细带的迁移阻滞过程；非均质含水层修复引起的污染物非正常扩散与迟滞机理；污染物在含水层介质的（强化）解吸模型；低渗透介质的综合修复技术原理。

（三）非均质含水层复合污染羽修复技术理论

从目前我国发现的污染场地来看，仅仅存在单一污染物的污染场地是非常少见的，大多数案例是复合污染场地。此类污染场地污染羽修复技术类似于污染源治理的原位和异位技术，但相较于污染源，污染羽范围更大，且经过纵向迁移后，埋深更深。因此，一些用于浅层污染的修复技术（例如挖除）往往并不适用。此外需要强调的是，即使在一个污染场地，在不同污染程度的土壤和地下水区域，采取的修复手段是不同的。地下水污染原位修复技术包括生物修复、化学氧化还原、酸碱中和、曝气、渗透反应格栅、气体抽提、多相抽提、植物修复、井内曝气、热处理、压裂、淋洗、电修复。地下水污染异位修复技术主要指抽取－处理技术。

污染场地土壤和地下水修复过程中，地下含水介质的非均质性以及优势流的存在会对修复效果产生不利影响，给修复技术的应用带来巨大的挑战。如何消除或降低不利影响，是修复技术发展的关键。例如，在非均质含水层应用抽取－处理技术时，通过在污染区域上游设计注射井，注入一定量的聚合物溶液来降低高渗透性区域的渗透性，同时对低渗透区进行强化冲洗，从而增强下游抽水井对低渗区污染物的抽出效率。但此方法仅适用于较小污染区域，且存在潜在的二次污染问题。目前，对每一种单独技术的原理都有很多研究，但对于复杂污染场地土壤和地下水的复合污染、高强度污染以及极端水化学条件下每一种技术的修复机理而言，不同修复技术联用的耦合机理和非均质含水层修复过程中复合污染物的分馏机制都是亟待解决的科学问题。

对于复合污染场地而言，其修复技术比单一污染场地的修复技术复杂，其中需要解决的关键科学问题主要包括：去除复合污染物的动力学模型与相关动力学参数；含水层介质非均质性对复合污染物去除的作用机制和影响；不同性质污染物去除技术的耦合作用机理；不同修复技术衔接的水文地球化学缓冲作用机理。

三、优先发展方向

污染场地土壤/地下水的污染非常复杂，修复技术也多种多样（图 3-5）。在修复过程中，按照不同的视角可以进行不同的分类：按照污染物类型可以分为无机污染和有机污染，或者单一污染和复合污染；按照地下介质饱水状况可以分为包气带、饱水带（含水层），相应的介质可分为包气带介质、含水层介质，在地下水位波动带，常存在包气带、饱水带的转化。按照包气带或者含水层介质渗透性可分为强渗透区、中渗透区和弱渗透区；按照地下水循环过程（流场）可分为补给区、径流区和排泄区，如果是地表水和地下水的相互作用区域，还有潜流带。

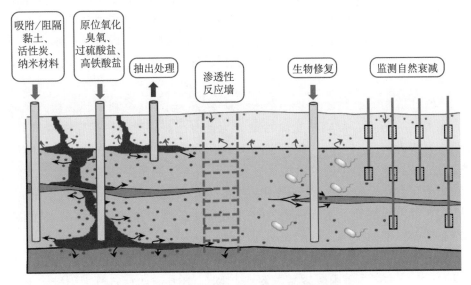

图 3-5 污染场地地下水污染修复的主要修复技术

综合各种因素，在污染场地修复过程中，主要的挑战是地下水系统的非均质性、污染物分布的多相性、复合污染物引起的修复过程动力学的变化，以及包气带和含水层的气、水、土三相同时修复时的技术协同问题。因而，现阶段可将污染场地修复面临的主要挑战具体分解为以下几方面。①复杂水文地质条件下，污染场地的精准刻画技术：用钻探、物探、抽水试验、人工强化干扰流场等手段刻画复杂的水文地质结构和流场，精细量化渗透性的变化，精准识别和定位低渗透区，建立非正常扩散（强渗透和低渗透）数值模型。②非均质含水层复合污染修复的技术原理：复合污染条件下污染物吸附、挥发、溶解、氧化还原以及生物降解动力学参数的修正，不同性质复合污染物修复的相互干扰动力学过程模型的建立。③多介质共修复协同技术原理：基于质量守恒的污染物在多相介质之间的分配机制，多种介质修复的动力学过程耦合模型。针对上述问题和挑战，提出以下现阶段污染场地地下水修复的优先发展领域。

（一）不同水文地质条件下，地下水中氮磷衰减过程的定量评估与强化机理

环境中高负荷的氮和磷主要来源于农业活动、污水排放等人类活动（Steffen et al.，2015），硝酸盐和磷酸盐是地表水和地下水中分布最广泛的污染物（Khalil et al.，2017），过量氮和磷的排放是引起水环境富营养化的主要原因（Lewis et al.，2011）。即使当前停止对氮和磷的输入，目前已经升高的氮和磷也将在未来的几十年甚至上百年的时间内存在于水环境中（Kolbe et al.，2019）。含水层中营养元素氮和磷的固定、去除与再利用备受关注。

水环境中无机氮的主要存在形态是氨氮、硝酸盐氮和亚硝酸盐氮，称为三氮。一般而言，硝酸盐氮污染较为普遍；亚硝酸盐氮虽属微量组分，但因其毒性而受到关注；在特定的水文地质条件下，氮也能够以氨氮的形式存在，且地下水中的氨氮往往是农业与人类生活污染的重要标志，或者来源于富含有机质的海相沉积地层。全国第一轮地下水污染调查数据显示，在约 3 万组浅层地下水样品中，6.8% 样品中的硝酸盐氮超过饮用水标准，占总体超标率的 70%。根据水文地质单元结构特征，硝酸盐氮污染模式可划分为以下四类：非饱和带硝酸盐氮污染、表层沉积区硝酸盐氮污染、地表水－地下水交互带硝酸盐氮污染、非承压－承压含水层过渡带硝酸盐氮污染（Rivett et al.，2008）。不同水文地质单元中氮衰减过程的定量化研究、主控因素的识别以及脱氮过程的强化，是遏制地下水氮背景持续升高的重要研究方向。

当水环境中磷的浓度超过 0.02mg/L，即有可能引起富营养化（Nodeh et al.，2017）。磷作为沉积物中水生生物生长必需的元素，在氧化还原循环过程中，磷的形态及其迁移转化行为备受关注。研究证明，持续缺氧条件通常会增强磷迁移转化的能力（Katsev and Dittrich，2013；金相灿，2008），沉积物中铁结合磷（Fe-P）的还原性溶解一直被认为是造成磷在还原条件下释放的主要机制（Kraal et al.，2015；Parsons et al.，2017）。此外，其他氧化还原敏感元素如硫和碳的生物地球化学循环在磷迁移中起着重要的作用（Joshi et al.，2015；张仕军等，2011）。长期以来，主要的研究和工程都集中在外源负荷的控制上，从而忽视了内源负荷，但当外源负荷有效控制时，应当更加重视内源负荷的控制。一般可将沉积物中的磷分为可溶性磷（DP）、铁结合磷、铝结合磷（Al-P）、钙结合磷（Ca-P）和有机磷（OP）。探讨沉积物中磷的存在形态，对研究在外部作用下各形态磷在沉积物－水界面累积迁移及相互转化过程有重要的参考意义。

（二）地下水中络阴离子金属污染的包气带与含水层协同去除机制

地下水中的金属元素的存在形式可以分为两类，一类是阳离子型的金属离子［如铅离子（Pb^{2+}）、镉离子（Cd^{2+}）、双氧铀离子（铀酰离子，UO_2^+）等］，另一类是络阴离子型的金属离子［如砷酸根离子（AsO_4^{3-}）、铬酸根离子（CrO_4^{2-}）、硒酸根离子（SeO_4^{2-}）等］。络阴离子型的金属离子在地下水系统中更易迁移，容易造成地下水污染。络阴离子形式存在的金属离子又可分为一般络阴离子［如铬（Cr）、砷、钒（V）等］和具有放射性的络阴离子［如铀、钚（Pu）、钍等］。

以铬为例，在天然 pH-Eh 环境中，Cr（Ⅵ）主要有重铬酸根（$Cr_2O_7^{2-}$）、铬酸根（CrO_4^{2-}）、铬酸氢根（$HCrO_4^-$）三种络阴离子形式（Lai and Lo，2008；Dong et al.，2011），进入包气带或含水层后，少部分可被土壤胶体吸附或与土壤组分反应生成难溶物，但大部分游离在地下水中。Cr（Ⅲ）则主要以 Cr^{3+} 阳离子和偏铬酸根（CrO_2^-）阴离子两种形式存在，极易与土壤胶体和有机质发生吸附和络合作用，或生成氧化物、氢氧化物等沉淀，溶解度很低（0.005 mg/L），迁移性较差（Kotaś and Stasicka，2000）。

铬污染场地地下水铬污染的水文地质模式是形成地下水铬污染的水文地质条件、径流输入通道形态、地下水流场和地下水化学场等对地下水铬污染有影响的水文地质因素的组合形式，总结铬污染场地水文地质条件及其地下水铬污染分布特征和迁移规律，共有 7 种铬渣场地地下水铬污染的水文地质模式（包括 4 种铬渣场地地下水铬污染入渗模式和 3 种铬渣场地地下水铬污染扩散模式），如表 3-1 所示。

针对不同污染模式，研发利用包气带介质定向阻滞、氧化还原沉淀和络合等水土协同处置的防控技术是以铬为代表的络阴离子污染风险管控的关键内容。在此过程中，污染物在不同水文地质和水化学条件下的迁移转化机制是污染修复亟待解决的问题。

表 3-1 铬渣场地地下水铬污染水文地质模式

类型	模式	主控因素	特征
铬渣场地地下水铬污染入渗模式（Ⅰ）	间歇性渗入污染（I₁）	降水、铬渣堆积情况、地下水动态	铬渣堆积于地表，地下水的铬污染特征具有明显的季节波动性。我国大部分铬渣场地的地下水铬污染均属于此种模式
	持续性渗入污染（I₂）	铬渣堆积情况、包气带结构类型、地下水位埋深、地下水的补给、径流、排泄条件	铬渣浸没于水体，铬污染溶液持续不断补给，在含水层中连续扩散，属于此种模式的场地相对较少
	突发性灌入污染（I₃）	降水、地形坡度、包气带介质与结构类型、含水层介质类型	岩溶地区且场地所在地岩溶发育，存在落水洞、天窗等水文地质结构；此种污染通道规模大、水流集中、快速，造成污染速度快、影响广、危害大。属于此种地下水铬污染模式的场地数量有限
	渐进性越流污染（I₄）	含水层介质与结构类型、地下水的补给、径流、排泄条件	铬渣场地存在双层水文地质结构系统；含水层间存在弱透水层，铬污染地下水可穿透并污染下一层地下水；地下水铬污染是渐进性的。属于此种地下水铬污染模式的场地较多
铬渣场地地下水铬污染扩散模式（Ⅱ）	对流式扩散（Ⅱ₁）	地下水流速和流量	铬污染主要沿地下水流方向分布并扩散，扩散范围广
	对流-水动力弥散式扩散（Ⅱ₂）		相对于对流式扩散，沿地下水流向上的运移扩散距离要短，与地下水流向垂直方向上铬的污染扩散范围更大
	水动力弥散式扩散（Ⅱ₃）		趋近于辐射式的均匀扩散模式，在地下水流向方向上迁移距离有限

（三）地下水系统放射性元素污染防控的水文地球化学原理

核能是一种能量密度高的清洁能源，提供了全世界11%的电力，是未来能源发展战略的重点（Dincer and Acar，2015）。常见的放射性核素［如 ^{235}U、^{238}U、^{222}氡（^{222}Rn）、^{232}Th、^{239}钚（^{239}Pu）、^{241}镅（^{241}Am）、^{90}Sr、^{137}Cs、^{131}碘（^{131}I）和 ^{99}Tc］，通常具有较强的辐射损伤效应（放射性）、化学毒性以及环境迁移能力（Latta et al.，2014）。其中，又以 U、Th 和 Pu 比较典型。

铀矿开采、冶炼、军事方面的应用、燃煤和磷肥的使用是主要的铀污染的人为来源（Banning et al.，2013），特别是磷肥的使用，是新的土壤中铀污染的来源（Liesch et al.，2015；Bigalke et al.，2017；Hegedűs et al.，2017）。土壤中的铀以水化的 UO_2^{2+} 的形式存在，有机酸的存在可增加铀的溶解性，但是磷酸盐可有效抑制铀的溶解，黏土矿物和有机质可增强铀的吸附，尽管铀在强酸性的氧化条件下（酸性矿坑排水）可以快速溶解，但是其在酸性还原条件下的溶解程度要远低于氧化条件下富含氢氧根和碳酸根离子的水中。在高铀地下水的灌溉过程中，铀可以富集在土壤中，而在有机质含量低的土壤中，铀在氧化条件下是很容易进入地下水系统的。这个过程在中亚的干旱半干旱地区是比较普遍的，包括基岩中铀的溶解也是类似过程。相对于自然来源来说，由于施肥而引起的土壤及土壤水的 pH 下降以及阳离子吸附减弱是驱动 UO_2^{2+} 迁移的主要动力。在不同地下水环境和水化学条件下，铀的迁移转化是地下水铀污染修复需要关注的重要问题。

与铀相比，钚是一种半衰期极长的放射性元素。钚在水溶液中有五种价态：Pu（Ⅲ）、Pu（Ⅳ）、Pu（Ⅴ）、Pu（Ⅵ）和 Pu（Ⅶ）（Reed et al.，2010）。Rockhold 和 Wurstner（1991）用软件模拟某厂址内钚形态及迁移特性，发现厂址内钚主要以 Pu（Ⅳ）为主。西北某区钻孔地下水中以 Pu（Ⅳ）的 $Pu（CO_3）_2（OH）_2^{2-}$ 占 82.28%（朵天惠等，2013），其次为 Pu（Ⅴ）价态的 PuO_2^+、$PuO_2CO_3^-$ 和 Pu（Ⅵ）价态的 $PuO_2（CO_3）_2^{2-}$，分别占 8.52%、7.82% 和 1.17%。即近中性 pH 和略带还原性的地下水中，绝大部分钚离子为最稳定价态的四价钚离子。四价钚离子不仅与氢氧根、碳酸根有很强的结合能力，在自然环境中（尤其是在一些富含有机螯合剂的区域）与有机物的螯合作用同与无机离子的络合反应一样重要，但该过程较为复杂，需要进一步开展深入的研究。在以铁作为电子源的情况下，钚最有可能以溶解度低的Ⅲ或Ⅳ价态存在，铁氧化物对其也有较强吸附性；水中腐殖酸等可直接氧化 Pu^{3+} 或还原高价态的 PuO_2^+ 和 PuO_2^{2+} 为 Pu（Ⅳ），腐殖酸官能团具有复杂性，其相关作用机理等尚不明确（刘艳等，2016）。因此，地下环境中复杂水文地球化学条件将使钚形成更多的形态，定量化研究腐殖酸存在和微生物参与条件下钚的水文地球化学原理将为该类污染防治提供理论支撑。

（四）地下水中的 NAPL 污染源区与污染羽的修复机理

1. LNAPL

LNAPL 包括成品油和原油，由于大量使用、事故性泄漏和历史上不恰当的处置而成为地下水系统中最常见的污染。LNAPL 污染是复合污染，其组分的理化性质具有明显的差异性，从而使 LNAPL 在地下水中的环境行为非常复杂，一般来讲，呈 LNAPL‑水‑气的三相污染。LNAPL 经常被刻画成地下水面附近的疏水性界面，由于自然或者人为活动的影响，具有水平或者垂向扩散和迁移的可能性。LNAPL 溶解性的组分形成的污染羽，尽管在地下水系统中是可以自然衰减的，但在其衰减速率远低于迁移速率时，仍然有可能给地下水资源安全带来威胁。另一方面，挥发的 LNAPL 气体在特定的水文地质条件下也会带来健康风险。

MNA 和 EMNA 一直是 LNAPL 污染原位修复的重要技术。LNAPL 源区自然衰减与污染羽自然衰减的研究差异见表 3-2。

表 3-2　LNAPL 源区自然衰减与污染羽自然衰减的研究差异

项目	20 世纪 90 年代至 21 世纪第一个十年烃类自然衰减研究	现在的烃类自然衰减研究
术语	MNA	NSZD
管理焦点	污染羽迁移的范围	污染源存在的时间
关键组分	溶解的 BTEX	LNAPL 的所有组分
关键的生物降解过程	电子受体介导的生物降解	产甲烷过程
非饱和带主要的生物降解过程	气态烃好氧生物降解后 LNAPL 的挥发	甲烷被好氧微生物氧化后，LNAPL 的厌氧生物降解（产甲烷）
含水层生物降解的主要过程	溶解态 BTEX 的厌氧生物降解	通过甲烷气体逸出的 LNAPL 厌氧生物降解
主要的量化工具	"生物降解能力"（质量平衡模型：BIOSCREEN）	"NSZD 速率"
衡量指标	地下水上下游电子受体以及产物的浓度变化	二氧化碳的逸出、非饱和区氧气的消耗、热通量的变化
衰减速率的范围	BTEX 的半衰期为 2～4 年	源区衰减速率为 94.5～94m^2/（$km^2 \cdot a$）

资料来源：改自 Garg et al.，2017

注：BTEX 为 Benzene（苯）、Toluene（甲苯）、Ethylbenzene（乙苯）、Xylenes（二甲苯）的缩写

地下水系统中 LNAPL 源区是污染物质量占比最多、浓度最高的相对小范围的区域，也是进一步造成大范围溶解性的污染羽和气体污染羽的次生污染源，因而准确把握 LNAPL 源区在地下水系统中的环境行为是 LNAPL 地下水污染防控的关键。其污染源区的变化显著受 LNAPL 相在地下水水位附近（毛细带）的水平迁移的影响，对修复中关键的污染源区的自然衰减过程机理研究值得进一步关注。

2. DNAPL

DNAPL 由于密度大于水，主要在重力作用下发生以垂向向下为主的迁

移。在迁移过程中，DNAPL 会通过溶解进入水相和通过挥发进入气相而形成污染羽，污染范围显著扩大。DNAPL 在地下的迁移主要受重力和地层性质影响，同时也会受到毛细压力和流体动压的共同作用，其中地下水流（或流体动压）影响相对较小。

泄漏的 DNAPL 能够穿越土壤细微孔隙到达更深层的地下环境中，导致污染源区位置、范围以及污染物的总量很难确定，治理工作更加困难（Palmer and Johnson，1989）。当污染物从污染源排放后，会先通过包气带并一直顺着土壤孔隙向下移动（Fountain，1998），透过含水层向下移动直到到达不透水层的表面和孔隙内，经长时间逐渐积累形成 DNAPL 的聚集区。DNAPL 通过逐渐溶解缓慢释放到周围环境中，若要完全溶解，往往需要上百年的时间（Grathwohl and Teutsch，1997），由此形成地下水系统中高污染强度的污染源区，拖长受污染含水层修复治理的时间，增加含水层的修复成本。目前已经进行治理工作的场地的水质分析资料（He et al.，1999）也证实了这一点。

由于 DNAPL 聚集区形成在不透水层的表面和孔隙内，在治理含水层中 DNAPL 形成的污染羽时，必须将污染源区单独考虑以切断持续释放的二次污染源。DNAPL 污染源区以及污染羽在地下水系统中的协同修复技术原理是去除 DNAPL 的重要科学问题。

（五）地下水中新型污染物的环境行为与生态效应机理

水质标准的变化在一定程度上表达了科学与公众的关注度，表 3-3 显示了美国和中国水质标准的变迁。1996～2002 年，美国环保局（EPA）的水质指标变化，新增的 107 项指标均为有机指标。这从一定程度上证明了 20 世纪 90 年代之前，人们主要关注金属离子、无机盐和氮磷等无机污染，而 2000 年以后更关注有机污染物，尤其是还未被列入水质标准的、环境中新发现的新型污染物。

目前，人们关注的新型污染物包括药物、个人护理品、人工纳米颗粒和全氟化合物等（Tijani，2016）。在以往几十年的研究中，挥发性的、热稳定性强的，以及极性较小的有机污染物受到了更为广泛的关注，而极性较大的有机污染物受分析方法的限制而明显被忽略了，而这一部分物质恰恰是不容易被包气带吸附而极易进入含水层的物质。极性较大的有机污染物的检测、环境行为研究及其生态学效应将在未来一段时间内备受关注。在这些新型污染物中，抗生素类药物因其独特的环境效应尤其受到关注。

在地下水环境中，抗生素的存在会导致微生物耐药性基因的产生，影响地下水系统中微生物的生态分布与群落功能，进而影响地下水系统的自然净化过程。各类新型污染物在不同的水文地质条件和水化学条件下的迁移转化行为以及由此引起的地下水生态系统的改变将是未来我们不得不面对的新问题。

表 3-3　美国与中国水质标准变迁

项目	美国环保局饮用水标准及健康咨询建议（EPA 822-R-02-038）			中国《生活饮用水卫生标准》（GB 5749）		中国城市供水水质标准（CJ/T-206）	中国《地下水质量标准》（GB/T 14848）	
发布年份	1986	1996	2002	1985	2006	2005	1993	2017
有机指标/个	53	64	171	5	53	48	2	49
指标总数/个	83	100	207	35	106	103	39	93

第四节　地下水水质研究方法

一、地下水水质监测与测试技术

地下水水质标志着地下水的物理、化学和生物特性及其组成的状况。在世界许多地区，尤其是地表水源受到污染的地区，地下水成为唯一供水水源。近年来，随着工业化、城市化进程的快速发展，地下水水质污染已成为人类面临的严峻问题之一。科学合理地进行地下水水质监测与测试工作，是判断地下水是否遭受污染或存在潜在污染风险，是否可以安全利用，是否需要进行环境管理、地下水污染控制与治理的重要基础性工作，为解决国家用水安全问题、制定保障国家水安全战略对策及应对突发性水危机提供关键数据支撑。

（一）关键技术方法与装备

对于地下水水质监测与测试技术，需要针对国家和地方的社会经济发展可能带来的现实问题，结合地质、水文地质条件，进行科学合理的水质监测与测试。需要重点解决的关键科学问题包括：地下水水质监测网布设技术与方法，地下水水质在线监测技术与装备，地下水样品采集、保存技术与装备，地下水水质测试技术与装备等。

1. 地下水水质监测网布设技术与方法

在区域（场地）地下水水质背景值与污染源调查、地质与水文地质条件分析基础上，结合地下水水质监测的目的，进行地下水水质监测网设计。监测网的核心元素包括：布点密度、监测井井位、井深、采样深度、监测频率等。

地下水水质监测网布设优化方法主要有水文地质分析法、克里金法、信息熵法、聚类分析法等。随着成井技术、监测与分析检测技术、统计学与模拟软件系统的发展，各种统计方法与软件模型的耦合方法应用在地下水水质监测网布设优化领域，根据地下水水质监测目标，筛选适宜的地下水水质监测网布设技术与方法，优化布点密度，合理布设控制性点位和功能性点位；根据污染物在地下环境中的运移传输特性，设计监测井井深和采样深度，准确刻画含水层中污染晕分布动态变化特征，使监测井布设和水质监测的费用降到最低。

随着地下水水质监测网布设技术与方法研究的深入，针对区域（场地）特性，研究区域（场地）信息高精度空间插值方法与多维度成像技术，将全面提升地下水水质监测网布设的准确度和精度。

2. 地下水水质在线监测技术与装备

地下水位是进行地下水流场刻画、研究地下水水质变化规律的重要基础数据。常见的地下水位监测方法主要是人工测绳法，一般测绳转盘装有指示器，例如发光二极管（LED）灯、蜂鸣器和敏感性控制器等，在测绳底部装有金属探头。随着通信、电子和电力等领域快速发展，水位监测技术已经趋向于利用光纤监测水位（Mesquita et al., 2016），实现快速、实时数字化监测地下水位的目的。

地下水温是地下水水质监测的一个重要的物理指标。地下水温监测主要采用温度传感器，常用的地下水温传感器主要有热电偶、热敏电阻等类型，易受电磁和雷电等干扰，不能满足长时间、长距离、大面积和大体积的地下水温度场测量要求。随着近年来光纤技术的发展，分布式光纤传感测温技术开始应用到地下水温监测领域，实现分布式、长距离、全方位监测和实时连续监测地下水温度的目的。

地下水水质在线监测技术一般基于电化学法、比色法、吸收光谱法、荧光光谱法等进行地下水水质指标监测，监测系统主要由水质自动监测站、数据传输系统、信息管理平台等组成，通过建立无人值守的实时监控水质自动监测站，及时获得连续在线的水质监测数据。目前，地下水水质在线监测系统主要是针对常规无机离子、酸碱和氧化还原环境等指标，缺乏针对有机污染物的在线监测技术，随着智能传感器、电化学、光谱光纤等技术领域的发展，人们正在逐步实现地下水有机污染物的在线监测。

针对地下水水质在线监测过程中的实际问题，构建污染区域（场地）多尺度条件下地下水污染数据采集、实时传输技术体系，研发场地地下水水质指标快速在线监测设备（Poehle et al.，2015；全波，2019）和数字化分析处理技术，构建多维度、多尺度地下水污染监测预警体系和数字化、可视化的污染空间信息管理系统，将推动和完善地下水水质在线监测工作。

3. 地下水样品采集、保存技术与装备

地下水样品采集根据样品属性，如无机样品、有机样品、生物样品等种类，选择适宜的样品采样器和盛装容器。采样器主要有气囊泵、小流量离心式潜水泵、惯性泵及贝勒管等。采集常规无机物样品时，常规器具均可使用；采集挥发/半挥发有机物样品时，一般使用气囊泵或半挥发性有机物（VOCs）专用贝勒管；采集 LNAPL 样品时，适宜使用贝勒管；采集 DNAPL 样品时，宜使用气囊泵或小流量离心式潜水泵。选择水样盛装容器时，以不与水样发生反应、能够严密封口、易开启、易于清洗的容器为宜，具体的根据监测（检测）指标和分析仪器需求进行选择，盛装水样的容器主要有塑料瓶、聚四氟乙烯瓶、玻璃瓶等，容器结构和密封盖类型存在差异化。为使水样在检测前发生的变化降低到最低程度，在不能及时检测水样时，对水样采取有效的低温、避光及加保护剂等保存方法。随着对地下水水质指标理化特性的深入了解，快速、准确、干扰小的样品采集、保存技术与装备研发将得到很大提升。

4. 地下水水质测试技术与装备

地下水水质测试技术主要有滴定分析、电极、光谱、色谱、质谱等，测试装备以便携式、大型及联合仪器为主。其中，滴定分析技术主要基于显色反应进行地下水中常规、常量无机指标测试；电极测试技术主要是基于电势差进行地下水中水质指标的测试，常用于酸碱、氧化还原、无机指标的测试，电极的类型主要有玻璃电极、金属电极、膜材料电极、生物电极等，且随着新材料领域的快速发展，针对有机和微生物指标测试的新型电极测试技术与装备正逐渐得到应用；光谱技术包括吸收光谱和发射光谱，其中吸收光谱技术的常用仪器是紫外可见分光光度计，主要针对常规、常量指标进行检测；在实际地下水的微量和痕量水质指标测试时，往往使用发射光谱、离子

色谱、气相色谱、液相色谱、荧光光谱等仪器，并根据测试需要与质谱或其他仪器进行串联应用，实现批量样品的微量、痕量水质指标测试目的。随着现代分析测试技术和相关领域的发展，针对地下水样品的预处理、测试技术与装备不断得到提升和完善。

（二）优先发展方向

地下水水质监测与测试技术的动态发展在国家和地方快速推进生态文明建设过程中发挥着重要作用。结合地下水水质研究的现实问题，地下水水质监测与测试技术优先发展的方向为以下几方面。

1. 多目标、多指标的原位实时在线监测传感器技术与装备

地下水水质指标由物理、化学、生物等多项指标综合构成。如何实现全面、准确、实时的了解和掌握地下水水质，是研发在线监测技术与装备科研工作者关注的热点。针对地下水水质多目标、多指标特点，基于传感器技术原理，在构建地下水水质物理、化学和微生物指标检测模块基础上，结合远程传输技术，集成多目标、多指标检测的地下水水质原位实时在线监测传感器技术与装备。

2. 痕量、超痕量新型污染物的检测技术与装备

人类在生产、生活过程中不断研发新的物质应用到各领域，进而不断产生新型污染物。地下水中新型污染物往往以痕量、超痕量水平存在，促使科研工作者们开展微富集预处理技术和痕量、超痕量物质检测技术研发工作，新型微型电化学材料、纳米材料、光敏材料、磁性高分子材料等逐步应用到光谱、质谱、传感器等单项或联合检测技术与装备中，将实现地下水中痕量、超痕量新型污染物的检测目的。

3. 环境生物指标的地下水水质快速检测技术与装备

地下水水质的环境生物指标主要包括指示微生物、微生物指数、微生物量、微生物酶活性及毒性等。随着国家和行业领域对地下水的生物指标监测（检测）要求的提升，地下水中生物指标检测技术与装备受到广泛关注。基于微生物（酶）和生物指示物特性，结合电极、传感器、探针等检测原理，进行微生物或生物标记物的快速检测技术与装备研发，可实现地下水中生物指标的快速检测。

二、溶质运移模拟和水文地球化学模拟技术

溶质运移模拟和水文地球化学模拟都是用来模拟与地下水水质相关的溶质组分来源及其时空分布规律等水化学问题的常用模拟技术。其中，溶质运移模拟技术包括物理模拟（主要是砂槽模拟）和数学模拟。物理模拟通常被用于分析含水介质的水动力弥散性以及不同污染物在含水介质中的运移过程和规律，但近年来在模拟技术方面进展不大，在此不再赘述；溶质运移数学模拟是在地下水流数学模拟的基础上，通过数学方程来定量描述溶质在地下水中的迁移、转化过程。基于对流−弥散方程及相应的边界条件与初始条件方程（即数学模型）来描述地下含水介质中的溶质运移过程，结合合适的数值求解方法，实现溶质在时间与空间上运移过程模拟的方法，称为地下水溶质运移数值模拟（薛禹群和谢春红，2007）。水文地球化学模拟是在化学平衡和热力学平衡基础上，将地质学、化学、数学、热力学、化学动力学、地下水动力学、生物学及环境科学、计算机语言等多学科基础理论结合起来的一种方法。该技术主要以水质和岩（土）矿物学、物理化学等检测结果为基础，应用水文地球化学理论，通过计算矿物饱和指数、模拟溶解−沉淀、离子吸附交换、氧化还原等天然和人类活动影响下的水文地球过程来研究地下水化学场的形成、演化以及运移规律（Alonso et al.，2019）。

可见，建立在质量守恒和质量作用定律基础上的水文地球化学模型可对地下水系统中的化学反应进行较为充分的模拟，但这些模型大部分都没有考虑地下水中溶质的物理输运过程，如对流、弥散和分子扩散等。地下水溶质运移数值模拟中的水动力弥散模型对溶质的物理输运过程进行了较为充分的描述，但对地下水系统中所发生的化学反应则涉及很少，只能处理较为简单的反应类型，如放射性元素的衰变、溶质吸附−解吸作用等。对许多其他的化学反应，水动力弥散模型只是简单地通过引入阻滞因子来进行描述。这在地下水及围岩成分较为均一的情况下不失为一种可行的方法，但在很多情况下，阻滞因子不能对反应性溶质在地下水中的运移进行准确客观地描述，因此溶质运移模拟和水文地球化学模拟两种技术既有区别，又有联系。

随着经济社会的发展，地下水污染问题日益突出，溶质运移模拟和水文地球化学模拟的作用也越来越大，其应用也日益广泛（Banerjee et al.，2018；Joshi and Kalita，2019；Sullivan and Gadd，2019），如评价地下水污染物的运移与环境影响，模拟地下水化学形成机理、场地地下水污染过程与修复过程，评估污染风险，评价修复效果等。许多重大地下工程还涉

及流体的反应运移，如油气开采中的流体驱替、二氧化碳地质封存中的多相反应运移、核废物地质处置中的核素反应运移等。地下水溶质运移数值模拟和水文地球化学模拟技术在这些工程中均发挥了关键作用，具有重要的应用价值。

此外，水文地球化学模拟技术把水文地球化学从传统的定性解释拓展至定量描述，从宏观的现象研究拓展至微观机理探索，主要研究地下水系统在不同时间和空间尺度上的演化过程，进而实现定量研究地下水系统中化学组分在水溶液中的存在形式，以及所发生的各种地球化学作用。因此，水文地球化学模拟技术是水文地球化学向定量化发展的重要基础，该技术对正确认识地下水补给、赋存、径流和排泄特征，定量解释地下水化学成分的形成、分布及演化机理，定量描述地下水中各元素的迁移转化规律，揭示水-岩-气之间以及不同环境条件下所发生的各种地球化学作用，完善水文地球化学理论等方面具有重要的意义，可以为地下水的合理开发利用与保护提供理论依据（Appelo and Postma，2005；Bethke，2007；Banda et al.，2019）。

（一）关键科学问题

1. 多孔介质的非均质性刻画及非均质性导致非菲克现象的机理

传统的溶质运移理论认为，溶质弥散迁移满足菲克定律，即弥散通量与浓度梯度成正比（Bear，1973）。由菲克定律结合质量守恒定律，可以建立传统的对流-弥散方程来描述溶质运移。但是，在实际应用中存在一些该方程不能描述的现象，如弥散系数的尺度效应、穿透曲线的拖尾分布、溶质的早到达等现象，这些统称为溶质运移中的非菲克现象（Neuman and Tartakovsky，2009）。目前，研究者普遍认为，非菲克现象是由多孔介质的非均质性引起的，因此如何描述这种非均质性及其导致非菲克现象的机理，是目前溶质运移研究的热点和难点。深入研究反常溶质运移的物理机制，需要从孔隙尺度研究溶质运移。

2. 地下水溶质运移数值模拟和水文地球化学模拟中关键参数的确定问题

地下水溶质运移数值模拟和水文地球化学模拟中所需要的矿物溶解（沉淀）反应速率常数、弥散系数、复杂环境条件下的生物地球化学反应速率常数等影响模拟结果准确性的关键参数往往需要通过物理模拟方法获得。在目前水文地球化学模拟技术应用中，往往假设化学反应已达到平衡状态，即使是矿物的溶解（沉淀）反应，也认为所选择矿物的溶解（沉淀）反应速度足够快，能够在地下水系统中较快地达到平衡状态。上述假设势必会导致模拟结果与地下水系统中实际发生的水文地球化学过程偏离较远。因此，地下水溶质运移数值模拟和水文地球化学模拟中需要解决的关键科学问题之一便是如何通过物理模拟技术获取水文地球化学反应速率常数、复杂环境条件下溶质运移的弥散系数、化学组分尤其是有机组分的热力学参数等关键参数，进而实现对矿物在非平衡条件下溶解或沉淀反应的处理算法中加入反应速率常数、在溶质运移模拟中输入准确的弥散系数等参数，提高模拟精度，从而实现准确刻画地下水系统中的溶质运移过程和水文地球化学反应过程的目的。

3. 非常规环境条件下多相多组分的生物地球化学反应综合模拟技术问题

水文地球化学模拟技术的发展始于 1962 年 Garrels 和 Thompson 建立的海水离子缔合模型。进入 20 世纪 70 年代，随着计算机技术的广泛应用，该技术得到不断改进和发展，目前已形成多种水文地球化学模拟计算软件，用以研究天然水及水岩系统中常规的地球化学作用，主要包括：组分存在形态及饱和指数的计算、矿物的溶解 - 沉淀、介质对液相中化学组分的吸附 - 解吸、离子交换、氧化还原、气体溶解 - 逸出、组分形态与络合、蒸发、稀释、混合作用等。反应性溶质运移模拟是当前水文地球化学模拟的前沿发展方向，它结合了流体中溶质迁移的研究和地球化学过程的研究，比上述常规的水文地球化学模拟模型更接近于实际情况。但是，从目前的研究来看，水文地球化学模拟往往将地下水系统中发生的水文地球化学过程概化为上述一种或几种水文地球化学过程的组合来分别进行模拟。如何模拟非常规环境条件下多相多组分的综合生物地球化学反应过程是水文地球化学模拟中需要解决的另一关键科学问题。

（二）优先发展方向

根据国内外研究现状与发展趋势，结合当前经济社会与生态环境的发展需要，溶质运移模拟技术和水文地球化学模拟技术在面对复杂、大尺度条件下的地下水环境问题时，将发挥越来越重要的作用。建议优先发展以下几个方向。

1.复杂条件下的溶质运移模拟和水文地球化学模拟技术

考虑复杂地质结构（如裂隙水问题、溶岩大孔隙流问题、多重介质问题等）、复杂地球化学过程（如多重过程或多场耦合问题、不饱和流和多相流中的地球化学问题、地热高温高压条件下的地球化学过程等）、复杂生物过程（人类活动及全球气候变化影响等）等条件下的溶质运移模拟和水文地球化学模拟技术应得到重视。

2.天然或人为来源的微量元素在地下水系统中的存在形态分布及形态间迁移转化模拟技术

在20世纪初期，地下水中元素形态模拟研究多集中于常量组分。随着测试分析技术的快速发展，天然或人为来源的微量元素在地下水系统中的存在形态分布及形态间迁移转化过程日益受到人们的广泛关注，因此微量元素形态相关数据库的完善及其迁移转化模拟技术亟待开发和深入研究。

3.地下水溶质运移数值模拟不确定性定量刻画、地下水污染源的识别与风险评价

受观测数据有限、存在观测误差、水文地质条件概化失真、模型参数空间异质性、模型结构不合理等多种因素影响，地下水溶质运移数值模拟结果存在一定的不确定性。定量刻画不确定性的大小及来源对控制和降低模拟及预测结果的不确定性十分必要。基于地下水溶质运移数值模拟进行污染物源识别、溶质运移规律预测分析或场地污染修复效果预测分析时，也需要考虑数值模拟模型的不确定性。此外，地下水污染源的识别是预测污染物分布的逆问题，其主要用于确定已知污染源的释放历史、未知污染源的位置，恢复污染物的历史分布。当前针对常规的单一污染源识别问题已有一些研究成果，然而针对污染源数量未知、原始污染物性质未知等条件下的污染源识别和污染风险评价技术，需要开展深入研究。

三、温度示踪技术

地下水流的运动过程伴随着热的迁移，会对天然的地热梯度产生干扰。尤其是在地下水流活动比较强烈的含水层中，这种热干扰通常表现强烈和迅速，并显示为清晰的温度变化信号，使温度随深度的变化曲线发生异常，对温度随时间及深度的变化产生显著影响。此外，地下水流运动的强弱不同，

所产生的热干扰不同，也会在浅层沉积物的温度曲线上得到清晰的显示。基于上述原因，温度可成为指示水流运动很好的示踪剂（Anderson，2005）。20世纪中期，水文地质学家就开始探索用温度指示地表水与地下水相互作用的可行性。早在1954年就有学者首次描述了河流温度和河流失水之间的关系。后来的研究者开始用温度示踪河流渗漏、冷却池渗漏引起的热污染，以及地下水对湖水的补给。但受技术条件的限制，当时的温度测量在操作上存在困难，同时缺乏相应的计算条件和计算程序，因而限制了温度作为地下水示踪剂的应用，使得当时的工作更多地侧重于理论研究。近十余年来，随着相关技术的发展，温度测量仪器不断改进，其成本也逐步降低，并有多个热运移模拟程序相继开发与发布，从而大大促进了温度示踪在水文地质学和水文学研究中的应用（Anderson，2005）。温度示踪在地下水研究中的应用主要包括两大方面，一是利用温度变化来正向示踪地下水的补给、径流和排泄过程，以及示踪地下水与地表水的相互作用；二是利用温度变化的数据来反演含水介质的异质性。

温度示踪的方法包括利用天然的温度场变化进行示踪以及人为地改变温度场来示踪或反演相关的信息。温度示踪应用的领域也越来越广，温度示踪不但在地表水与地下水相互作用和含水介质非均质性刻画研究中得到了应用，而且在以下领域也分别得到了应用：野外地下水人工示踪试验的设计、地下水流速估算、不同类型含水介质中温度变化对生物地球化学反应的影响、低温电阻加热对地下水流和能量迁移的影响、潜流带和河岸带中污染物排放通量的计算、含水层人工储存和回采的选址研究、含水层热能储存对污染地下水迁移的影响以及裂隙基岩中地下水和热迁移的刻画。温度示踪的应用也从孔隙地下含水饱水带扩展到了裂隙基岩含水层及包气带（Halloran et al.，2016）。由此，温度示踪技术已经成为水文地质学研究的一个重要手段和方法。

（一）关键科学问题

1. 水流运动-热运移间耦合关系的数学方程刻画

温度示踪过程通常依赖于热运移的数学方程求解，但在目前方程构建及求解过程中都有不同程度的假设条件，比如通常数学方程中假设不同相态（固相、液相和气相）的界面之间是存在局部热平衡的，即沉积物、水流和气体的温度是一致的，从而忽略三个相态间的热交换。但事实上，热运移的数学方程——傅里叶模型（Fourier-model）应用于对流传导过程中，有些假设是不能忽略的，也未经过场地条件的彻底测试（Rau et al.，2014）。为了更好地理解不同尺度上的水流过程，准确合理地刻画热运移过程的模型是前提条件。在温度示踪的解译模型建立中，需要考虑以下问题：温度变化是否会引起水力学参数（如水力传导系数）的变化？多大的温度变化会引起水力学参数的变化？这些参数的变化又如何引起水流场的变化，从而又反馈影响能量的运移过程？如果以上过程不可忽视，那在水热耦合模型中要进行相应的刻画。如 Anderson（2005）的研究指出，温度的改变也有可能进一步改变水力传导系数。该文综述到，有研究表明在冬季当水的黏度变大而水力传导系数变小后，傍河采水形成的降落漏斗更大。下午河床温度升高引起河床水力传导系数的增大，从而导致河水补给地下水的流量增大。因此，在进行水热耦合模型构建时，有必要考虑温度对水力学参数的影响及水力学参数变化对水流和能量运移的反馈过程。

2. 密度和黏度效应

在地下水流系统中，通常温度变化会引起水流密度和黏度的变化，而水流的变化又影响到能量运移。密度变化主要改变浮力，从而增加额外的水流运动。黏度效应则仅改变地下水流的阻力。这在地热系统里表现非常明显，而在很多天然地表水与地下水的温度示踪研究中通常忽略这种效应。但有报道称，在场地温度地下水人工示踪试验中存在这种现象（Ma et al.，2012），即使在注入水和背景地下水温度相差较小的情况下。密度和黏度会通常增加模型解译难度，从而使温度示踪技术的应用变得复杂。如何能够较好地解决这一问题是温度示踪技术更好推进的关键问题之一。

（二）优先发展方向

1. 水热耦合模型研究

将热作为示踪剂来定量研究地下水流运动，需要水热耦合模型去刻画水和热量在空隙中的同时迁移过程。水热耦合模型是用热作为示踪剂来计算地表水与地下水流交换量的常用工具。数值模型在定义边界条件、水力学和热力学参数方面更具灵活性，所以在研究地表水与地下水相互作用时运用得也更为广泛。可用来模拟热运移的程序主要包括 HST3D、VS2DH、SUTRA、TOUGHT2、FEFLOW 和 SEAWAT 等。

除了数值模型，一些基于热运移的解析模型也得到了充足的发展，包括利用稳定温度边界的稳定状态解析解、给定温度边界的非稳定流解析及利用正温度边界的非稳定流解析解。现在的解析方法只需知道地面下不同探头间的距离及温度序列，即可计算水流速大小和方向。解析模型多应用在示踪地表水与地下水相互作用中，而水流也多假设是垂向上的一维流动。目前也有解析模型从一维扩展到同时考虑垂向流和水平流的二维或三维水流（Zlotnik and Tartakovsky，2018）。这些解析模型通常可以写成程序模块，用户使用时只需进行输入数据的修改，非常方便。但是在非稳定水流状态下，这些方法的可靠性还没有得到验证（Rau et al.，2014）。

在饱和带中，温度示踪研究相对较多；但是在包气带中，涉及气、液的热运移及固相的热传导，其研究相对于饱和带中的示踪研究要困难一些。饱和带主要是利用温度来示踪水的流速，而包气带中的计算目标则是饱和度和含水量。包气带中的温度示踪才刚开始，其模型的发展至关重要。由于在包气带中的研究远不如在饱水带中深入，包气带中所有的监测手段和解译模型还需要加强（Halloran et al.，2016）。

2. 小尺度水流过程的精细示踪及尺度扩展

因地表水与地下水相互作用的复杂性，以及污染物反应迁移研究中对水流模式刻画的精细要求，传统的研究方法（如水化学和同位素示踪法、水位与渗流的直接观测及计算法等）很难满足。与之相比，温度示踪对水流作用的反应强烈且迅速、灵敏度高、成本低、易于操作、易于在空间进行密集的连续监测，使得温度示踪方法非常适用于小尺度地下水流动途径及滞留时间的刻画。此外，温度数据还可用于水流模型的进一步校正，提高地下水流速分布及地表水与地下水交换量的计算精度。利用温度示踪法及水热耦合模型，可对河水-地下水作用带内的水流途径、滞留时间、河水与地下水交换量等进行精细刻画。

已有的大量研究表明，在河流和河床环境中，温度普遍具有空间异质性，温度数据有助于了解地表水与地下水交换的空间变化。但是相关研究也指出，在点上的有限监测所显示出的空间异质性是不足以捕捉到水流特征的空间分布特征的。这就使尺度扩展研究变得非常有必要，以能够刻画大尺度上的地表水与地下水交换，并能够尽量减小监测工作量（Gabriel et al.，2014）。

四、环境同位素示踪技术

随着核技术的巨大进步和核物理理论的不断成熟，特别是高精度测试技术的巨大进步，环境同位素示踪技术在水文地质研究中不断得到广泛应用，为解决许多水文地质问题提供了一种有效的研究手段。环境同位素示踪技术的广泛应用成为现代水文地质学的重要标志。

环境同位素示踪技术在水文地质学中应用的主要依据是，根据稳定同位素的分馏原理和放射性同位素的衰变理论，利用同位素对水循环和地下水系统中物质传输的标记作用和计时作用，解决诸如地下水的起源和形成、示踪地下水运动和溶质来源、水岩作用过程的精确刻画、地下水年龄的估计、全球变化过程等重要科学和实际问题（中国科学院，2018）。

（一）关键科学问题

1.地下水补给的环境稳定同位素有效示踪

环境同位素示踪技术是揭示地下水补给来源和地下水演化规律的常用方法和重要手段（Abbott et al.，2016）。尽管地下水补给示踪技术在过去的数十年中，在国内外均获得了极大的发展，在地下水研究中扮演了并将继续扮演重要角色，但是该技术方法在应用过程中不可避免地受到区域地下水径流流态、径流过程、边界条件、水文地球化学过程、水－岩相互作用以及人类活动等多种因素的影响（Huijgevoort et al.，2016），而目前对这些因素的综合影响的认识有待进一步深入，因此该技术取得结果本身的可靠性及其应用受到影响和限制。另外，过去曾经广泛应用的示踪剂可能面临失效或已经失效［比如 ^3H 和氯氟烃（CFCs）］的处境。

2.地下水年龄的放射性同位素精确测定

放射性同位素测年是确定地下水年龄最常用的方法之一，也始终是同位素水文地质学的重要发展方向之一。总体而言，现代地下水、古地下水都有比较常规的测年方法，而对于介于 50 ～ 1000 年的次现代地下水的测年比较困难，能够使用的放射性同位素很少，并且取样和分析技术也还不太成熟（Gerber et al.，2017）。

地下水在运移过程中会与周围介质发生反应，导致同位素定年的年龄结果出现偏差。如 ^{32}Si、^{36} 氯（^{36}Cl）、^{238}U 等在定年时会受到地下水环境中发生的吸附、溶解沉淀、混合等地球化学作用影响，难以依据单一的同位素数据得出地下水有意义的真实年龄，因而亟待加强地下水运移过程中这些放射性同位素与环境介质的相互作用机理研究。

3.地下水污染的同位素精准溯源辨识

地下水污染来源复杂，污染途径多样，污染物进入地下或在含水层中，受到各种物理、化学和微生物作用的影响。不同来源的污染物、不同的同位素可能具有不同的同位素特征，污染物的生物降解也常常导致多种同位素分馏。因此，多重环境示踪同位素体系［^{15}N、^{18}O、^{37}Cl、^{11}B、^{34}S、^{13}C 等］的应用将有利于污染源识别和污染物迁移转化机制的识别（Bashir et al.，2015；Bill et al.，2019）。在水文地质条件复杂地区，污染物进入地下水以后由于各种物理、化学和微生物作用，会改变污染物或化合物的同位素组成。因此，同位素数据的解释常常需要地质、水文地质和水文地球化学数据以及微生物数据的支持。如何应用数学模型将这些数据综合在一起来刻画污染物在地下水中的迁移转化规律，是同位素污染水文地质学的前沿课题。

4.地下水中高分辨率古气候信息的环境同位素标记

把地下水作为环境变化的重要信息载体，利用地下水中同位素分布特点，通过地下水测龄和选择合适的古气候变化指标进行古气候和古环境研究是同位素水文地质学的一个重要且富有挑战意义的研究课题。高分辨率、多环境指标综合研究的不断完善，也使地下水中的稳定同位素、放射性同位素等成为古气候和古环境研究的有力工具（Jasechko，2019）。目前，多数研究主要定性地探究地下水与气候变化的关系，基本上是把地下水视为古大气降水，用测年资料来论证补给时间。因此，在利用同位素技术识别地下水系统中古气候记录方面仍需进一步深入研究，且在定量化方面尚显不足。此外，为获取更精准的古环境和古气候信息，如何提高地下水年代学的时间尺度分辨率和同位素对古环境和古气候变化的敏感性，也成为今后应用同位素技术揭示地下水中古环境和古气候信息研究中亟待解决的问题。

（二）优先发展方向

1.多种同位素方法的联合使用

不同的同位素具有不同的水循环示踪意义和应用上的局限性，因此学者们不断探索一些新的同位素方法，同时在研究过程中注重将多种同位素方法联合使用。除了常规使用的 ^{18}O、^2H、^3H、^{13}C、^{14}C，近年来一些新的同位素方法不断涌现并逐渐发展完善，如 $^{87}Sr/^{86}Sr$、^{3}氦 /^{4}氦（$^3He/^4He$）、^{36}Cl、^{39}氩（^{39}Ar）、$^{11}B/^{10}B$、CFCs 等得到了广泛应用。综合使用多种同位素方法，将水中同位素 ^{18}O 和 ^2H 与其中的溶解组分的同位素相结合，将稳定同位素与放射性同位素相结合，使水循环示踪得到相互验证和补充。

2. 水-岩相互作用的非传统同位素示踪

水-岩相互作用过程中会产生不同程度的同位素分馏。反过来，同位素分馏特征能为水-岩相互作用研究提供重要的依据。环境同位素的应用将加深和拓展我们对地球内部和表层环境所发生的复杂多样的水-岩相互作用的理解和认识。相比于传统同位素，如氢、氧、碳、氮和硫，非传统同位素（如硼、锂、镁、钙、钛、钒、铁、镍、锌、钼、硒、碘等）在地球化学、生物化学等方面具有一些特殊的性质，并且随着同位素分析测试技术的发展，特别是多接收电感耦合等离子质谱仪（MC-ICP-MS）的出现，实现了非传统同位素的高精度测试。非传统同位素在水-岩相互作用研究领域开始得到越来越多的应用，开启了非传统同位素的蓬勃发展时代。进一步提高同位素的分析精度、逐步完善并探索新的测试分析手段、揭示水岩作用过程中同位素分馏过程与机理将是发挥非传统同位素巨大应用潜力的亟待解决的难点和突破方向（朱祥坤等，2013）。

3. 环境同位素示踪的定量模型技术研究

利用同位素数据，通过模型方法定量解释一些水文地质问题是目前同位素水文地质学的一个研究热点，例如确定地下水系统中地下水流的循环时间及其空间分布、不同来源水的混合比例、含水层中质量传输的弥散特征、水流运动机制等。除了传统的集中参数物理模型和混合元模型继续得到广泛应用，一些新的模型被相继提出并在实际案例中得到了成功的应用。近年来，学者们考虑到地下水系统中的各种水文地球化学作用对同位素质量传输的影响，特别是对同位素的稀释作用，利用同一水流路径上地下水的初始和末刻化学成分，把同位素作为模型的重要约束变量，并结合含水层岩相特征，根据矿物相生成模型进行地下水的地球化学反应路径反演，推测水流路径上发生的水文地球化学反应。

此外，近年来许多学者开始尝试利用同位素的标记性和计时性，将同位素加入到溶质模型中，把地下水的年龄分布作为地下水流模型的约束条件进行耦合，以提高地下水数值模型的识别效果。

五、地质微生物技术

地下含水层生态系统是地球上储量极高的碳库（包含 13 ~ 135pg 碳）并具有高度多样化的生物储存功能（包含生物圈中 2% ~ 19% 的生物量）。其中，生物（主要为微生物）的协同代谢活动维持着地下含水层生态系统中主要元素（H、C、N、O、S）的循环流动与形态转化及其他相关元素氧化还原等地球化学过程，从而深刻地影响着地下水水质。因此，精确表征地下水生物群落构成及其活动的地质微生物技术是地下水水质研究方法的必要组成部分。此外，地下含水层生态系统中微生物的代谢活动对原生劣质地下水形成，以及放射性核素、有机污染物及金属污染物的迁移转化也具有至关重要的影响（Maier et al.，2009）。探究其代谢功能的调控机制并发展基于促进原位微生物代谢活动以改良水质的地质微生物技术，对修复原生劣质地下水或者人类工农业活动导致的地下水污染具有关键的战略意义。

（一）关键科学问题

1. 地质微生物技术在地下水环境微观尺度生物地球化学过程研究中的应用

最近 10 年来，地质微生物的新技术、新方法层出不穷，日新月异，分子克隆、高通量测序、微生物种族芯片都可以用来研究微生物在地下水中的种类多样性；功能基因芯片可以快速检测特定环境条件下功能基因的丰度；全基因组测序、单细胞基因组学、宏基因组学等现代生物学方法可以发现新的功能基因与代谢途径；宏转录组学可以检测功能基因与代谢途径的表达水平；蛋白质组学可以检测介导元素循环的各种蛋白与酶的表达与活性（中国科学院"深部地下生物圈"项目组，2019）。

同位素技术与分子微生物相结合发展起来的示踪技术，可以在特定环境条件下，检测某一类微生物的活性与代谢途径。例如，基于 DNA 的稳定同位素探针技术（stable isotope probing，SIP）（SIP-DNA）、基于核糖核酸（ribonucleic acid，RNA）的稳定同位素探针技术（SIP-RNA）、基于脂类

（lipid）的稳定同位素探针技术（SIP-lipid）通过标定碳源或者氮源，可以用来确定在一个复杂的群落结构中，某些特定功能微生物的代谢活性与途径。当同位素技术与原位成像技术相结合，则可以在原位条件下，确定某一类微生物的特定功能及其与环境的相互作用，其中著名的技术是 nano-SIMS。如果把这项技术与微生物荧光原位杂交技术结合起来，那么可以在原位条件下确定在一个微生物群落里面，哪一类微生物吸收了同位素标定的底物以及吸收的速度有多快，这对鉴定地下水环境中微生物的活性与功能至关重要（中国科学院"深部地下生物圈"项目组，2019）。

2. 地质微生物技术在地下水环境宏观尺度生物地球化学过程研究中的应用

要在场地或者流域尺度分析微生物活动对地下水水质和含水层理化性质的影响，就要借助于大尺度的地球物理方法。生物地球物理学就是在此背景下诞生的一门新兴学科。生物地球物理学是地质微生物学与地球物理学的交叉学科，是基于传统地球物理学的延伸。它除了检测地下水和含水介质物理化学性质，还探测其中微生物的生长、微生物与矿物岩石的相互作用，因为这些过程会有对地球物理信号的记录。譬如，地下水污染物的降解及生物产生的气体会影响水溶液的电导率和介电常数，因此可以通过电阻率法和探地雷达加以检测；生物膜的形成与生物矿化，特别是磁性矿物的沉淀会产生界面极化效应，引起磁化率的变化，因此可以通过激发极化法/频谱激发极化法/介电法加以检测；生物矿化与生物气的产生会影响弹性波速，因此可以通过地震波加以检测。

3. 地质微生物技术在地下水环境污染修复中的应用

微生物与矿物的相互作用在自然环境中的地质过程以及人类工业活动中都有极其重要的意义，多种微生物介导下的矿物以及金属转化过程都具备潜在的环境污染治理功效。虽然多种微生物治理方法还处于实验探索阶段，但部分技术已经成熟并可用于工业推广。这些潜在的地质微生物技术手段包括生物浸矿、生物沉淀以及生物吸附等。

生物浸矿技术既可用于从矿石中提取不同形式的金、铜以及铀等金属，也可用于土壤环境以及固体废弃物中的金属循环回收。例如，利用化能无机营养微生物的浸出技术，去除或者回收下水道固体废物、土壤以及红泥中的金属元素。从微生物［例如曲霉菌属（*Aspergillus*）、青霉菌属（*Penicillium*）］

中提取的胞外配体一直被用于提取矿石（包括低品级矿石）中的金属，包括铜、锌、镍等。在不同的生物浸矿机理中，这些化能异养或者自养微生物产生的低分子有机酸在浸出过程中具有重要的作用。

生物沉淀技术可以通过微生物介导的氧化还原过程使一些有害元素形成化学性质稳定的矿物形态，从而达到污染治理的目的。例如，硫酸盐还原菌介导生成的硫氰根可以形成稳定的金属硫化物沉淀，从而去除不同环境中的有害金属（Kiran et al.，2017）；也有研究表明，在受到铀污染的含水层中注入乙酸盐可以促进地杆菌属（Geobacter）还原 U（Ⅵ）至难溶的 U（Ⅳ），从而将铀固定在沉积物中以去除地下水中的溶解态铀。在东南亚地区受到砷污染的含水层中，通过添加硝酸盐促进微生物氧化过程，可以生成铁氧化物矿物并使其吸附地下水中的砷，从而将砷含量控制在世界卫生组织建议的饮用水安全砷含量标准之下。

生物吸附技术主要通过物理化学过程去除溶液中的目标溶质，是一种简单高效的污染治理手段，可以有效去除水环境中的有机污染物、放射性核素以及金属元素等。吸附剂既可以是活的或者死的微生物，也可以是从微生物中提取的生物材料。烟曲霉（Aspergillus fumigatus）可以在水溶液中快速地吸附 U（Ⅵ），最大吸附量为 423 mg/g（Joshi and Kalita，2019）。

此外，微生物的代谢活动在去除污染的同时还可以作为一种能量来源。生物电化学系统（bioelectrochemical system）可以去除水溶液中的污染物并产生以不同形式存在的能量［包括电能以及化学能（氢气/甲烷）］。其中，微生物淡水电池可以淡化水的盐度并产生电能。典型的微生物淡水电池包括由阴/阳离子交换膜分隔开的三个舱室，用于有机物氧化的电池阳极、电子受体还原的阴极以及用于水淡化的中间舱室（Santoro et al.，2017）。当电流通过微生物发生氧化还原反应时，水中的盐［例如氯化钠（NaCl）］会电离为阴阳离子并分别通过阴/阳离子交换膜进入阳极与阴极舱室以维持离子平衡。此外，一些阴离子（例如硝酸根、重碳酸根以及硫酸根）也可以通过阴离子交换膜被去除。例如，前人设计的地下水淡化-去硝酸盐电池可以在产生电流的同时去除反应系统中 99% 的硝酸盐（Sevda et al.，2018）。因此，微生物淡水电池也是一种去除环境污染物的有效方法。

（二）优先发展方向

基于上述分析，对地质微生物技术研究，建议优先发展以下几个方向。

1. 微生物代谢功能的识别与应用

微生物代谢功能的识别与应用包括：利用微生物组学技术，更高效地探索新（未知）微生物的代谢功能，特别是多种不同功能种群的协作关系；在已知的微生物群落代谢功能及其相互作用基础上，构建多功能、多种群协作的"微生物集合体"，从而应用于地下水污染修复过程；增强微生物酶活性从而原位降解有机污染物；增强微生物代谢功能（如硫酸盐还原、铁还原功能等）从而原位固定污染物。

2. 生物吸附材料的筛选与应用

生物吸附材料的筛选与应用包括：利用基于基因检测与培养分离技术相结合的方法，对地下水中重金属元素具有高效吸附能力的纯培养微生物的识别；微生物对金属元素吸附的胞内分子机制研究；生物吸附材料的改性方法研究；生物吸附过程中的热力学及动力学模型化研究。

3. 微生物活动及其代谢产物的表征

微生物活动及其代谢产物的表征包括：同位素标定与分子生物学方法相结合的生物地球化学过程示踪技术；基于分子生物学方法的功能基因丰度及相应的酶活性探测技术，包括基因芯片技术、基因组学技术等；原子尺度的微生物活动及其次生产物的表征技术应用，包括同步辐射光谱、球差电镜及冷冻电子显微术等。

六、地下水人工示踪技术

采用人工示踪剂对地下水进行标记，从而掌握其运动特征的示踪技术在水文地质领域常被用来确定地下水的流场、计算流速、判断污染物迁移方向。地下水人工示踪技术在岩溶地区得到了广泛的应用（Jiang et al., 2015; Ma et al., 2012; Marín et al., 2015; Martel et al., 2018）。岩溶含水层具有以管道流为特征的径流系统。岩溶管道的存在不仅加速了地下水流动及其中的污染物的迁移，也造成了地表和地下水的分水岭不一致及等水位线判断地下水流场的方法失效。地下水人工示踪技术能够实现短期内准确判断径流方向、显示溶质到达的时间、计算流速等应用，其在岩溶水文地质领域的应用已经有一百多年的历史。

岩溶水所赋存的含水层是在一定的地质构造背景下，由富含二氧化碳或硫化氢等弱酸性水流长期溶蚀所形成的具有网络状管道结构的岩体,可以有效输送地下水,并且具有显著的不均匀性,属于典型的不连续介质。在多重介质体系中,岩溶管道占含水空间总量的 1%,但有 99% 的水流是通过岩溶管道输送的。对岩溶管道或洞穴空间的探测是掌握水文地质条件、开发利用地下水、治理岩溶地质灾害的中心任务。岩溶含水层地下水流动和溶质迁移具有复杂的动力过程,需要采取专门的技术方法,以建立合理的径流或溶质运移模型。当岩溶泉或含水层作为水源地时,建立正确的水文地质概念模型尤为必要。

地下水人工示踪试验是将一定质量的示踪剂通过控制的方式注入含水层中,利用地下水中示踪剂的浓度变化来获取关于径流、溶质,甚至含水介质等相关信息。该方法具有直观、直接、准确的优点。相比于天然示踪剂、地下水水位/温度/电导率等指标存在着较多的不确定性,人工示踪剂的输入地点和过程能够被控制,减少了信号解译的不确定性。

在岩溶地区,示踪剂被选择投放在天然的岩溶水点,比如落水洞、地下河天窗等,以下游的泉水作为接收点,以此确定水流漏失和水流复现之间的关系。其也可用于钻孔之间的示踪,并结合物探、测孔和抽水试验,提高了示踪技术方法的适用范围。点对点的地下水人工示踪试验适用于探测具有集中补给和集中排泄特征的岩溶含水系统。假设示踪剂在单一岩溶管道中的迁移符合一维对流弥散方程,可以利用溶质的穿透曲线(BTC)计算溶质迁移速度、弥散系数和平均达到时间等参数。

通过地下水人工示踪试验可以求取溶质运移相关的参数,通常这些参数很难通过室内实验获得。利用穿透曲线可以计算示踪剂的流速、回收量、弥散系数等,在一定的条件下,还可以推算岩溶管道的直径。美国环保局开发的软件 QTRACER2 能够对示踪结果进行有效处理,获得水文地质参数。

地下水人工示踪试验还可以用来确定污染物的来源、去向以及运移速度。溶质运移的速度是衡量污染物迁移的一个关键指标。一般都是借助于地下水模型来预测污染物的扩散速度和距离。但这种做法在岩溶地区往往存在明显的错误。加拿大学者对比了利用等效多孔介质模型和 MODFLOW 软件计算的溶质迁移速度与地下水人工示踪试验得到的结果,证明在场地尺度采用等效多孔介质模型计算岩溶含水层溶质的迁移速度是不合适的,实际速度比预测值大百倍。这个现象对地下水污染风险的管理非常重要。欧盟以及世界上很多地区对地下水脆弱性类型及水源地保护区的划分以溶质运移的等时线为依据,将水源地周围 24h 溶质运移等时线作为一级保护区。对岩溶地区执行该种划分方案时除了依据模型计算，有必要通过地下水人工示踪试验检验模型结果。不仅岩溶含水层中溶质迁移的速度快，而且降雨触发的水位剧烈上升加速了溶质运移。例如，西班牙某地地下水人工示踪试验获得的水源地附近溶质迁移的速度可以达到 4.3 ～ 5.3m/h。

（一）关键科学问题

如何揭示复杂水文过程中示踪剂的穿透曲线所包含的水文地质信息，从而实现精准认识岩溶含水系统的目标？地下水人工示踪试验通过点对点的探测使地下水溶质的迁移问题简单化，但同时这也使试验所获得的信息局限在系统的局部。对于更复杂的水文过程，试验的理论基础不清楚，限制了示踪技术的应用。利用地下水人工示踪试验为岩溶水流模拟提供参数和模拟效果验证参照，建立不稳定流等非典型条件下的溶质运移理论，提高试验结果的解译水平，是掌握岩溶水流特征的有效途径。

新型示踪剂和检测技术的开发。新型示踪剂的研发和检测技术的进步使示踪技术获得突破性进展的可能性增加。例如，通过加强对含水层生态系统的研究，建立溶解有机质、浮游生物（主要为桡足类）和细菌等生物有机类作为示踪剂的应用方法。分布式光纤测温技术有望提升温度指标作为示踪剂的应用效果。

（二）优先发展方向

1. 人工示踪技术在非饱和带研究上的应用

在非饱和带的研究中，地下水人工示踪技术可直观地显示水流路线，有助于揭示具有强烈非均质性的包气带渗流过程，从而更好地认识补给机制以及污染物从地表进入地下的过程。通常这两个过程都是通过模型帮助预测的，但是对于结构复杂的介质，模型的假定条件并不存在，从而可能得到错误的结果。在基岩或岩溶含水层甚至土壤中，除了渗流，管道流普遍存在，此时地下水人工示踪技术得以发挥快速准确的优势。

2. 人工示踪技术在地下水水源地保护区划分上的应用

地下水水源地保护区的划分依据是污染物到达取水设施的时间，其迁移时间通过数学模型计算得到。相对于岩溶含水层数学模型难以给出污染物迁移准确的时间，地下水人工示踪试验的结果更为可靠。建议开展适用于岩溶水源地调查的人工示踪技术研究，提高示踪剂用量的准确度，降低示踪剂对水源的影响。

3. 人工示踪技术在河流交互带研究上的应用

水文学上河流交互带概念的提出受到了河流上开展的地下水人工示踪试验的启发。示踪剂的穿透曲线拖尾现象揭示了交互作用延迟了溶质迁移的本质。河流交互带的强非均质性导致交互流及其溶质迁移研究有诸多待解决的问题。采用沙箱开展河流交互带的研究，利用有颜色的示踪剂可以显示交互流的分布范围。场地尺度河流交互带的地下水人工示踪试验还需要溶质运移模型的发展。

4. 新型示踪剂和快速检测仪器的研制

示踪剂的选择范围非常宽泛，已经包括水溶性的物质、颗粒物、微生物、放射性同位素、洪水波、彩色烟雾和热量等。最理想的示踪剂应该能兼具廉价、易检测、无污染、损耗低等优点，但到目前还没有发现符合上述所有要求的示踪剂。

5. 地下水人工示踪试验结果的准确解译

试验结果的解译方法，即如何定量揭示穿透曲线能够反映的有关含水介质和溶质运移方面的信息。随着地下水监测技术的发展，水温、pH、电导率、浊度、溶解氧、硝酸盐、环境同位素等一些物理、化学指标的获取变得更为快捷，利用地下水自然成分或属性作为示踪剂得到了迅速发展，并建立起了地下水监测与人工示踪相结合的技术方法。但这些技术方法如何相互结合，并对含水层的结构和性质进行更精确的解译是今后需要解决的问题。

本章作者：

中国地质大学（武汉）谢先军撰写第一节，中国地质大学（北京）郭华明和中国地质大学（武汉）邓娅敏协助完成部分内容撰写；南方科技大学刘崇炫撰写第二节，南京大学刘媛媛、北京师范大学杨晓帆、南方科技大学石振清、天津大学晏志峰、中国农业大学商建英协助完成部分内容撰写；中国地质大学（北京）刘菲、王广才撰写第三节，天津大学陈亮、中国地质大学（北京）何江涛、中国海洋大学阎妮协助完成部分内容撰写；吉林大学苏小四撰写第四节，吉林大学董维红和张玉玲、中国地质大学（北京）董海良、中国地质大学（武汉）马瑞和蒋宏忱、南京大学吴吉春和中国地质科学院岩溶地质研究所郭芳协助完成部分内容撰写。中国地质大学（北京）王广才、吉林大学苏小四、中国地质大学（武汉）谢先军和南方科技大学刘崇炫负责本章内容设计和统稿。

参考文献

曹红 . 2010. 污染场地有机污染物迁移转化规律及其含水层系统天然净化能力研究 . 山东科技大学硕士学位论文 .

朵天惠，王永利，黄支刚，等 . 2013. 钚在地下水中的存在形式及影响因素分析 . 铀矿地质，29（1）：60-64.

辜凌云，全向春，李安婕，等 . 2012. 突发性场地污染应急控制技术研究进展 . 环境污染与防治，34（2）：82-86.

金相灿 . 2008. 湖泊富营养化研究中的主要科学问题：代"湖泊富营养化研究"专栏序言 . 环境科学学报，28（1）：21-23.

刘艳，李成邦，王东文，等 . 2016. 地下水环境中钚形态分布研究进展 . 环境科学与技术，39（1）：66-73.

潘倩 . 2016. 土−膨润土竖向隔离墙力学行为及其对防污性能影响 . 浙江大学博士学位论文 .

全波 . 2019. 利用大数据技术加强地下水监测 . 科学技术创新，（13）：102-103.

薛禹群，谢春红 . 2007. 地下水数值模拟 . 北京：科学出版社 .

张仕军，齐庆杰，王圣瑞，等 . 2011. 洱海沉积物有机质、铁、锰对磷的赋存特征和释放影响 . 环境科学研究，24（4）：371-377.

中国科学院 . 2018. 中国学科发展战略·地下水科学 . 北京：科学出版社 .

中国科学院"深部地下生物圈"项目组 . 2019. 深部地下生物圈 . 北京：科学出版社 .

钟云琛 . 2002. 福州市城区地下水中污染物特征及成因分析 . 福建环境，19（6）：22-24.

钟佐燊 . 2001. 地下水有机污染控制及就地恢复技术研究进展（一）. 水文地质工程地质，（3）：1-3.

朱祥坤，王跃，闫斌，等 . 2013. 非传统稳定同位素地球化学的创建与发展 . 矿物岩石地球化学通报，32（6）：651-688.

Abbott B W，Baranov V，Mendoza-Lera C，et al. 2016. Using multi-tracer inference to move beyond single-catchment ecohydrology. Earth-Science Reviews，160：19-42.

Albers C N，Feld L，Ellegaard-Jensen L，et al. 2015. Degradation of trace concentrations of the persistent groundwater pollutant 2, 6-dichlorobenzamide (BAM) in bioaugmented rapid sand filters. Water Research, 83: 61-70.

Alonso J, Moya M, Asensio L, et al. 2019. Disturbance of a natural hydrogeochemical system caused by the construction of a high-level radioactive waste facility: The case study of the central storage facility at Villar de Cañas, Spain. Advances in Water Resources, 127: 264-279.

Amini M, Abbaspour K C, Berg M, et al. 2008. Statistical modeling of global geogenic arsenic contamination in groundwater. Environmental Science and Technology, 42 (10): 3669-3675.

Anderson M P. 2005. Heat as a ground water tracer. Groundwater, 43 (6): 951-968.

Andrade G R P, Cuadros J, Partiti C S M, et al. 2018. Sequential mineral transformation from kaolinite to Fe-illite in two Brazilian mangrove soils. Geoderma, 309: 84-99.

Appelo C A J, Postma D. 2005. Geochemistry, Groundwater and Pollution. Boca Raton: CRC Press.

Banda K E, Mwandira W, Jakobsen R, et al. 2019. Mechanism of salinity change and hydrogeochemical evolution of groundwater in the Machile-Zambezi Basin, South-western Zambia. Journal of African Earth Sciences, 153: 72-82.

Banerjee A, Jhariya M K, Yadav D K, et al. 2018. Micro-remediation of metals: A new frontier in bioremediation//Hussain C M. Handbook of Environmental Materials Management. Switzerland: Springer: 1-36.

Banning A, Demmel T, Rüde T R, et al. 2013. Groundwater uranium origin and fate control in a river valley aquifer. Environmental Science and Technology, 47 (24): 13941-13948.

Barros S B A, Rahim A, Tanaka A A, et al. 2013. In situimmobilization of nickel (Ⅱ) phthalocyanine on mesoporous SiO_2/C carbon ceramic matrices prepared by the sol–gel method: Use in the simultaneous voltammetric determination of ascorbic acid and dopamine. Electrochimica Acta, 87 (1): 140-147.

Bashir S, Hitzfeld K L, Gehre M, et al. 2015. Evaluating degradation of hexachlorcyclohexane (HCH) isomers within a contaminated aquifer using compound-specific stable carbon isotope analysis (CSIA). Water Research, 71: 187-196.

Bear J. 1973. Dynamics of Fluids in Porous Media. Chicago: Courier Corporation Press.

Benner M L, Mohtar R H, Lee L S. 2002. Factors affecting air sparging remediation systems using field data and numerical simulations. Journal of Hazardous Materials, 95 (3): 305-329.

Bethke C M. 2007. Geochemical and Biogeochemical Reaction Modeling. Cambridge: Cambridge University Press.

Bigalke M, Ulrich A, Rehmus A, et al. 2017. Accumulation of cadmium and uranium in arable soils in Switzerland. Environmental Pollution, 221: 85-93.

Bill M, Conrad M E, Faybishenko B, et al. 2019. Use of carbon stable isotopes to monitor biostimulation and electron donor fate in chromium-contaminated groundwater. Chemosphere, 235: 440-446.

Bindal S, Singh C K. 2019. Predicting groundwater arsenic contamination: Regions at risk in highest populated state of India. Water Research, 159: 65-76.

Bjørlykke K. 2014. Relationships between depositional environments, burial history and rock properties. Some principal aspects of diagenetic process in sedimentary basins. Sedimentary Geology, 301: 1-14.

Bjørlykke K, Jahren J. 2012. Open or closed geochemical systems during diagenesis in sedimentary basins: Constraints on mass transfer during diagenesis and the prediction of porosity in sandstone and carbonate reservoirs. AAPG Bulletin, 96 (12): 2193-2214.

Borch T, Kretzschmar R, Kappler A, et al. 2010. Biogeochemical redox processes and their impact on contaminant dynamics. Environmental Science and Technology, 44 (1): 15-23.

Bostick B C, Fendorf S. 2003. Arsenite sorption on troilite (FeS) and pyrite (FeS$_2$). Geochimica Et Cosmochimica Acta, 67 (5): 909-921.

Brusseau M L, Nelson N T, Zhang Z, et al. 2007. Source-zone characterization of a chlorinated-solvent contaminated superfund site in Tucson, AZ. Journal of Contaminant Hydrology, 90: 21-40.

Cao H L, Xie X J, Wang Y X, et al. 2018. Predicting the risk of groundwater arsenic contamination in drinking water wells. Journal of Hydrology, 560: 318-325.

Cauwenberghe L V, Vanreusel A, Mees J, et al. 2013. Microplastic pollution in deep-sea sediments. Environmental Pollution, 182: 495-499.

Dincer I, Acar C. 2015. A review on clean energy solutions for better sustainability. International Journal of Energy Research, 39 (5): 585-606.

Dong X L, Ma L Q, Li Y C. 2011. Characteristics and mechanisms of hexavalent chromium removal by biochar from sugar beet tailing. Journal of Hazardous Materials, 190 (1-3): 909-915.

Doshi-Velez F, Kim B. 2017. Towards a Rigorous Science of Interpretable Machine Learning. https://arxiv.org/abs/1702.08608 [2020-11-28].

Eerkes-Medrano D, Thompson R C, Aldridge D C. 2015. Microplastics in freshwater systems: A review of the emerging threats, identification of knowledge gaps and prioritisation of research needs. Water Research, 75: 63-82.

EPA. 2011. Fact Sheet on Evapotranspiration Cover Systems for Waste Containment. United

States Environmental Protectection Agency, EPA 542-F-11-001.

EPA. 2012. A Citizen's Guide to Capping. United States Environmental Protectection Agency, EPA 542-F-12-004.

Fawad M, Mondol N H, Jahren J, et al. 2010. Microfabric and rock properties of experimentally compressed silt-clay mixtures. Marine and Petroleum Geology, 27 (8): 1698-1712.

Fendorf S, Michael H A, van Geen A. 2010. Spatial and temporal variations of groundwater arsenic in South and Southeast Asia. Science, 328 (5982): 1123-1127.

Fountain J C. 1998. Technologies for Dense Nonaqueous Phase Liquid Source Zone Remediation. Ground-Water Remediation Technologies Analysis Center: 1-62.

Gabriel B O, Olusola O M, Omowonuola A F, et al. 2014. A preliminary assessment of the groundwater potential of Ekiti State, Southwestern Nigeria, using terrain and satellite imagery analyses. Journal of Environment and Earth Science, 4 (18): 33-42.

Garg S, Newell C J, Kulkarni P R, et al. 2017. Overview of natural source zone depletion: Processes, controlling factors, and composition change. Groundwater Monitoring and Remediation, 37 (3): 62-81.

Gerber C, Vaikmäe R, Aeschbach W, et al. 2017. Using ^{81}Kr and noble gases to characterize and date groundwater and brines in the Baltic Artesian Basin on the one-million-year timescale. Geochimica Et Cosmochimica Acta, 205: 187-210.

Grathwohl P, Teutsch G, 1997. In situ remediation of persistent organic contaminants in groundwater. In: ICGQP NAPL, Proceedings of the International Conference on Groundwater Quality Protection, 1-3 December 1997, Taipei, Taiwan, 85-99.

Guo H M, Jia Y F, Wanty R B, et al. 2016. Contrasting distributions of groundwater arsenic and uranium in the western Hetao basin, Inner Mongolia: Implication for origins and fate controls. Science of the Total Environment, 541: 1172-1190.

Guo H M, Li X M, Xiu W, et al. 2019. Controls of organic matter bioreactivity on arsenic mobility in shallow aquifers of the Hetao Basin, PR China. Journal of Hydrology, 571: 448-459.

Guo H M, Liu C, Lu H, et al. 2013a. Pathways of coupled arsenic and iron cycling in high arsenic groundwater of the Hetao basin, Inner Mongolia, China: An iron isotope approach. Geochimica Et Cosmochimica Acta, 112: 130-145.

Guo H M, Ren Y, Liu Q, et al. 2013b. Enhancement of arsenic adsorption during mineral transformation from siderite to goethite: Mechanism and application. Environmental Science and Technology, 47 (2): 1009-1016.

Guo H M, Wen D G, Liu Z Y, et al. 2014. A review of high arsenic groundwater in Mainland

and Taiwan, China: Distribution, characteristics and geochemical processes. Applied Geochemistry, 41: 196-217.

Guo H M, Zhang Y, Xing L N, et al. 2012. Spatial variation in arsenic and fluoride concentrations of shallow groundwater from the town of Shahai in the Hetao basin, Inner Mongolia. Applied Geochemistry, 27（11）: 2187-2196.

Halloran L J, Rau G C, Andersen M S. 2016. Heat as a tracer to quantify processes and properties in the vadose zone: A review. Earth-Science Reviews, 159: 358-373.

Hansel C M, Benner S G, Neiss J, et al. 2003. Secondary mineralization pathways induced by dissimilatory iron reduction of ferrihydrite under advective flow. Geochimica Et Cosmochimica Acta, 67（16）: 2977-2992.

Harvey C F, Swartz C H, Badruzzaman A B M, et al. 2002. Arsenic mobility and groundwater extraction in Bangladesh. Science, 298: 1602-1606.

He Y T, Su C, Wilson J T, et al. 1999. Field Applications of In Situ Remediation Technologies: Permeable Reactive Barriers. United States Environmental Protectection Agency, EPA/600/R-09/115.

He Y T, Su C, Wilson J T, et al. 2009. Identification and Characterization Methods for Reactive Minerals Responsible for Natural Attenuation of Chlorinated Organic Compounds in Ground Water.United States Environmental Protectection Agency. EPA/600/R-09/115.

Hegedűs M, Tóth-Bodrogi E, Németh S, et al. 2017. Radiological investigation of phosphate fertilizers: Leaching studies. Journal of Environmental Radioactivity, 173: 34-43.

Hiemstra T, Riemsdijk V W H. 2007. Adsorption and surface oxidation of Fe（II）on metal（hydr）oxides. Geochimica Et Cosmochimica Acta, 71（24）: 5913-5933.

Hou Z S, Nelson W C, Stegen J C, et al. 2017. Geochemical and microbial community attributes in relation to hyporheic zone geological facies. Scientific Reports, 7: 12006.

Hubbard S S, Williams K H, Agarwal D A, et al. 2018. The East River, Colorado, watershed: A mountainous community testbed for improving predictive understanding of multiscale hydrological–biogeochemical dynamics. Vadose Zone Journal, 17: 180061.

Huggett J M, Cuadros J. 2005. Low-temperature illitization of smectite in the late eocene and early oligocene of the Isle of Wight（Hampshire basin）, U.K. American Mineralogist, 90（7）: 1192-1202.

Hunter K S, Wang Y F, Cappellen V P. 1998. Kinetic modeling of microbially-driven redox chemistry of subsurface environments: Coupling transport, microbial metabolism and geochemistry. Journal of Hydrology, 209: 53-80.

Interstate Technology and Regulatory Council. 2008. Enhanced attenuation: Chlorinated Organics. Washington, D. C., USA.

Jasechko S. 2019. Global isotope hydrogeology: Review. Reviews of Geophysics, 57 (3):
835-965.

Jia Y F, Xi B D, Jiang Y H, et al. 2018. Distribution, formation and human-induced
evolution of geogenic contaminated groundwater in China: A review. Science of The Total
Environment, 643: 967-993.

Jiang G H, Guo F, Polk J S, et al. 2015. Delineating vulnerability of karst aquifers using
hydrochemical tracers in Southwestern China. Environmental Earth Sciences, 74 (2):
1015-1027.

Joshi S R, Kalita D. 2019. Biological, Chemical and Nanosorption Approaches in Remediation
of Metal Wastes. Berlin: Springer Press.

Joshi S R, Kukkadapu R K, Burdige D J, et al. 2015. Organic matter remineralization
predominates phosphorus cycling in the mid-Bay sediments in the Chesapeake Bay.
Environmental Science and Technology, 49 (10): 5887-5896.

Katsev S, Dittrich M. 2013. Modeling of decadal scale phosphorus retention in lake sediment
under varying redox conditions. Ecological Modelling, 251: 246-259.

Khalil A M E, Eljamal O, Amen T W M, et al. 2017. Optimized nano-scale zero-valent iron
supported on treated activated carbon for enhanced nitrate and phosphate removal from water.
Chemical Engineering Journal, 309: 349-365.

Kiran M G, Pakshirajan K, Das G. 2017. Heavy metal removal from multicomponent system
by sulfate reducing bacteria: mechanism and cell surface characterization. Journal of
Hazardous Materials, 324: 62-70.

Kolbe T, de Dreuzy J R, Abbott B W, et al. 2019. Stratification of reactivity determines
nitrate removal in groundwater. Proceedings of the National Academy of Sciences of the
United States of America, 116 (7): 2494-2499.

Kotaś J, Stasicka Z. 2000. Chromium occurrence in the environment and methods of its
speciation. Environmental Pollution, 107 (3): 263-283.

Kraal P, Burton E D, Rose A L, et al. 2015. Sedimentary iron-phosphorus cycling under
contrasting redox conditions in a eutrophic estuary. Chemical Geology, 392: 19-31.

Lai K C K, Lo I M C. 2008. Removal of chromium (VI) by acid-washed zero-valent iron
under various groundwater geochemistry conditions. Environmental Science and Technology,
42 (4): 1238-1244.

Latta D E, Mishra B, Cook R E, et al. 2014. Stable U (IV) complexes form at high-affinity
mineral surface sites. Environmental Science and Technology, 48 (3): 1683-1691.

Lebreton L C M, van der Zwet J, Damsteeg J W, et al. 2017. River plastic emissions to the
world's oceans. Nature Communications, 8: 15611.

Lee E S, Olson P R, Gupta N, et al. 2014. Permanganate gel（PG）for groundwater remediation: Compatibility, gelation, and release characteristics. Chemosphere, 97: 140-145.

Lewis W M, Wurtsbaugh W A, Paerl H W. 2011. Rationale for control of anthropogenic nitrogen and phosphorus to reduce eutrophication of inland waters. Environmental Science and Technology, 45（24）: 10300-10305.

Li J X, Wang Y X, Xie X J. 2016. Cl/Br ratios and chlorine isotope evidences for groundwater salinization and its impact on groundwater arsenic, fluoride and iodine enrichment in the Datong Basin, China. Science of the Total Environment, 544: 158-167.

Li J X, Zhou H L, Qian K, et al. 2017. Fluoride and iodine enrichment in groundwater of North China Plain: Evidences from speciation analysis and geochemical modeling. Science of the Total Environment, 598: 239-248.

Liesch T, Hinrichsen S, Goldscheider N. 2015. Uranium in groundwater-fertilizers versus geogenic sources. Science of the Total Environment, 536: 981-995.

Liu C X, Liu Y Y, Kerisit S N, et al. 2015. Pore-scale process coupling and effective surface reaction rates in heterogeneous subsurface materials. Reviews in Mineralogy and Geochemistry, 80（1）: 191-216.

Liu Y Y, Xu F, Liu C X. 2017. Coupled hydro-biogeochemical processes controlling Cr reductive immobilization in Columbia River hyporheic zone. Environmental Science and Technology, 51（3）: 1508-1517.

Lu X, Kampbell D H, Wilson J T. 2006. Evaluation of the Role of Dehalococcoides Organisms in the Natural Attenuation of Chlorinated Ethylenes in Ground Water. United States Environmental Protection Agency. EPA/600/R-06/029.

Ma R, Zheng C M, Zachara J M, et al. 2012. Utility of bromide and heat tracers for aquifer characterization affected by highly transient flow conditions. Water Resources Research, 48（8）: 144-151.

Maghrebi M, Jankovic I, Allen-King R M, et al. 2014. Impacts of transport mechanisms and plume history on tailing of sorbing plumes in heterogeneous porous formations. Advances in Water Resources, 73: 123-133.

Maier R M, Pepper I L, Gerba C P. 2009. Environmental Microbiology. Elsevier: Academic press.

Marín A L, Andreo B, Mudarra M. 2015. Vulnerability mapping and protection zoning of karst springs. Validation by multitracer tests. Science of the Total Environment, 532: 435-446.

Martel R, Castellazzi P, Gloaguen E, et al. 2018. ERT, GPR, InSAR, and tracer tests to characterize karst aquifer systems under urban areas: The case of Quebec city.

Geomorphology，310：45-56.

Mesquita E，Paixão T，Antunes P，et al. 2016. Groundwater level monitoring using a plastic optical fiber. Sensors and Actuators A：Physical，240：138-144.

Michael H A，Voss C I. 2008. Evaluation of the sustainability of deep groundwater as an arsenic-safe resource in the Bengal Basin. Proceedings of the National Academy of Sciences of the United States of America，105（25）：8531-8536.

Mondol N H. 2009. Porosity and permeability development in mechanically compacted silt-kaolinite mixtures. Seg Technical Program Expanded Abstracts，28（1）：4338.

Moreno Z，Paster A. 2018. Prediction of pollutant remediation in a heterogeneous aquifer in Israel：Reducing uncertainty by incorporating lithological，head and concentration data. Journal of Hydrology，564：651-666.

Neuman S P，Tartakovsky D M. 2009. Perspective on theories of non-Fickian transport in heterogeneous media. Advances in Water Resources，32（5）：670-680.

Nodeh H R，Sereshti H，Afsharian E Z，et al. 2017. Enhanced removal of phosphate and nitrate ions from aqueous media using nanosized lanthanum hydrous doped on magnetic graphene nanocomposite. Journal of Environmental Management，197：265-274.

Palmer C J，Johnson R L. 1989. Physical Processes Controlling the Transport of Non-aqueous Phase Liquids in the Subsurface. United States Environmental Protection Agency，EPA-625-4-89-019.

Parsons C T，Rezanezhad F，O'Connell D W，et al. 2017. Sediment phosphorus speciation and mobility under dynamic redox conditions. Biogeosciences，14（14）：3585-3602.

Pazos M，Ricart M T，Sanromán M A，et al. 2007. Enhanced electrokinetic remediation of polluted kaolinite with an azo dye. Electrochimica Acta，52（10）：3393-3398.

Peng G Y，Zhu B S，Yang D Q，et al. 2017. Microplastics in sediments of the Changjiang Estuary，China. Environmental Pollution，225：283-290.

Peralta-Maraver I，Reiss J，Robertson A L. 2018. Interplay of hydrology，community ecology and pollutant attenuation in the hyporheic zone. Science of the Total Environment，610-611：267-275.

Pi K F，Wang Y X，Postma D，et al. 2018. Vertical variability of arsenic concentrations under the control of iron-sulfur-arsenic interactions in reducing aquifer systems. Journal of Hydrology，561：200-210.

Pi K F，Wang Y X，Xie X J，et al. 2015. Hydrogeochemistry of co-occurring geogenic arsenic，fluoride and iodine in groundwater at Datong Basin，northern China. Journal of Hazardous Materials，300：652-661.

Poehle S，Schmidt K，Koschinsky A. 2015. Determination of Ti，Zr，Nb，V，W and Mo in seawater by a new online-preconcentration method and subsequent ICP-MS analysis. Deep Sea Research Part I: Oceanographic Research Papers, 98: 83-93.

Postma D, Pham T K T, Sø H U, et al. 2016. A model for the evolution in water chemistry of an arsenic contaminated aquifer over the last 6000 years, Red River floodplain, Vietnam. Geochimica Et Cosmochimica Acta, 195: 277-292.

Rai P K, Lee J, Kailasa S K, et al. 2018. A critical review of ferrate（Ⅵ）-based remediation of soil and groundwater. Environmental Research, 160: 420-448.

Rau G C, Andersen M S, McCallum A M, et al. 2014. Heat as a tracer to quantify water flow in near-surface sediments. Earth-Science Reviews, 129: 40-58.

Rawson J, Prommer H, Siade A J, et al. 2016. Numerical modeling of arsenic mobility during reductive iron-mineral transformations. Environmental Science and Technology, 50（5）: 2459-2467.

Rawson J, Siade A J, Sun J, et al. 2017. Quantifying reactive transport processes governing arsenic mobility after injection of reactive organic carbon into a Bengal Delta aquifer. Environmental Science and Technology, 51（15）: 8471-8480.

Reed D T, Swanson J S, Ams D A, et al. 2010. Plutonium oxidation state distribution in anoxic groundwater. 6th International Conference on Plutonium Futures-The Science 2010 Keystone, CO, United states.

Revil A. 2000. Thermal conductivity of unconsolidated sediments with geophysical applications. Journal of Geophysical Research: Solid Earth, 105: 16749-16768.

Revil A, Hermitte D, Spangenberg E, et al. 2002. Electrical properties of zeolitized volcaniclastic materials. Journal of Geophysical Research: Solid Earth, 107: 2168-2184.

Rivett M O, Buss S R, Morgan P, et al. 2008. Nitrate attenuation in groundwater: A review of biogeochemical controlling processes. Water Research, 42（16）: 4215-4232.

Rockhold M L, Wurstner S K, 1991. Simulation of Unsaturated Flow and Solute Transport at the Las Cruces Trench Site Using the PORFLO-3 Computer Code. Washington, D.C.: Pacific Northwest National Laboratory.

Rodríguez-Lado L, Sun G F, Berg M, et al. 2013. Groundwater arsenic contamination throughout China. Science, 341（6148）: 866-868.

Santoro C, Arbizzani C, Erable B, et al. 2017. Microbial fuel cells: From fundamentals to applications. A review. Journal of Power Sources, 356: 225-244.

Sevda S, Sreekishnan T R, Pous N, et al. 2018. Bioelectroremediation of perchlorate and nitrate contaminated water: A review. Bioresource Technology, 255: 331-339.

Shen M M, Guo H M, Jia Y F, et al. 2018. Partitioning and reactivity of iron oxide minerals in aquifer sediments hosting high arsenic groundwater from the Hetao basin, PR China.

Applied Geochemistry，89：190-201.

Sø H U，Postma D，Hoang V H，et al. 2018. Arsenite adsorption controlled by the iron oxide content of Holocene Red River aquifer sediment. Geochimica Et Cosmochimica Acta，239：61-73.

Stachowicz M，Hiemstra T，van Riemsdijk W H. 2008. Multi-competitive interaction of As（Ⅲ）and As（Ⅴ）oxyanions with Ca^{2+}, Mg^{2+}, PO_4^{3-}, and CO_3^{2-} ions on goethite. Journal of Colloid and Interface Science，320（2）：400-414.

Stefaniuk M，Oleszczuk P，Ok Y S. 2016. Review on nano zerovalent iron（nZVI）：From synthesis to environmental applications. Chemical Engineering Journal，287：618-632.

Steffen W，Richardson K，Rockström J，et al. 2015. Planetary boundaries：Guiding human development on a changing planet. Science，347（6223）：1259855.

Storvoll V，Bjørlykke K，Mondol N H. 2005. Velocity-depth trends in Mesozoic and Cenozoic sediments from the Norwegian Shelf. AAPG Bulletin，89（3）：359-381.

Stuckey J W，Sparks D L，Fendorf S. 2016. Delineating the convergence of biogeochemical factors responsible for arsenic release to groundwater in South and Southeast Asia. Advances in Agronomy Volume，140：43-74.

Su C L，Wang Y X，Xie X J，et al. 2013. Aqueous geochemistry of high-fluoride groundwater in Datong Basin，northern China. Journal of Geochemical Exploration，135：79-92.

Sullivan T S，Gadd G M. 2019. Metal bioavailability and the soil microbiome. Advances in Agronomy，155：79-120.

Sun Y Q，Lei C，Khan E，et al. 2017. Nanoscale zero-valent iron for metal/metalloid removal from model hydraulic fracturing wastewater. Chemosphere，176：315-323.

Sun Y Q，Lei C，Khan E，et al. 2018. Aging effects on chemical transformation and metal（loid）removal by entrapped nanoscale zero-valent iron for hydraulic fracturing wastewater treatment. Science of the Total Environment，615：498-507.

Thyberg B，Jahren J. 2011. Quartz cementation in mudstones：Sheet-like quartz cement from clay mineral reactions during burial. Petroleum Geoscience，17（1）：53-63.

Tijani J O，Fatoba O O，Babajide O O，et al. 2016. Pharmaceuticals，endocrine disruptors，personal care products，nanomaterials and perfluorinated pollutants：A review. Environmental Chemistry Letters，14（1）：27-49.

van Geen A，Bostick B C，Trang P T K，et al. 2013. Retardation of arsenic transport through a pleistocene aquifer. Nature，501（7466）：204-207.

van Huijgevoort M H J，Tetzlaff D，Sutanudjaja E H，et al. 2016. Using high resolution tracer data to constrain water storage，flux and age estimates in a spatially distributed rainfall - runoff model. Hydrological Processes，30（25）：4761-4778.

Wagner M, Scherer C, Alvarez-Muñoz D, et al. 2014. Microplastics in freshwater ecosystems: What we know and what we need to know. Environmental Sciences Europe, 26: 12.

Wang Y X, Li J X, Ma T, et al. 2020. Genesis of geogenic contaminated groundwater: As, F and I. Critical Reviews in Environmental Science and Technology, (2): 1-39.

Wang Y X, Pi K F, Fendorf S, et al. 2019. Sedimentogenesis and hydrobiogeochemistry of high arsenic Late Pleistocene-Holocene aquifer systems. Earth-Science Reviews, 189: 79-98.

Wang Y X, Shvartsev S L, Su C L. 2009. Genesis of arsenic/fluoride-enriched soda water: A case study at Datong, northern China. Applied Geochemistry, 24 (4): 641-649.

Wang Y X, Xie X J, Johnson T M, et al. 2014. Coupled iron, sulfur and carbon isotope evidences for arsenic enrichment in groundwater. Journal of Hydrology, 519: 414-422.

Wang Y X, Zheng C M, Ma R. 2018. Safe and sustainable groundwater supply in China. Hydrogeology Journal, 26 (5): 1301-1324.

Werth C J, Zhang C Y, Brusseau M L, et al. 2010. A review of non-invasive imaging methods and applications in contaminant hydrogeology research. Journal of Contaminant Hydrology, 113 (1-4): 1-24.

Winkel L, Berg M, Amini M, et al. 2008. Predicting groundwater arsenic contamination in Southeast Asia from surface parameters. Nature Geoscience, 1: 536-542.

Xie X J, Ellis A, Wang Y X, et al. 2009. Geochemistry of redox-sensitive elements and sulfur isotopes in the high arsenic groundwater system of Datong Basin, China. Science of the Total Environment, 407 (12): 3823-3835.

Xie X J, Johnson T M, Wang Y X, et al. 2013a. Mobilization of arsenic in aquifers from the Datong Basin, China: Evidence from geochemical and iron isotopic data. Chemosphere, 90 (6): 1878-1884.

Xie X J, Pi K F, Liu Y Q, et al. 2016. In-situ arsenic remediation by aquifer iron coating: Field trial in the Datong Basin, China. Journal of Hazardous Materials, 302: 19-26.

Xie X J, Wang Y X, Ellis A, et al. 2013b. Multiple isotope (O, S and C) approach elucidates the enrichment of arsenic in the groundwater from the Datong Basin, northern China. Journal of Hydrology, 498: 103-112.

Xie X J, Wang Y X, Li J X, et al. 2014. Soil geochemistry and groundwater contamination in an arsenic-affected area of the Datong Basin, China. Environmental Earth Sciences, 71 (8): 3455-3464.

Xue X B, Li J X, Xie X J, et al. 2019. Impacts of sediment compaction on iodine enrichment in deep aquifers of the North China Plain. Water Research, 159: 480-489.

Zhao X Q, Dou X M, Mohan D, et al. 2014. Antimonate and antimonite adsorption by a polyvinyl alcohol-stabilized granular adsorbent containing nanoscale zero-valent iron. Chemical Engineering Journal, 247: 250-257.

Zhu L J, Lyu J C, Liu R P, et al. 2014. Adsorptive behaviors of aluminum hydroxide with adsorbed fluoride (AlO_xH_y-F_n) towards arsenic. Chinese Journal of Environmental Engineering, 8 (4): 1385-1390.

Zhu Q, Wen Z, Liu H. 2019. Microbial effects on hydraulic conductivity estimation by single-well injection tests in a petroleum-contaminated aquifer. Journal of Hydrology, 573: 352-364.

Zlotnik V A, Tartakovsky D M. 2018. Interpretation of Heat - Pulse Tracer Tests for Characterization of Three-Dimensional Velocity Fields in Hyporheic Zone. Water Resources Research, 54 (6): 4028-4039.

第四章
生态水文地质

　　地下水是一种重要的资源，更是一种重要的生态因子，对地球上众多生物群落有着不可或缺的支撑作用。通常将依靠地下水维持其结构和功能的生态系统称为地下水依赖型生态系统，包括：不直接利用地下水，而是以其补给的地表水为生境或水源的地下水依赖型湿地生态系统；直接吸收地下水（或其支撑的毛细上升水）的地下水依赖型陆地植被；直接将含水层作为其生境的地下水生态系统（groundwater ecosystems），又分为含水层生态系统和岩溶洞穴生态系统。地下水依赖型生态系统是全球最重要的生态系统类型之一，为人类提供了生物多样性和生物生产、径流与气候调节、水质净化等巨大的生态服务功能。同时，因地下水依赖型生态系统高度依赖地下水，人类活动和气候变化对地下水的影响可能很快传递到该类生态系统中，影响其物种组成、空间分布、动态变化和服务功能。随着全球人口剧增和经济发展，地下水过度开采和农业、基础设施建设或矿山排水等使地下水位普遍下降，地下水污染也日趋加剧，致使地下水依赖型生态系统退化严重。

　　从地球系统科学的视角看，地下水是水循环的一个重要环节，与降水、地表水、大气水等构成一个密不可分的整体，相互间的水量和能量交换是地下水流动、更新及其资源与生态功能得以维持的基础。从空间位置上看，生物群落恰恰"楔入"到水循环的地表与地下节点之间，从植被截流引起降水再分配、根孔构成优先流通道、潜水湿生植物蒸腾地下水，到河狸筑坝淹水抬升地下水位、穴居动物挖掘形成地下水快速补给通道、大型哺乳动物践踏压实地面降低入渗补给等，生物能以各种形式改变地表与地下的水量交换，影响地下水的补给、径流和排泄过程。受人类活动（特别是土地利用变化）和气候变化影响，地球上的生物群落正以前所未有的强度演替，对地下水的数量和质量产生了深刻影响。

综上所述，作为地球表层两个紧邻甚至部分重叠的圈层，地下水圈和生物圈天然就有密切的联系。生态水文地质学就是研究两个圈层内的水文过程与生态过程相互作用的一门新兴交叉学科。从研究内容上看，它既关注地下水的状态和过程对生物群落的影响，也关注生物群落的结构、过程和格局对地下水数量、质量和动态的影响，同时也重视生态过程和水文地质过程间的反馈。因此，本章虽然在结构安排上主要参考了地下水依赖型生态系统的分类方案，针对地下水型湿地生态系统设置了"第一节 地下水与湿地保护"和"第三节 地表水－地下水相互作用及其生态效应"两节，针对地下水型陆地植被设置了"第二节 地下水与陆地植被"一节，针对地下水生态系统设置了"第四节 含水层生态系统"和"第五节 岩溶生态水文地质"两节，但每节在内容安排上却不限于水文地质过程对生态过程的作用，如"第二节 地下水与陆地植被"有相当大的篇幅介绍了陆地植被对地下水补给和排泄过程的影响。此外，每节的内容也不局限于所对应的地下水依赖型生态系统类型，如"第五节 岩溶生态水文地质"只有部分内容涉及岩溶洞穴生态系统，更多的篇幅集中在岩溶区特殊的水文地质过程与生态过程间的相互作用上。

第一节　地下水与湿地保护

一、科学意义与战略价值

湿地生态系统与海洋生态系统、森林生态系统并称为全球三大生态系统。湿地是指濒临江河湖海且长时期受水浸泡的土地，包括静止或流动的、长久或暂时的、人工或天然的滩涂、沼泽地、泥炭地及低潮时水深不超过6m的水域。从水循环角度讲，湿地通常位于流域内地表水的汇集区或盆地内地下水的排泄区（图4-1），处于陆地生态系统与水域生态系统或地表水与地下水的交互地带，在调蓄水资源、净化污染物、维持生物多样性和调节气候等方面具有不可替代的功能。

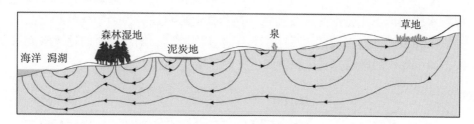

图 4-1　均质各向同性多孔介质中地下水的流线和水位及可能有
地下水依赖型生态系统的位置

资料来源: Kløve et al., 2011

地下水是湿地水文的重要组成部分，对湿地生态系统的稳定起着非常重要的支撑作用。地下水与湿地生态系统间的水、物质和能量交换与演变是理解湿地生态系统运行及信息传递的基础。随着全球气候变化和工业化进程的加快，诸如"湿地生态系统是如何依赖地下水而维持健康运转的""全球气候变化和人类活动（围湖造田、工业纳污及地下水超采等）是如何影响湿地与地下水相互作用模式的""人类采取何种对策和措施保障湿地－地下水系统的可持续发展"等问题正成为国际湿地研究的热点与难点。

湿地研究起源于湖沼学和沼泽学，地下水并非传统湿地研究关注的重点。然而，随着因地下水超采而带来的湿地破坏与退化问题日趋全球化，地下水维持湿地生态功能的价值逐渐得到学界的认同和关注。地下水与湿地关系的研究极大地促进了水文学、生态学与水文地质学的交叉，并为湿地的形成、发育、演化以及保护与修复等提供了新视点（Orellana et al., 2012; Hera et al., 2016）。

二、关键科学问题

（一）湿地对地下水依赖程度和方式的判断与量化

地下水最重要的生态功能之一就是为湿地提供水源。在干旱半干旱地区，地下水可能是湿地最主要甚至是唯一的补给来源，成为控制湿地形成、发育乃至消亡的主导因子。

根据地貌类型（河流、湖泊、泉等）以及地下水流动机制（深层或浅层），Foster 等（2006）将地下水型湿地系统分为四类（图 4-2）：①相对较深的地下水流系统的排泄形成独特的泉水和与之相关的水生生态系统；②与浅层（有时是上层滞水）地下水流动系统排泄有关的湿地生态系统；③变水位含水层的地下水排泄（部分为常年性和其他短暂性）为干旱季节河流上游提供水源，并维持对应的水生生态系统；④向海岸、潟湖排泄的地下水流系统，减少海水的影响并提供独特的生物栖息地。

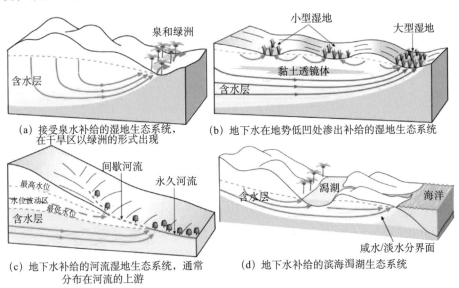

(a) 接受泉水补给的湿地生态系统，在干旱区以绿洲的形式出现　　(b) 地下水在地势低凹处渗出补给的湿地生态系统

(c) 地下水补给的河流湿地生态系统，通常分布在河流的上游　　(d) 地下水补给的滨海潟湖生态系统

图 4-2　湿地生态系统对地下水依赖的四种主要类型

资料来源：Foster et al.，2006

地下水的生态功能受到其水文周期的影响。地下水排泄量取决于地下水流量、气候条件和含水层类型等因素。孔隙和裂隙含水层通常比岩溶含水层表现出更稳定的流动条件。地下水通过水文周期的改变影响湿地水环境，进而影响其生物多样性和丰度。一些形态和功能可塑性较好的植物，由于其可以克服极端的水势而生长在饱水或干旱条件下，受地下水水文变化影响较小；沉水植物和大型挺水植物对干旱和长期洪水的耐受性较低，故对地下水水文情势的变化较为敏感。已发现临时性湿地与附近常年性湿地内的底栖生物群落之间存在不同：在常流泉水等湿地中多存在迁移能力弱、世代时间长的生物群落，而临时性湿地常常是迁移能力较强的生物群落的栖息地。

地下水是湿地生态系统化学组分和能量的重要供给者。地下水中的溶解或悬浮组分被视为影响泉水、河流和一些静水生态系统生产力的重要营养素（Cantonati et al.，2006）。湿地地表水 – 地下水作用影响着主要离子、营养盐和重金属等物质的转化或去除。随地下水进入湿地的盐分被认为是水生生物的重要威胁，这种效应在干旱半干旱地区尤为突出：高盐度的地下水进入湿地，一旦水体盐度超过 1000mg/L，将对水生植物发芽、浮游动物产卵、鱼类和无脊椎动物的幼苗生长带来极大的健康风险（Kefford et al.，2004）。

地下水具有相对稳定的温度，可以调节湿地温度，为底栖生物提供更为稳定的生存温度（House et al.，2015），同时影响着湿地水文地球化学和生物地球化学反应，进而影响生物群落的结构、分布和发展，对湿地生态系统的稳定起着关键作用。

（二）湿地影响地下水的方式、机制及其定量评估

湿地在依赖地下水的同时，也对地下水产生着影响。在许多湿地中，都可能存在着湿地地表水对地下水的水量补给。Shaw 等（2016）通过氘氧稳定同位素测算出美国蒙大拿州乔治敦（Georgetown）湖接收地下水补给量约为 $2.5 \times 10^7 \text{m}^3/\text{a}$，向地下水的排泄量约为 $1.6 \times 10^7 \text{m}^3/\text{a}$，湖泊中 57% 的流入量来自地下水，流出量中 37% 为地下水。

此外，湿地影响着地下水中的总铁、溶解性有机磷、砷等物质的浓度。湿地底部沉积的动植物腐殖质等有机碳活性极强，可为参与砷的还原性溶解的微生物提供能量；湿地底部常年被水覆盖，更易形成厌氧环境，为微生物参与的还原作用提供良好条件。上述作用可促使砷发生还原性溶解而释放到地下水中，并在湿地底部富集（Lawson et al.，2016）。Polizzotto 等（2008）研究表明，柬埔寨湄公河三角洲湿地近地表 5 ～ 20m 厚的淤泥和黏土隔水层对下伏地下水中砷的贡献量高达 600 ～ 2000kg/a（图 4-3）。

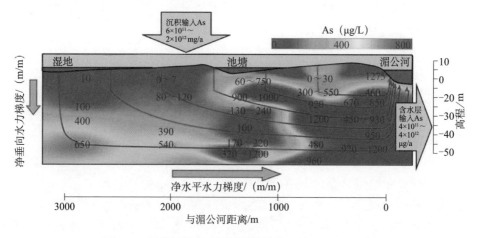

图 4-3　柬埔寨湄公河三角洲湿地淤泥是地下水的砷源

资料来源: Polizzotto et al.，2008

地下水与湿地生态系统的相互依赖关系涉及二者间水量、溶质、能量甚至是生物群落的转移和交换，是地下水与湿地生态系统交互作用研究首先要解决的问题。然而，由于基础地质条件、水文条件、气象条件等因素的时空差异性，两者间交换的定量化研究仍面临不少困难，包括在不同尺度上如何进行定量化的研究、如何提高定量化精度、如何将小尺度结果应用到大尺度范围等。这些都是需要进一步研究和解决的关键科学问题。

（三）潜流带生态功能的类型、实现机理及其评估

潜流带是位于溪流、河流、湖泊等地表水体之下并延伸至边岸带和两侧的饱水沉积物层，地表水与地下水在此混合。作为地表水与地下水相互作用的界面，潜流带是溪流、河流和湖泊等湿地生态系统的关键组成部分，在其结构塑造和功能发挥中扮演着重要角色（Peralta-Maraver et al.，2018）。一方面，潜流带内复杂的物理、化学和生物作用影响着流经水流的水化学组成，进而改变湿地的水质；另一方面，其内部存在着较大的物理、化学梯度，为湿地内许多无脊椎动物提供了生存环境。

潜流带可以看作是由孔隙介质和水流组成的机械过滤器和由生物、化学过程控制的生物化学过滤器（图4-4），能阻止污染物进入地表水或地下水。这使得潜流带在生物质和能量流动、营养物质循环、污染物消减方面具有关键作用，是湿地生态系统的生物生产、污染物降解等功能发挥的重要基础。例如，研究发现，得益于潜流带中微生物群落的多样性和较长的滞留时间，一些化合污染物（比如双氯芬酸、布洛芬和萘普生）在潜流带中的转化比在污水处理厂中通过生物膜的处理方式更加有效。

潜流带内包含多样化的、丰度很高的动物区系，对湿地的生物多样性有重要贡献。例如，在许多河流中，潜流带内无脊椎动物的生产力达到甚至超过了河床表面上的生物群落。此外，潜流带内的生存环境比河水更加稳定。当河水发生改变时，潜流带可能成为当地生物群的避难所；当这些变化结束时，生物能够重返原来的栖息地。因此，潜流带有助于增强底栖生物群落对干扰的抵抗能力，提高湿地生态系统的稳定性，并对湿地底栖群落的组成和地理分布等起着重要作用。潜流带中的生物地球化学过程对碳及营养物质的循环起到非常重要的作用，并影响着湿地食物链的稳定性。研究证明，在潜流带中发生的溶解和颗粒营养物的微生物转化对大型无脊椎动物和藻类的组合都有影响，并可能在河岸植被的生产力中起到作用（Clarke，2002）。

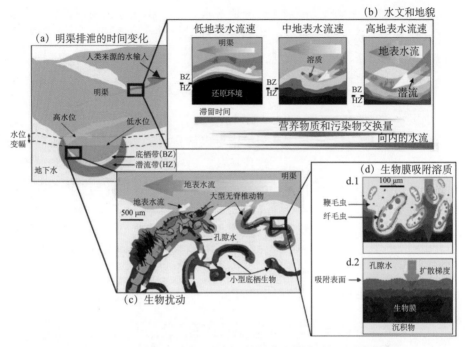

图 4-4　河流水文动态和底栖生物对潜流带溶质的调节机制
资料来源：改自 Peralta-Maraver et al.，2018

图（a）下半部的黄色区域为横切河流的剖面，展示了潜流带的位置和河水水位的动态变化；图（b）为低、中、高河水流速下纵切河流的剖面，不仅展示了潜流带的深度变化，还可看出更高的河水流速促使更多的溶质进入潜流带，但缩短了其滞留时间和提高了氧化还原电位；从潜流带剖面的局部放大图图（c）中可以看出，在优先流和高渗透性地段，大型无脊椎动物和小型底栖生物的生命活动导致潜流带出现生物扰动，促进溶质交换；在潜流带的生物扰动区［图（d）］，食草性原生生物膜增加吸附表面，促进溶质的扩散

三、优先发展方向

（一）地下水–湿地相互作用模式的探测、识别、表征与模拟

目前，湿地研究面临的一个很大的问题就是缺乏生态学、化学、物理学的基准数据来描述、量化、模拟和评估地下水型湿地的结构和功能。未来的研究需要开发出新的、可替代的、更有效和稳健的方法和技术，以获取长时间序列的水文、化学和生物学等方面的基准数据。当前对地下水–湿地相互作用的详细研究通常仅限于小尺度（主要是实验室），在较大尺度上（如支流或流域）的研究则被大大简化。为了将更详细的小尺度研究结果扩展到大尺度研究中，需要发展新的技术和方法来确定驱动和控制地下水–湿地相互

作用的时空变量。因此，识别和监测地下水－湿地相互作用的新技术需要满足水文地质学、水文学、化学、生物学以及生态学等多学科研究的需求，也同时考虑不同时空尺度的高精度、高分辨率的监测需要。

（二）地下水－湿地相互作用的关键变量及阈值

地下水－湿地的相互作用在空间尺度上可以从几毫米或几厘米到数十米、数百米甚至数千米的范围，时间尺度上可以从几秒、几天到几十年不等。这种相互作用受到水文条件、水文地质条件、地貌条件、气象及气候条件等诸多因素的影响，涉及地表水的流速、流量、输沙情况、沉积物的渗透性、饱水率、地表水－地下水间水头差、河床坡度、河湾形状、降水量与蒸发量、气温变化等多个变量。这些变量在空间和时间上具有强烈的变异性，且发挥各不相同的作用。如何确定不同条件下各个影响因素对地下水－湿地相互作用的影响程度，确定其中的关键变量，并进一步开展对这些变量以及多种变量组合条件下的阈值研究，将是未来研究中的一个重要课题。

（三）潜流带保护和调控的关键技术与方法

潜流带影响着湿地底栖生物的生存和恢复，控制着湿地生态系统中营养物质的循环，对湿地生态系统的维持、保护和恢复都有重要作用。目前常用到的湿地生态修复方案包括生态输水、生境修复、植物修复、微生物修复等。这些生态修复方案均涉及潜流带，但缺乏有效的潜流带保护和调控的关键技术与方法。

随着地下水型湿地生态系统受到越来越多的关注，地下水在湿地生态需水量中的重要作用越来越凸显。潜流带作为湿地地表水－地下水的过渡地带，其结构和变化影响着二者之间的水量交换及水质演变，对湿地生态需水量的计算有着非常大的影响，而目前的湿地生态需水量很少涉及对潜流带过程的研究。因此，在新的湿地保护技术中需要充分考虑潜流带的调控作用，包括潜流带对地表水－地下水的控制作用以及对水质的影响。

第二节　地下水与陆地植被

一、科学意义与战略价值

地下水的补给量占全球可再生水资源总量的 32%（Döll and Fiedler，

2008），且地下水接受补给的过程是污染物进入含水层的主要方式，所以补给过程对地下水的水质和水量都极为关键。近来的研究发现，陆地植被对地下水补给过程的影响不可忽视（Filipponi et al., 2018）。另外，Barbeta 和Peñuelas（2017）对全球不同环境下 71 种植物水分利用状况的分析表明：植物蒸腾是全球范围内地下水排泄的重要方式；干旱季节里，植物蒸腾的水分约 49% 来自地下水，湿润季节里，植物蒸腾的水分约 28% 来自地下水；在干旱半干旱地区，植物蒸腾更是地下水排泄的主要途径。因此，探索陆地植被在气候、地质等条件约束下对地下水补给和排泄的影响及其深层机制，不仅可以弥补传统水循环和水均衡研究的不足，而且有助于水资源管理对策的制定与实施，对局域、区域乃至全球水资源的评价、预测、调控和可持续利用具有重要意义。

与地下水型湿地生态系统和含水层与洞穴生态系统受到的广泛关注相比，地下水型陆地植被在近来才逐渐得到重视，但它同样具有生物生产、气候调节、荒漠化和盐渍化防治等重大服务功能，且因主要分布在人类用水和环境用水矛盾尖锐的干旱半干旱区，受到的威胁更大，亟须关注和保护。管理和保护的有效性又取决于对地下水型陆地植被的了解，特别是能否准确识别地下水型陆地植被，精确判断它对地下水的依赖性，揭示它对地下水变化的响应。

二、关键科学问题

（一）陆地植被对地下水补给的影响机制及其净效应

陆地植被对降水入渗补给地下水的影响主要通过以下过程实现（图4-5）：①通过冠层、下层植被和枯落物的截留与蒸发，在降水到达地面前对其进行再分配，影响地面净降水的水量和特征；②通过植物根系改变土壤结构和水力学性质，影响水分的垂向运动；③通过改变地表辐射和近地表气象条件来影响土壤或地下水蒸发，与自身的根系吸水蒸腾一起，改变降水前土壤水分亏损状况，从而影响降水在包气带中的再分配；④通过影响蒸散发来改变大气水汽总量，从而间接影响局部降雨，或通过影响大气中温室气体的浓度，引起全球气候改变，最终造成地下水补给的更深层次的变化。

目前，陆地植被影响地下水补给的上述过程及其原理虽已明晰，但在相关研究中仍面临以下挑战。

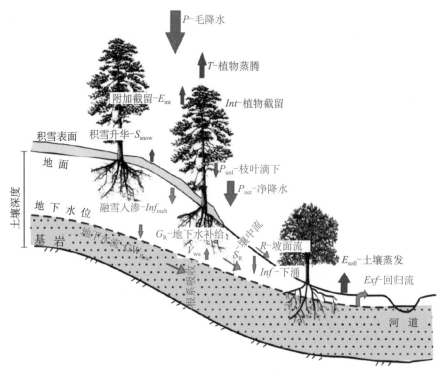

图 4-5 美国西南半干旱区典型森林山坡中的水均衡项

资料来源：改自 Moreno et al.，2016

（1）上述过程对地下水补给的影响可正（促进）可负（消减），且各个过程间存在复杂的相互作用。例如，枯落物能有效地减弱土壤蒸发，改善土壤结构，降低地表径流流速和延长入渗时间；根系能改善土壤结构，形成优先流通道。这些对地下水的补给具有促进作用，但植被的截留会减少净降水量，蒸腾会加大土壤水分亏损，这些又会消减地下水的补给，且其消减作用随降水特征、植被类型、土壤质地而变化。因此，必须借助小空间尺度上的长期精细观测或模拟，研究陆地植被影响地下水补给的深层机制，才能判断其净效应。

（2）随人类活动和气候变化加剧，陆地植被正经历快速演替。越来越多的研究开始关注森林砍伐、造林、植物入侵、土地利用变化等演替过程对地下水补给的影响（Acharya et al.，2018）。然而，这些研究不仅观察到不同演替方向对地下水补给产生不同的影响，还观察到在不同地区，虽然植被演替方向相同，但其对地下水补给的影响却截然相反。如许多研究发现，森林转化为农田后，地下水补给逐渐增加（Acharya et al.，2018），但也有学者发现，同样的降雨在森林中形成更多的地下水补给（Ilstedt et al.，2007）。该现象的深层原因应是：在植被演替过程中，影响地下水补给的多个过程同时改变，且对地下水补给的影响有正有负，见挑战（1），地下水补给的最终变化取决于其综合作用（图 4-6）。因此，当前需要解答的另一个关键科学问题是：在不同环境的条件下，陆地植被的演替对地下水补给的影响机制及其净效应是什么？

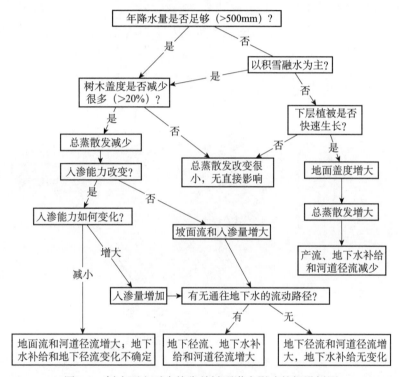

图 4-6 树木死亡对水均衡关键项潜在影响的假设树图

资料来源：Adams et al.，2012

（3）陆地植被的类型和结构具有显著的空间差异，并随季节变化，加之控制地下水补给的另两个主要因素——气候和包气带特征——也呈现出强烈的时空异质性，使得陆地植被对地下水补给的影响也具有很强的时空异质性。在预测人类活动或气候变化下植被演替对区域地下水资源的影响时，必须充分考虑这种时空异质性。然而，传统的区域地下水流模型对降水入渗补给项的处理十分简略，多采用年均降水入渗系数，在空间上进行分区赋值，这与植被影响下降水入渗补给地下水的实际情况相差甚远（Sarrazin et al.，2018）。因此，陆地植被对地下水补给的影响研究面临的第三个挑战是：在考虑这种异质性的前提下，如何将小空间尺度上陆地植被对地下水补给影响的研究成果整合到区域地下水数值模型、气候变化或人类活动对区域地下水资源的影响预测等研究中。

（二）陆地植被对地下水排泄的影响机制及其定量评估

作为生产性绿水的重要组成部分（图 4-7），地下水的蒸腾排泄具有重要的生态和气候调节功能。但受制于研究方法和认知理念，传统水文地质学对蒸腾排泄在地下水均衡和生态系统维持中的作用重视不足。近年来，随着遥感和陆面观测技术的发展，关于陆地植被对地下水排泄影响的研究逐渐增多，但仍有以下科学问题亟待解决。

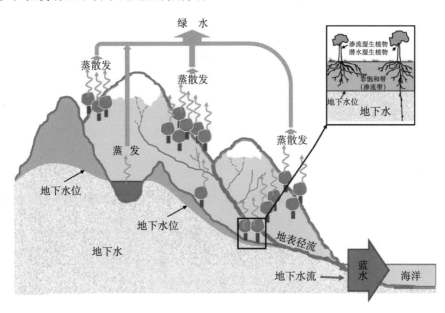

图 4-7　水循环中的绿水（气态水）和蓝水（液态水）示意图

资料来源：D'Odorico et al.，2010

1. 地下水蒸腾排泄量的估算

地下水的蒸腾排泄是靠潜水湿生植物（phreatophyte，指根系能吸收潜水的植物）实现的。潜水湿生植物又分为只吸收地下水的专性潜水湿生植物

（obligate phreatophyte），以及同时或在不同时段分别吸收地下水和包气带水的兼性潜水湿生植物（facultative phreatophyte）（图 4-8）。

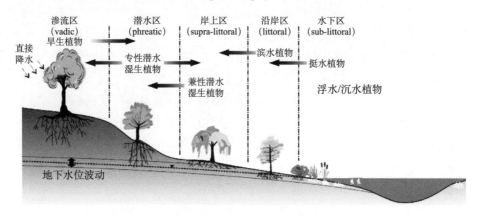

图 4-8　某景观梯度带上陆地植被与地下水间关系

资料来源：Wachniew et al.，2014

　　目前，对地下水蒸腾排泄量的估算主要有三种方法：①利用涡度相关、液流测定或同位素示踪等技术估算潜水湿生植物的蒸腾总量，用其近似代表地下水的蒸腾量（Gokool et al.，2018）。但因越来越多的潜水湿生植物被证明是兼性的，该估算值可能包含了植物通过浅根从包气带吸收的水分，因而会高估地下水的蒸腾排泄。其面临的挑战是如何从植物蒸腾总量中分割出地下水蒸腾量。②在地下水浅埋的干旱平原区，利用地下水位的昼夜波动可直接估算其蒸腾排泄量，即假定白天的水位下降是潜水湿生植物吸收地下水造成的，夜间的上升是侧向补给造成的。该方法最早由 White 于 1932 年提出，称为怀特法（又称地下水埋深波动法），近年来随生态水文学的兴起再次成为研究热点，并出现了大量的改进方法和应用（Yin et al.，2013）。有些研究还将其推广，通过水位的季节性波动来估算更长时段内地下水的蒸腾排泄（Jiang et al.，2017）。该方法对引入的给水度参数非常敏感，且温度影响下地下水密度变化所导致的水位波动及地下水浅埋时的直接蒸发都会对其结果产生影响，常导致地下水蒸腾量的高估（Gribovszki，2018）。这些不足使怀特法的适用性受到限制。③利用水量均衡估算地下水的蒸腾排泄量，即假设降水不对地下水形成补给，而是在包气带中以蒸散发形式完全消耗掉，则实际测定的总蒸散发量中超出降水的部分就是地下水的蒸散发量，用其近似代替地下水的蒸腾排泄量（Eamus et al.，2015）。与怀特法类似，该方法有着极为严格的使用条件，且通常只适用于较长的时间尺度（如年尺度），还面临着从地下水蒸散发总量中分割出蒸腾量的挑战。

可以看出，地下水的蒸腾排泄量——尤其是区域尺度上的蒸腾排泄量——的准确估算仍是当前面临的一个主要挑战。目前，基于遥感数据和能量平衡模型的近地表蒸散发的反演技术发展迅速，可对区域乃至全球尺度的蒸散发作出估算，与地面的涡动观测数据相结合，反演精度也逐渐提升，但如何从总蒸散发中分割出地下水的蒸腾量，仍是目前有待解决的一个关键科学问题。此外，将基于遥感数据的蒸散发估算和水稳定同位素示踪相耦合，为总蒸散发的分割和地下水蒸腾量的估算提供了一种思路，但如何获取大尺度上的同位素数据仍是挑战（Gokool et al.，2018）。将地下水位、土壤水分、地表蒸发和植物蒸腾等跨尺度多源观测数据耦合在统一框架内，通过刻画含水层－土壤－植物－大气系统中的水分运移过程和相互作用，量化各个界面上的水分通量及其时空演化规律，从而估算地下水的蒸腾排泄量及其控制因素，可能是未来的发展趋势。

2. 地下水蒸腾排泄的模型表征

地下水的蒸腾排泄具有极强的时空异质性，但在传统的区域地下水流模型中，无论是对地下水的蒸腾排泄的处理还是对总蒸散发排泄的处理都很粗略，与实际情况相差甚远（Fan et al.，2015）。如何将小尺度上地下水蒸散发的估算及其分割（蒸腾和蒸发）结果整合到区域地下水数值模型中，以预测气候变化或人类活动对区域地下水资源的影响，无疑是一项巨大挑战。

对于陆面过程模型而言，准确表征地下水蒸散发的影响也至关重要，但将传统的土壤－植物－大气连续体（SPAC）模型扩展为地下水－土壤－植物－大气连续体（GSPAC）模型同样面临极大挑战。近来的部分陆面模型虽然考虑了地下水蒸散发的影响（Maxwell and Condon，2016），但对其表征过于简单，参数的刻画也依赖于经验公式，导致模型只适于较大尺度的研究，且具有很大的不确定性。考虑陆地植被和地下水的时空异质性，开发能更好表征地下水蒸散发的模型，是当前陆面过程研究的一个重要挑战。

3. 气候变化和人类活动对地下水蒸腾排泄的影响预测

早在20世纪90年代，澳大利亚学者就报道，农田转为森林后，地下水蒸腾排泄量增加，导致地下水水位下降，可有效防治原生盐渍化（Clarke et al.，2002）。在当前人类活动加剧和全球气候显著变化的背景下，越来越多的研究观察到，陆地植被演替对地下水蒸散发有着重要影响（Grygoruk et al.，2014），进而影响地下水的水量和水质（Humphries et al.，2011）（图4-9），甚至影响到地表水。然而，虽然气候变化和人类活动对地下水蒸腾排泄的影响正逐渐受到重视，但目前还缺少对这种影响的定量评价及其时空特征的系统分析。此外，陆地植被的演替还可能改变地下水的补给（见本节第二小节"（一）陆地植被对地下水补给的影响机制及其净效应"部分）。它与蒸腾排泄的共同变化会产生何种综合效应？这不仅是水循环和水均衡研究的一个全新课题，而且是制定区域土地利用规划时必须要论证的内容。

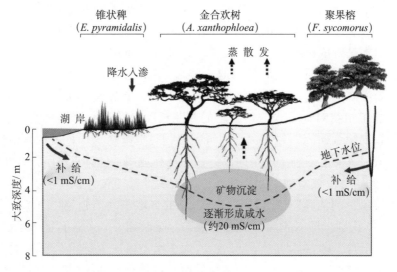

图 4-9　洪泛平原区地下水蒸腾对潜水动态、溶质运移和植被分带的影响

资料来源：Humphries et al.，2011

（三）地下水型陆地植被的识别、对地下水演化的响应机制及保护

地下水型陆地植被主要由潜水湿生植物组成，而关于潜水湿生植物的研究可追溯至20世纪20年代末（Eamus et al.，2015）。近10多年来，陆续有关于地下水型陆地植被的综述发表，包括：Naumburg 等（2005）综述了水位波动对潜水湿生植物水分利用的影响；Rodriguez-Iturbe 等（2007）总结了地下水浅埋区的潜水湿生植物与水位间的反馈机制；Orellana 等（2012）回顾了植被对地下水利用的各种野外测定方法，讨论了地下水位对植被组成的控制机制，总结了包含地下水位－植被水分利用关系的数学模型。基于上述文

献，可以识别出以下三个关键科学问题。

1. 地下水型陆地植被的识别及其对地下水依赖程度的判断

目前，地下水型陆地植被主要有三种识别和判断方法：①稳定同位素分析法，即通过比较植物茎干水与地下水、土壤水和其他潜在水源的同位素组成，判断植物是否利用地下水，或利用端元混合模型，定量计算地下水对植物蒸腾的贡献比例。稳定同位素分析法精度高，但只适用于个体或样地尺度，且因陆地植物对地下水利用的时空异质性和复杂性，导致其适用性也存在一定局限。例如，许多潜水湿生植物具有水力提升作用，即夜间通过深根吸收地下水，在向上运输的过程中，由浅根将水分释放到浅层土壤中，为浅根植物提供水分来源（Sardans and Penuelas，2014）。该情况导致难以判断这些浅根植物是否依赖地下水。研究发现，某些植物并不直接利用地下水，而是吸收地下水周期性波动时补给的土壤水（Sun et al.，2016）；有些植物在成年时是潜水湿生植物，但在幼年时则主要吸收土壤水（Zhu et al.，2018）。这都增加了植物对地下水依赖程度的判断难度，需开展植物对地下水利用规律的长期精细研究，建立更为完善的植物对地下水依赖程度的判断体系。②怀特法，主要适用于干旱平原区，其原理和适用条件详见本节第二小节下的"（二）陆地植被对地下水排泄的影响机制及其定量评估"下的"1. 地下水蒸腾排泄量的估算"部分。③基于遥感的方法，其核心是"绿岛"（green islands）的识别，即对于两个邻近的像元，假设其中一个含有地下水型植被而另一个不含，则在长期干旱期间，因地下水型植被遭受的干旱胁迫要低于非地下水型植被，含有地下水型植被的像元将具有更高的绿度，在遥感影像中就像是棕色背景中的"绿岛"（Eamus et al.，2015）。在实际研究中，多计算绿度、归一化植被指数（normalized difference vegetation index，NDVI）、增强型植被指数（enhanced vegetation index，EVI）等反映植被结构和功能的指数，根据其在干、湿期的差异或空间差异，识别可能含有地下水型植被的像元（Eamus et al.，2015）。作为一种间接方法，该方法的不确定性较高，且只适用于干、湿季分明或地下水可利用性具有显著空间差异的干旱环境。

可以看出，不同尺度上地下水型陆地植被的识别方法都存在一定的局限性，准确识别地下水型陆地植被和精确判断其对地下水的依赖性仍是当前面临的一个难题。此外，如何将小尺度上的精细研究成果应用到大尺度上，也是亟须解决的一个关键问题。

2.地下水对陆地植被的作用机制

结构的稳定性是地下水型陆地植被维持自身健康和提供生态服务的基础，它主要取决于开花、结实、萌芽、生长、幼苗补充、死亡率等关键生态过程（Eamus et al.，2006）；对于不同类型的植被来说，其结构在各个尺度上可能受控于不同的地下水参数，如地下水埋深、地下水水质、排泄区位置、地下水位的变化规律等（Eamus et al.，2006）。地下水对陆地植被的作用实际上是通过这些主控参数对关键生态过程的影响实现的（图 4-10）。因此，在地下水对陆地植被作用机制的已有研究中，多致力于构建关键生态过程对主控性地下水参数的响应函数，并从中识别响应阈值，进而确定维持陆地植被健康的地下水参数的安全界限（Eamus et al.，2015；Hera et al.，2016）。

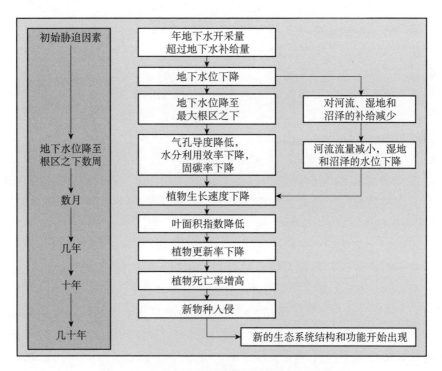

图 4-10　地下水可利用性降低时陆地植被的响应

资料来源: Wachniew et al.，2014

对于主控性地下水参数来说，绝大多数研究关注的都是地下水埋深及其变化特征（Eamus et al.，2015），仅有少量研究考察了含盐量（Antonellini and Mollema，2010）和排泄区位置（Tweed et al.，2007）与地下水型陆地植被的关系。对于反映关键生态过程的参数来说，前人已就从叶片到群落尺度上的各类指标（如叶片的光合作用速率和气孔导度，茎干的生长速率和导水率，单株或林地的蒸腾速率、叶面积指数和枯叶率，种群的植株密度和死亡率，群落的 NDVI 值）对地下水埋深变化的响应开展了大量研究（Eamus et al.，2015）。

在获取构建响应函数所需的数据时，长期监测是最直接的方法，但却耗时且干扰因素多，故多数研究采用时空等效法，即用地下水埋深（或含盐量）梯度上的各个样点来代表水位变化的不同阶段，或者采用控制性试验，即通过抽水来控制地下水位下降速率、幅度或波动频率，以考察生态参数对它的响应（Eamus et al.，2006）。最近，树木年轮法也被引入到地下水型陆地植被研究中，以探索更长时间尺度上植物生长速率对地下水可利用性的响应（Singer et al.，2014）。还有学者将年轮生长记录与木质部 $\delta^{13}C$ 测定相结合，探索历史时期植物气孔导度对地下水可利用性的响应（Singer et al.，2013）。

已有研究中的响应函数多是针对某一尺度上的单个指标构建（Eamus et al.，2015）。这种函数易于获取，其类型有线性、曲线或阶梯式，分别反映出植被对地下水位变动的正比响应、非正比响应或阈值式响应（Eamus et al.，2006）。然而，极少有研究对跨尺度的多重指标进行检验，进而提出综合性的生态系统尺度的响应函数（Eamus et al.，2015）。在部分研究中，所构建的响应曲线有着明显的拐点或断点，可据此识别地下水参数的安全界限。例如，Zolfaghar（2013）基于地下水埋深梯度（2.4～37.5m）上某林地从叶片、树干、植株到立地尺度的 18 个生态参数的监测，构建了归一化生态指标对地下水埋深的响应曲线，发现归一化指标值在地下水埋深为 7～9m 时突然下跌，指示着植被结构和功能的重大变化；Antonellini 和 Mollema（2010）发现，意大利某海岸松林的物种丰富度对地下水盐度的响应曲线是阶梯式下降的，各断点清晰地指示着不同物种对盐度的耐受阈值。但需要指出的是，随着地下水可利用性的变化，陆生植物可能在叶片－茎干－植株尺度上产生一系列的调整和适应，如增强对干旱胁迫的耐受性、提高水分利用效率等。这反过来会影响它与地下水的关系（Eamus et al.，2015），可能使其在专性潜水湿生植物、兼性潜水湿生植物和雨养植物间转化（Sun et al.，2016），增加了陆地植被对地下水利用的复杂性，导致大部分的响应曲线并不存在明显的拐点，必须要与管理目标相结合，人为划定地下水参数的

"安全界限"。在某些情况下，甚至连"生态水位"这类概念的适用性都会受到挑战（Sun et al.，2016）。

3. 地下水型陆地植被的保护和管理

近10多年来，地下水依赖型生态系统的保护在全球范围内得到重视，但因其类型丰富，不同类型的物种组成、生态需水、面临的威胁等各不相同，导致其保护和管理面临巨大挑战，研究进展相对较慢，整体上还处于框架构建阶段（Rohde et al.，2017），已有研究也多集中于地下水型湿地和地下水生态系统上。与之相比，地下水型陆地植被的保护和管理仍未受到足够重视，许多关键科学问题都还有待深入研究，如其生态服务功能的评价方法、状态监测指标、健康诊断方法、脆弱性和风险评价模型、生态需水估算、地下水开采管理等（Eamus et al.，2015），其中尤以人类活动和气候变化对地下水型陆地植被的影响预测和风险管理最受关注（van Engelenburg et al.，2018）。

目前，关于人类活动和气候变化对地下水型陆地植被的影响，其研究最多的是地下水开采和气候变化的影响，其次是土地利用变化的影响（van Engelenburg et al.，2018）。其中：①气候变化及其空间差异可通过多种复杂方式对地下水及陆地植被产生影响，如通过影响地下水补给速率、排泄量和排泄方式，引起地下水位变化，有时还会引起盐度变化，此外气温和其他气候因子的变化也会直接对陆地植被的结构和功能产生影响。因此，准确预测气候变化对地下水型陆地植被的影响仍是一个巨大的挑战。②土地利用变化若发生在地下水型陆地植被分布区，除直接改变其结构和功能外，还可通过影响地下水的补给，间接影响地下水型陆地植被，所以对其定量预测通常也十分困难。③地下水开采直接作用于地下水系统，且地下水数值模拟技术较为成熟，所以从理论上讲，地下水开采对陆地植被的影响预测应该更为准确，但事实上因缺少陆地植被对地下水需求的定量信息，已有研究大多仅对潜水埋深的变化做出定量预测，而它所带来的植被变化则为定性分析。目前，亟须发展分布式的地下水-陆地植被耦合模型。④为了缓解水资源的空间分布不均，目前正在实施许多跨流域调水工程。这些工程调度的虽然是地表水，但其引水区和受水区的水均衡都会受到极大影响，地下水系统必然会随之改变，进而影响地下水依赖型生态系统，但在跨流域调水工程的论证和管理中，其影响评价和预测多偏重于地表水型生态系统和地下水型湿地生态系统，未来应充分考虑对地下水型陆地植被的影响。

三、优先发展方向

基于上述分析，对地下水与陆地植被的关系研究，建议优先发展以下方向。

（一）人类活动和气候变化对地下水–陆地植被关系的影响

人类活动和气候变化对地下水–陆地植被关系的影响研究包括：在人类活动和气候变化作用下，陆地植被的演替对地下水补给、储存和排泄过程的影响机制及其预测；在人类活动和气候变化作用下，地下水系统的演化对陆地植被的影响机制及其预测；在人类活动和气候变化影响下，地下水系统与地下水型陆地植被的相互作用和反馈机制。

（二）地下水与陆地植被关系的时空异质性和复杂性

地下水与陆地植被关系的时空异质性和复杂性研究包括：陆地植被对地下水补给和排泄影响的时空异质性；陆地植被对地下水利用的时空异质性和复杂性；陆地植被对地下水可利用性的响应的时空异质性、非线性和复杂性。

（三）地下水与陆地植被关系的尺度效应与尺度转化

地下水与陆地植被关系的尺度效应与尺度转化研究包括：小尺度上植被影响下降水入渗补给地下水的研究成果在区域地下水流模型中的表征；小尺度上地下水蒸腾排泄的研究成果在区域地下水数值模型和陆面过程模型中的表征；个体或样地尺度上植物对地下水利用的研究成果在区域尺度上地下水型陆地植被识别与制图中的应用；陆地植被不同尺度上的关键生态参数对地下水可利用性变化的响应及其关联。

（四）地下水–陆地植被关系的定量模拟

地下水–陆地植被关系的定量模拟包括：基于跨尺度多源数据的地下水–土壤–植物–大气连续体模型的研发；人类活动和气候变化对地下水型陆地植被影响的模拟与预测；基于遥感数据的区域尺度上地下水型陆地植被的识别模型的研发；生态系统尺度上陆地植被对地下水的综合响应函数的构建。

第三节 地表水-地下水相互作用及其生态效应

一、科学意义与战略价值

地表水与地下水之间的水量与能量交换及溶质迁移驱动了以水循环为核心的河流、湖泊、水库、海岸带等生态系统的景观格局演变、物质循环、生物生长及其他生态功能的实现，支撑陆地和滨海生态系统的健康演化。气候变化与人类活动驱动下的水文情势变化成为控制地表水-地下水相互作用动态过程的主控因素。在自然因素和人类活动双重影响下，水文及生物地球化学过程对生态系统的影响机制如何观测和识别？如何调控地表水-地下水系统水量与水质转化关系，从而维持湿地生态系统的健康和稳定？这些研究对指导流域的水资源管理和污染防治具有重要意义，与国家生态文明建设和水资源安全保障密切相关，具有重要的战略价值。

二、关键科学问题

（一）地表水-地下水相互作用过程的观测与精细量化

1.地表水-地下水相互作用带的非均质性的刻画

地表水-地下水相互作用带是地表水与地下水之间的控制界面，其结构的表征与刻画是地表水-地下水相互作用过程识别与模型构建的重要前提，其中的关键在于作用带内水力传导系数的量化。然而，作用带内的水力传导系数在空间上通常具有较大的变异性，在时间上受阻塞或侵蚀过程影响也会表现出较大的变异性，这对作用带内的非均质性刻画提出了挑战。传统的渗流仪测量与水力梯度测量仅能得到特定点上的水力传导系数，新技术方法的发展和多种方法的联合使用将为作用带内的非均质性刻画提供强有力的工具。其中，基于电阻率分布的地球物理探测（Binley et al.，2015）、原位沉积物岩心冷冻结合三维 CT 扫描（Liernur et al.，2017）、基于图像分析的粒径分布（Cislaghi et al.，2016）等，在作用带内的非均质性刻画方面取得了一定的进展。然而，作用带内水力传导系数在时空上的变异性决定了作用带内的非均质性刻画将是一项长期的挑战。

2. 地表水－地下水交换的量化方法及其改进

地表水－地下水交换的量化是地表水－地下水相互作用过程识别与模型构建的关键。目前已有多种方法可用来量化地表水－地下水交换，主要包括渗流仪测量、基于达西定律的水文地质计算、基于瞬态储积模型的示踪剂注射试验、基于热运移方程的温度示踪方法、基于质量均衡理论的环境示踪剂方法、基于流量监测的水均衡计算等（表4-1）。不同的方法仅在特定的空间和时间尺度上是敏感的，因此应根据研究的问题和尺度来选取合适的量化方法。其中，渗流仪测量、基于达西定律的水文地质计算、基于热运移方程的温度示踪方法和基于质量均衡理论的环境示踪剂方法主要应用于小尺度（最大数量级为米）上地表水－地下水交换的量化；基于瞬态储积模型的示踪剂注射试验和基于流量监测的水均衡计算主要应用于河段尺度（数量级为数十米或数千米）。当前，多种方法联合使用并相互验证各自结果的可靠性，以及量化方法在多尺度上的拓展应用，是地表水－地下水交换定量研究的发展趋势（Gonzalez-Pinzon et al.，2015）。例如，分布式温度传感技术可同时高精度地获取整个河段纵向的温度记录和作用带内垂向的温度记录，从而解析得到河段尺度上的地表水－地下水交换量；地表水的连续监测可自动获取地表水的水力学与水化学信息，进而得到多时间尺度和多空间尺度上的地表水－地下水交换量。然而，不同量化方法内在的尺度敏感性决定了地表水－地下水交换量化技术的改进与发展也将是一项长期的挑战。

表4-1　地表水－地下水交换量化的主要方法

方法	空间尺度	时间尺度	优势	劣势
渗流仪测量	cm～m	数小时至数月	可直接量化渗流速率；可多次使用；价格低廉	只能针对时间和空间点；交换量较小时，结果可能存在不确定性
基于达西定律的水文地质计算	cm～m	数秒至数分	可简单而精确地获取水力梯度	只能针对时间和空间点；需人工密集安装
基于瞬态储积模型的示踪剂注射试验	10 m～km	数小时至数天	可评价整个河段的流量损失及侧向流入量	无法识别长时间尺度的潜流路径；结果可能因示踪剂被吸附而受影响
基于热运移方程的温度示踪方法	cm～m	数秒至数月	低廉的价格；精确的温度测量；长时间的热记录；可识别渗流速率和方向	只能针对空间点；不能识别地下流动的补给

续表

方法	空间尺度	时间尺度	优势	劣势
基于质量均衡理论的环境示踪剂方法	cm～m	数分至数天	可直接测定示踪剂浓度；简单的质量均衡计算	只能针对时间和空间点；要求不同水体端元的浓度差异显著
基于流量监测的水均衡计算	10 m～km	数小时至数年	直接测量河水流量；简单的水量均衡计算	当流量较低或是潜流时难以测定；要求所有监测点的流量特征曲线

资料来源：改自杜尧等，2017

（二）地表水–地下水相互作用的水文–生物地球化学耦合过程及监测

1. 地表水–地下水相互作用带中营养元素与污染物的分布规律与循环机制

地表水–地下水相互作用带是物质组分和元素在陆地和水体之间迁移转化的关键地带，也是地表水和地下水两个水体中生物群落之间的关键过渡带。地表水与地下水的持续往复补给和混合作用为相互作用带提供了不同来源的营养元素和化学物质，支撑着该地带旺盛的生物地球化学活动。巨大的氧化还原电位梯度、复杂和强烈的生物地球化学作用导致物质元素在相互作用带内呈现一定的时空分布规律，表现为源汇项水化学组分的"亲缘性"与迁移路径上水文地球化学演化的"分带性"。另外，在介质非均质性及不同水文情势影响下，相互作用带内物质元素的演化还具有时空变异性。

不同水体的营养物质在相互作用带内交汇叠加，导致其中的微生物群落结构比单一的地表水或地下水更加丰富。相互作用带中的水文条件影响并决定其内微生物群落的结构和分布，影响生物地球化学反应过程和强度，进而影响有机质、营养成分、污染物及其他元素在相互作用带中的迁移转化（Cardenas，2015）。地表水–地下水相互作用带来的水分、温度、pH、碱度、氧化还原电位、物质组分及营养基质等的循环变化，使得相互作用带中与营养元素消耗、污染物滞留分解以及其他元素和颗粒物质迁移转化等相关的生物地球化学反应也随之发生相应的改变。

2.地表水-地下水相互作用带界面过程的表征与监测

地表水-地下水相互作用带界面过程本质上是不同因素影响下的物理、化学和生物界面效应，这些效应反过来则可以指示相互作用带界面过程的特征（图4-11）。目前，对地表水-地下水相互作用带界面过程的表征主要有两大研究方法：一种是直接方法，即采用水动力学方法测量与评估物理界面水文要素的变化，包括水头测压计法、渗透仪法、抽水-响应试验法及水位时变响应法；另一种是间接方法，利用间接的数据来推断相互作用过程，间接证据主要来自水温-热量传递、水化学特征指示、示踪剂试验、同位素示踪、生物指示及模型计算反推，常常涉及化学、生物界面特征的监测与分析。

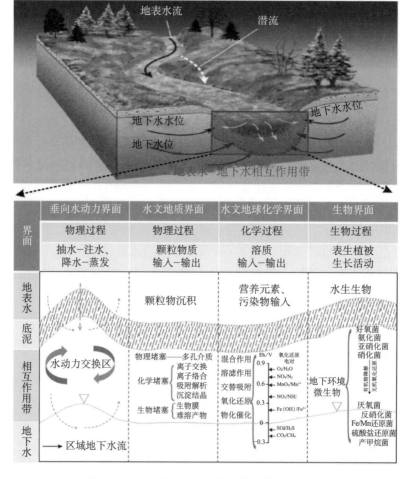

图4-11　地表水-地下水相互作用带界面过程

直接方法能提供水位关系、渗透率等水文特性的直观认识，是运用间接方法的基础。间接方法既能为地表水－地下水相互作用模式提供定性佐证，还能通过计算分析来定量评估相互作用强度（范伟等，2012）。直接与间接方法的结合使用可以降低复杂条件下的尺度效应风险，也能加强对地表水－地下水相互作用过程中物理、化学及生物多过程耦合反应机制的理解。

（三）地表水－地下水相互作用带多过程耦合模拟

在地表水－地下水相互作用带中，含水介质的非均质性、水流过程的复杂性、地球化学和生物地球化学过程的多样性以及化学反应控制因素的多变性，导致利用已有模型对相互作用过程的模拟预测存在较大误差。另外，物理、化学和生物性质在很短的距离内发生巨大变化，导致相互作用带中的水文、地球化学和生物地球化学作用的时空变化剧烈，界面过程复杂，加上介质的非均质性和各种物理、化学和生物过程的非线性变化，传统的边界处理方法也难以描述相互作用带中物质组分和元素的迁移转化过程。为提高模拟精度，更好地揭示营养元素及污染物在地表水－地下水相互作用带中的迁移转化过程和机理，必须构建能整合多相、多组分地球化学和生物地球化学过程与地下水水文过程的耦合模型，用以准确预测各种动态条件下（如氧气、温度、有机质、营养物质、污染物浓度等的变化）相互作用带中发生的变化和响应。

通常情况下，多过程耦合模型的构建都以野外动态监测和样品的测试分析为基础，通过阐明水文条件和各种物质组分及浓度的变化规律，寻找物质组分特别是生源物质和污染物的形态和浓度、功能微生物群落组成以及水文条件变化间的相互关系，建立相互作用带中物质组分和微生物组成对水文条件变化的响应规律；根据监测和分析结果，识别控制物质组分变化的生物地球化学过程和主要因素；同时开展室内针对性机理实验研究，获得多过程耦合反应的动力学数据，从而建立水文生物地球化学动力学耦合模型。所有模型的构建及运用都需要根据室内机理实验（批实验、柱实验、槽实验等）结果以及野外实际监测数据进行反复的校正、更新和验证。

地表水与地下水的相互转换和含水介质分布的非均质性，使得作用带内通常存在多个水流途径，并且水的流向和流速多变，这又进一步影响污染物的物理迁移和化学反应过程。有研究表明，优先水流通道的存在可使部分被污染的地下水快速排入地表水体，而不经过任何的生物地球化学反应（Tesoriero et al.，2005）；在滞留时间较长的地下水流路径上，即使速率较慢的反应也有充足的时间进行。水流途径及流速的差异还可能导致水文地球化学条件的时空非均质性，从而使污染物的地球化学和生物地球化学过程在不同位置和不同时间呈现出不同的特征，造成污染物反应迁移过程的差异（Ma et al.，2010）。

目前，地表水－地下水相互作用带内污染物反应迁移及归宿的相关研究大多将重点放在地球化学和生物地球化学反应过程上，对作用带内的水流条件则作简化处理，但对地表水－地下水相互作用带内含水介质非均质性和水动力条件的简化或认识不足，会影响对污染物反应迁移过程的认识，甚至会错误地解译引起污染物浓度变化的地球化学和生物地球化学过程。目前，污染物去除的研究很少涉及随时间变化的水力学条件响应，在较细时间尺度上的去除研究基本空白，限制了相关预测模型的普适性（Hensley et al.，2015），亟须加强地表水－地下水相互作用带内的水流过程对污染物反应迁移及归宿的控制研究。

为提高模拟精度，更好地揭示污染物在地表水－地下水相互作用带内的迁移转化过程和机理，预测其发展趋势，必须构建能整合地下水流、污染物物理迁移过程以及多相、多组分地球化学与生物地球化学过程的耦合模型，并需在模型中考虑含水介质中的环境要素及水文地球化学特征的分布格局与动态变化对污染物反应迁移的影响。这类模型的研究正在国际上兴起，如耦合了 MT3DMS 和 PHREEQC 的 PHT3D 模型、MIN3P 模型、TOUGHREACT 模型等。但在区域尺度上——尤其是河段或盆地尺度上——该类模型的应用尚不多见。

（四）气候变化与人类活动对地表水－地下水相互作用及其生态效应的影响

1. 河流源区的地表水－地下水相互作用及生态效应

地表水－地下水相互作用的时空模式因地形不同而存在差异。河流高寒源区地表水－地下水相互作用是一个新的研究方向，受到越来越多的关注（Evans et al.，2015）。山区的地形坡度、植被或根系密度、积雪厚度、土壤水分含量、表面风化程度等均可影响水体入渗，山区降水在向山间溪流汇集过程中会有不同的地表水－地下水相互作用模式，暴雨或积雪融化会改变溪流的补给来源。在干旱地区雨水补给地下水有限的条件下，山坡类型和坡度差异会影响植被或根系密度、积雪厚度和土壤湿度，并最终影响生态系统。

尤其在气候变化条件下，补给变化和灌溉需求的增加会直接影响地下水依赖型生态系统的健康稳定。

2. 重大水利工程建设对地表水-地下水相互作用及其生态环境的影响

大坝的泄洪和蓄水会引起河流水位的剧烈波动，不断地改变着河流下游的天然水力梯度，从根本上改变河岸含水层的水文学、热力学和地球化学动力学过程，深刻地影响着地表水-地下水的相互作用模式。大坝泄洪引起的河流水位波动可以在一定程度上扩大相互作用带的范围，并增强作用强度（Gu et al.，2012）；地表水-地下水相互作用的类型是由交换通量的方向来描述的，即地表水补给地下水或地下水补给地表水，而大坝泄洪会引起河床和河岸水力梯度的逆转，影响地下水和河水的流量大小和方向，导致河水由接受地下水补给变为补给地下水（Lasagna et al.，2016）。

重大水利工程建设对我国水电的发展和水资源的调控具有重要作用，流域间调水可以解决缺水地区对水的迫切需求，促进水循环，修复受损的生态系统，保护濒临灭绝的野生动植物，同时也不可避免地对流域生态环境造成了一定的负面影响。

（1）自然环境：拦河筑坝形成水库，淹没了大坝建设之前的自然栖息地。大坝的修建强烈改变了河流的水文过程、热力学状态和水动力条件，从而改变了水温，破坏了下游洪泛区的生态环境；水库中储存大量的氮、磷、钾等营养物质也可能导致水库潜在的富营养化，造成区域生态系统的退化。水电大坝还会造成汞化学物质在库区的积累和污染物向下游的运移。

（2）气候：对于水利工程建设而言，其对当地气候环境会产生一定影响，如会导致风向变化、气温降低以及空气湿度增加等。

（3）地质环境：大坝蓄水后，水文地质条件、水库周围的水文条件都会发生相对剧烈的变化，从而影响库区及邻近地段的地质环境，附加的水荷载和渗透压力可能改变岩体的应力状态，使水库岸坡稳定性降低，从而诱发地震及滑坡等地质灾害。

（4）生物多样性：大坝建设影响着大坝上、下游的生境。水坝和障碍物的阻挡，改变了上游与洪泛区的连通性，严重影响了水生动物生存，其中最典型的就是破坏和干扰了洄游鱼类的产卵和繁殖，使一些对环境敏感的鱼类物种濒临灭绝。其中，最脆弱的是那些已适应水的快速流动、周期性洪泛或需要跨流域连接才能完成其生命周期的物种（Arantes et al.，2019）。大坝泄洪造成的永久性淹没也改变了库区周围的湿地、森林和其他栖息地的形貌，对下游依赖季节性洪水生存的洪泛区产生了负面影响，降低了下游洪泛区的生物多样性（Zhang et al.，2018）。大坝建设造成了大规模的生境破碎化和生态系统的改变，对陆地和水生生物多样性都有不利的影响。

3. 高位养殖对河口、海岸带地表水-地下水相互作用及滨海湿地生态系统的影响

海水养殖池塘的开发主要集中在粉砂质潮上带及潮间带的高、中潮滩，河流入海口以及潟湖周围，占用了原有的大片天然湿地，致使湿地生境破碎化、湿地生态功能退化。海水养殖池塘排放的废水为滨海湿地引入大量氮、磷营养物质，这些营养物质主要来自饲料和肥料，它们会增加滨海湿地富营养化的风险。此外，水产养殖相关活动（例如水路运输、船厂排污等）会带来重金属污染，同时水体富营养化也会导致滨海湿地沉积物中重金属的富集。由于海水养殖生物容易患传染病，抗生素被广泛和集中地用于海水养殖生物的预防和治疗，因此海水养殖也会向滨海生态系统中输入大量的抗生素，对滨海生态系统以及人类健康造成不利影响。

海岸带地下水通常以泄流的方式进入相邻海水，而海水在涨潮过程中可能会通过渗流方式补给地下水，海水养殖废水的排放或泄漏会改变地表或地下水体中盐度、微生物结构、营养元素浓度，进而影响地表水-地下水相互作用带的生物地球化学过程。此外，海水养殖中过度开采地下水会导致海水入侵，使滨海地区地下水发生咸化。

三、优先发展方向

基于上述分析，对地表水-地下水相互作用及其生态效应的研究，建议优先发展以下方向。

（1）地表水-地下水相互作用带中的多过程耦合监测与模拟新技术。其包括：水文和生物地球化学要素的连续自动监测新技术的研发及其跨尺度的应用；河段尺度上针对多区的瞬态储积模型的改进与发展；区域尺度上针对整个河流网络相互作用带的水文贮留时间分布的模拟技术。

（2）地表水-地下水相互作用模式的尺度效应。即，如何对不同尺度的生物、地球化学反应和水文过程进行耦合，并考虑反应速率等参数的尺度效应。

（3）地表水-地下水相互作用带内的水文-生物地球化学过程及其生态效应。其包括：如何通过观测、模拟，深刻理解地表水-地下水相互作用带内的水文-生物地球化学耦合过程，并提取其中关键的环境要素，进而对生态系统的结构和功能进行有效评价；同时考虑自然和人为活动的影响，构建合理的生态系统的健康风险评价模型，进行健康风险评估与预测，提出有效对策。

第四节　含水层生态系统

一、科学意义与战略价值

含水层生态系统是地球生态系统的重要组成部分，其生态服务功能包括水质净化、调蓄洪旱、维系湿地、保持生物多样性等。含水层生态系统中的物质循环与能量循环过程可以调控污染物的迁移转化。含水层生态系统中的生物存在于黑暗、低氧及寡营养环境中，对人为活动以及自然条件改变造成的环境扰动极其敏感。这种敏感性使生物群落成为指示地下水系统状态的潜在生物标记。针对含水层生态系统中的生物指示标记开展研究，对评价含水层生态系统的脆弱性以及可持续状态具有重要意义。含水层生态系统中生物的高度多样性，以及不断被发现的新物种都指示着该系统是一个潜在而巨大的生物资源宝库，并且生物群落中新的代谢功能及其群落内部的相互作用对我们理解地球早期生命参与的地球化学循环如何响应环境条件变化具有极为关键的意义。

二、关键科学问题

（一）含水层生态系统对外界环境扰动的自我修复机理

含水层生态系统是由地下水及其相关的生物群落与周围环境组成的功能系统，在系统内部及外界环境之间不断地进行着物质交换、能量传输及信息传递等，对外界环境的干扰具有自我修复、稳定状态的能力。由地质活动与沉积演化过程导致的原生有害元素富集以及人类工农业活动输入的无机、有机污染物是影响含水层生态系统可持续性以及资源可利用性的重要因素。例如，我国北方的大同盆地、河套平原以及长江中游江汉平原的原生富砷（或氟、碘）地下水，降低了地下水作为饮水资源的可利用性（Li et al., 2016）。由人类工业以及矿业活动产生的金属和放射性核素污染物渗入地下水，也会对含水层生态系统的可持续性及生物多样性造成严重危害。此外，近几十年来，由于药物、有机农药、抗生素以及石油添加剂等有机产品的使用，含水层生态系统中也逐渐检测到多样化的有机污染物。生态系统中的生物多样性及生态健康在长期暴露于痕量有机污染物条件下会受到不可逆的严重危害。因此，含水层生态系统生物多样性及可持续性如何受到环境变化影响，及其对外界扰动的自我修复机理是什么，是这一领域的关键科学问题。

含水层生态系统中的生物多样性主要由无脊椎动物与微生物（包括古菌、细菌、真菌以及原生动物）组成。其中，受地质条件及地下水流动条件影响，无脊椎动物的分布较为局限，而微生物则具有更高的多样性并参与了更多的生态功能。微生物代谢活动在含水层生态系统的自净能力中具有最主要的贡献，也是含水层能量流动及元素迁移转化过程中的重要驱动因素。例如，多种功能微生物在抑制地下水中地质成因的砷的富集方面起到重要作用。其中，铁氧化菌可以促进铁氧化物矿物的形成，由此提供大量表面活性吸附位点来去除溶解态砷；砷氧化微生物则可以将三价砷转化为更易被吸附的五价砷（Crognale et al., 2017）。近年来的研究表明，硫酸盐还原菌促进的砷甲基化过程是一种新的潜在除砷途径（Bao et al., 2018）。功能微生物通过电子传递而介导的金属氧化还原过程也是含水层生态系统对人为输入的重金属或核素污染物进行自我净化的重要手段。含水层生态系统中，微生物蕴含的高度多样的活性功能酶可以通过改变多种重金属或核素（汞、铬、镉、铀、锝等）的氧化还原价态来改变其溶解性与吸附性，以达到自我净化的目的，而一些微生物细胞自身对于重金属以及核素污染物来说，也是很强的生物吸附材料（Gupta et al., 2018）。此外，有机碳的微生物代谢也是含水层降解有机污染物（包括石油烃、抗生素等）的重要过程。因此，该领域的持续热点是：采用多学科交叉方法，研究含水层生态系统中不同生物介导的基础生物化学反应、细胞内的分子调节机制以及不同种类生物对污染物的去除效率。

（二）含水层生态系统中生物地球化学过程的模型预测

在理解含水层生态系统中关键生物地球化学过程的基础上，如何利用这些机理定量预测含水层生态系统中的各种物理化学变化，以达到修复含水层污染的目的便成为另一个关键的科学问题。学者们早在 20 世纪 50 年代就开始建立数学模型，对生物介导的物理化学过程进行定量描绘。Monod（1949）最早建立了描述微生物生长速率与基质浓度关系的动力学方程：

$$\mu = \mu_{max} \times S \div (K_s + S) \tag{4-1}$$

其中：$\mu = \mathrm{d}B/\mathrm{d}t \times (1/B)$，为特定的微生物生长速率；$\mu_{max}$ 为最大生长速率；S 为基质浓度；K_s 为生长的半饱和常数；B 是细菌的种群密度。这一方程被广泛用于获取含水层生态系统中微生物的代谢速率（Jin et al., 2013）。但是由于实际生态环境与室内实验条件的差异，Monod 方程的描述相比于真实速率会有偏差。因此，Jin 等（2013）在 Monod 方程的基础上又提出了基于热力学常数的速率模型，以对实际情况进行补充。以在厌氧环境下普遍存在的乙酸营养型微生物硫酸盐还原为例：

$$CH_3COO^- + SO_4^{2-} \longrightarrow 2HCO_3^- + HS^- \tag{4-2}$$

微生物呼吸反应可以描述为

$$H_3COO^- + SO_4^{2-} + mADP + mH_2PO_4^- \longrightarrow 2HCO_3^- + HS^- + mATP + mH_2O \tag{4-3}$$

其中：m 为生成 ATP 的数量。随后，乙酸营养型的硫酸盐呼吸速率 r 可以通过二元 Monod 方程进行预测：

$$r = k \times X \times \frac{m_D}{m_D + k_D} \times \frac{m_A}{m_A + k_A} \times F_T \tag{4-4}$$

其中：k 为乙酸营养型硫酸盐呼吸速率常数 $[mol/(g \cdot s)]$；X 为生物浓度或者细胞干重；m_D 与 m_A 分别为乙酸和硫酸盐浓度；k_D 和 k_A 分别为乙酸和硫酸盐半饱和常数；F_T 为无量纲的热力学因子，指示环境中可用于该反应的吉布斯自由能，由以下方程确定：

$$F_T = \begin{cases} 1 - \exp\left(\dfrac{\partial G_A - \partial G_C}{X \times R \times T}\right), & \partial G_A > \partial G_C \\ 0, & \partial G_A \leqslant \partial G_C \end{cases} \tag{4-5}$$

其中：∂G_A 为式（4-2）能产生的自由能；∂G_C 为式（4-3）中合成单位 ATP 所保存的自由能（J/mol）；X 为式（4-3）的平均化学计量数；R 为气体常数 $[8.314J/(mol \cdot K)]$；T 为绝对温度（K）。

最终在稳定状态下，微生物的生长速率可以总结为

$$\frac{\mathrm{d}X}{\mathrm{d}t} = Y \times r - D \times X \tag{4-6}$$

其中：Y 为生长产量（g/mol）；D 为特定维持率（s^{-1}）。生产产量系数 r 通常用来表达每摩尔能量来源可以产生细胞干重数量（g），它可以定量地描述含水层生态系统中微生物在利用不同电子受体过程的代谢活动。Jin 等（2013）

提出的热力学速率定律包括了电子供体、电子受体、营养底物以及可用的化学能，提升了 Monod 方程在含水层生态系统中的普适性。

此外，学者们针对含水层生态系统中微生物与矿物相互作用的模型预测也开展了大量研究。Liu 等（2001）通过使用模式菌株腐败希瓦菌（*Shewanella putrefacien*）对其还原针铁矿中的固相 Fe（Ⅲ）反应动力学进行了研究，结果表明，以乳酸盐为电子供体条件下的动力学过程可通过 Monod 方程的一阶近似模型进行描述：

$$\frac{d\left(C_{\text{goethite}}\right)}{dt} = -S \times \frac{V_m + C_{\text{lactate}}}{K_s + C_{\text{lactate}}}$$ （4-7）

其中：C_{goethite} 为总的针铁矿浓度；C_{lactate} 为乳酸盐浓度；V_m 与 K_s 分别为由模拟实验确定的最大还原率以及半饱和常数；S 为特定反应体系参数，由反应体系中的矿物丰度、吸附的铁（Ⅱ）含量以及次生矿物的表面沉淀程度所决定。微生物对针铁矿的还原速率以及还原程度还受限于可利用的针铁矿表面位点数，这是由于吸附的 Fe（Ⅱ）会导致铁矿物表面钝化。此外，Liu 等（2002）通过对多种金属还原菌以及不同的重金属及核素进行还原动力学实验，证明了异化金属还原菌对溶解态金属的还原过程也符合 Monod 方程的一阶近似模型的动力学过程，并且在复杂的环境体系下，被微生物优先利用的金属会具有较高的还原速率。沉积物或者矿物中的金属还原速率还受到不同菌株、电子供体（受体）类型、还原生成物的性质及在矿物表面的位置等多种因素的影响。针对这些生物地球化学过程的模型预测开展研究，可以帮助我们更好地预测含水层生态系统中多种生物地球化学过程同时或相继发生条件下的反应速率、最终产物及系统状态，从而为预测含水层的生态功能以及（污染）状态变化提供科学依据。此外，由于含水层生态系统中的生物地球化学过程多受微生物群落的协同作用介导，目前这一领域亟待解决的关键问题是建立对微生物群落功能（或多种微生物的协同作用）进行定量化预测的数学模型，以及更好地将实验建立的模型（参数）整合至原位环境监测的微生物群落（功能）动态变化过程中。

（三）岩溶洞穴生态系统生物多样性及其对沉积环境的指示意义

岩溶洞穴是一种广泛分布但又"发育不全"的生境，具有缺乏光照与初级生产者、空间有限、寡营养及温度稳定等特点。但岩溶洞穴的上覆土壤、滴水、风化矿物、沉积物以及动物粪便等生态环境中分布的高度多样化的生物使其成为地球上独特的生态系统。因此，岩溶洞穴生态系统中的生命演化及生物多样性如何影响沉积环境对气候变化的响应便成为这一系统中的关键科学问题。

洞穴生态系统中分布的生物包括节足动物类（蜈蚣等）、鱼类、两栖动物类（蟾蜍、蝾螈等）以及原核生物类等。其中，洞穴的黑暗环境使鱼类生物在长期的进化过程中演变出了眼部器官退化以及身体色素降低的特点。这些独特的生物现象对我们理解生态环境与生物形态演化的系统发展具有重要的指示意义。此外，洞穴生态系统中还栖息着高度多样化的细菌以及真菌等微生物。这些生物通过参与元素循环过程，可以促进洞穴中的沉积物演化，在记录着重要地质信息的洞穴钟乳石发育过程中起到重要作用；洞穴石笋中的微生物类脂物甚至可以帮助我们反演地质历史时期的气候变化过程。这都指示着，了解洞穴生态系统中的生物与沉积环境的协同演化对我们理解地球上的生命进化及其对全球气候变化的响应具有极为重要的意义。

（四）含水层生态系统中未知生命的探索及生物资源的转化应用

含水层生态系统是地球生物圈中的重要生境，栖息着区别于地表环境的独特无脊椎动物及微生物，其中微生物（包括细菌、古菌、真菌以及原生动物）在生物多样性中占据绝对优势。但至今对该环境中的生物多样性以及系统进化信息还处于探索阶段，如何发掘含水层生态系统中大量的未知生物（资源）也是这一领域的关键问题。

随着技术发展，宏基因组学方法为定义含水层生态系统中的微生物群落结构以及探索细菌与古菌域的多样性提供了新手段。Castelle 等（2013）针对科罗拉多河旁的含水层沉积物进行全基因组测序分析，发现了 15 个全新的"门"分类单元，包括 3 个古菌分支以及 12 个细菌分支。其中，最优势的微生物属于河床菌门（RBG-1），该"门"具有多样化的代谢途径，包括与其他微生物进行互养代谢。Anantharama 等（2016）在同一研究区通过环境宏基因组学方法进一步对几千个含水层沉积物样品进行测序，结果表明，代谢方式的多样化是该生态系统中微生物普遍的特性。这一研究也揭示了 47 个全新的"门"水平微生物种群。此外，由于含水层生态系统的高度异质性，不同地下深度的生物多样性也具有较大差异。Hubalek 等（2016）对地表以下不同深度（−183m、−290m 和 −455m）的深部含水层微生物群落的研究表明，最接近地表的含水层系统微生物多样性极高，受到地表输入的营养物质以及微生物群落的影响；随深度增加，含水层微生物群落的多样性显著降低，种群的均匀度上升，指示着较少的生物种类能够适应深部的厌氧、黑暗及低能量环境。深部含水层生态系统中的微生物群落更多地通过多种代谢方式来维持它们在寡营养条件下的代谢以及能量需求，包括不同种群协作获取能量来维系自身的生长。此外，微生物作为一种生物资源，在含水层生态系统的自我净化以及污染物降解过程中也具有重要应用。针对污染物的原位生物处理技术已经被成功地用于多种有机或无机污染物的去除（Gavrilescu et al.，2015）。因此，基于纯培养以及基因组学方法，对含水层生态系统中微生物代谢功能进行调查，可以为含水层生态环境修复提供新的技术手段与支撑，也可以帮助我们理解早期生物在地球极端环境中的代谢方式以及进化过程。

（五）含水层生态系统中生物群落结构及多样性随时空变化的控制因素及预测

含水层生态系统中生物多样性是维持生态系统稳定的决定性因素，研究生态系统中的生物多样性如何抵御外界（人为活动及自然气候变化）干扰和保持生物多样性自身平衡，有助于我们理解生命与环境的相互作用，进而促进人类社会的可持续发展。其中，生物多样性如何随时间（季节、年际变化等）以及空间（含水层结构、地层单元、不同地貌等）变化？生物多样性受到哪些因素调控及其潜在机理是什么？这些问题便成为该领域的关键科学问题。已有研究表明，含水层生态系统中的微生物多样性受到多个环境因子的调控，包括微生物的自身进化、生物地理因素、空间异质性以及自然气候变化与人类活动扰动等（Griebler and Lueders，2009）。含水层生态系统的高度空间异质性也是影响地下水中微生物多样性的重要因素，不同的水力条件以及沉积物物理化学性质差异均会影响微生物的种群分布。由于自然选择以及极短的换代时间，在低渗透性的地层中，微生物也可以进化出较高的多样性（van Waasbergen et al.，2000）。此外，含水层生态系统从时间与空间尺度上均明显隔离于地表水系统，因此地理隔离也是影响微生物多样性的重要因素，但是目前对含水层生态系统中地理隔离如何影响微生物多样性还需要进一步研究。

含水层生态系统中微生物多样性的时间变化则主要由外源扰动引起，其变化与地下水中的元素循环及能量流动具有重要联系。但是由于从地下采集到具有足够微生物量的样品以及进行长期监测采样具有一定的难度（Griebler and Lueders，2009），关于对地下水中微生物多样性随时间变化的研究较少。前人研究表明，大气降雨、冰川溶解、洪泛及自然或人为造成的污染物输入对含水层生态系统中微生物群落随时间的变化具有显著影响（Griebler and Lueders，2009）。其中，地表水−地下水相互作用是导致地下生态系统中微生物群落随时间变化的重要水文地球化学过程。外源输入的营养物质与外源微生物会显著改变原位地下水含水层中的微生物群落结构（Lin et al.，2012）。Zhou 等（2015）的研究表明，含水层微生物群落结构的季节变化还可能受到地下水位波动的影响。Zheng 等（2019）的研究表明，地表水系统的补给会促进浅层地下水中的生物铁氧化过程，从而降低溶解态砷的浓度，而当输入的电子受体耗尽后，生物介导的铁氧化物矿物的还原性溶解会导致地下水砷浓度重新上升，从而形成季节性变化。此外，微生物功能群落的季节性变化对指示含水层生态系统中生物地球化学过程的演化也具有重要意义（Zhang et al.，2018），微生物功能群的时间变异性也是驱动地下水化学条件协同演化的重要因素之一。因此，开展含水层生态系统中生物多样性及群落结构随时间、空间变化的研究，对理解含水层生态系统中沉积过程、水文地球化学过程的演化及生物多样性的自身稳定机制均具有重要指示意义。

三、优先发展方向

基于上述分析，对含水层生态系统的研究，建议优先发展以下方向。

（1）含水层生态系统污染物运移中的水文生物地球化学过程模拟。其包括：生物−化学−水文耦合模型在含水层生态系统的元素循环、能量传递及污染物迁移转化过程中的应用；微生物代谢速率的模型化预测；建立基于基因尺度的代谢模型及其应用。

（2）含水层生态系统中微生物与矿物相互作用。其包括：微生物代谢对微量（有害）元素在矿物表面的吸附、沉淀、价态转化等化学行为的影响；环境中不同的有机质对微生物介导下矿物转化的调控机理；微生物与矿物间的胞外电子传递过程。

（3）含水层中微生物群落功能与生态系统的相互作用。其包括：精确监测及表征含水层生态系统中生物群落结构及多样性的时空变化；调控生物群落时空变化的环境因素；研究生物群落的代谢功能对于外界环境扰动在时间及空间尺度下的响应机制；基于环境基因组学技术进行未知生命探索及生物代谢功能研究。

（4）生物指标在含水层生态系统（污染）状态综合评价中的应用。其包括：建立基于生物指标（包括细胞数、多样性指数、种群丰度以及功能基因丰度等）的生态系统状态综合评价体系；识别生态系统中对环境扰动敏感的生物种群作为生态评价标准；了解生态系统中生物种群对气候变化过程的响应机理。

第五节　岩溶生态水文地质

一、科学意义与战略价值

由于地表、地下双层水文地质结构的存在，可溶性碳酸盐岩地区不仅孕育了完全依赖地下水的岩溶含水层和洞穴生态系统，还形成了高度依赖地下水的岩溶地表生态系统（袁道先，2001；Kløve et al.，2011）（图 4-12）。据报道，岩溶地表生态系统中的植被普遍发育二态根系（浅根系和深根系）（Liu et al.，2019），有的深根长度甚至超过 60m，可以穿透碳酸盐岩层，从岩溶表层带以及深埋的地下水中获取水分和营养物质（Jackson et al.，1999）。由此可见，生态学与岩溶水文地质学交叉形成岩溶生态水文地质学，其研究对象不应限于当前地下水依赖型生态系统分类体系中的岩溶含水层和洞穴生态系统，在许多区域还应将岩溶地表生态系统囊括进来。在此背景下，岩溶生态水文地质研究具有以下三个方面的科学意义和战略价值。

（1）拓展岩溶水文地质学的研究和应用领域。岩溶生态水文地质学的提出与发展使人们意识到岩溶地下水不仅具有资源属性，岩溶介质也不仅是水资源的储存和运移空间，两者还具有重要的生态功能属性，可为含水层和洞穴生态系统提供必要的生存空间、能量和氧气，孕育和维持其生态复杂性和生物多样性，还支撑着岩溶地表生态系统，影响其物种组成、结构和功能，甚至决定着其演化过程（Kløve et al.，2011）。上述认知的转换及相关研究给传统岩溶水文地质学注入了新的活力，进而推动了岩溶水文地质学的迅速发展。

（2）丰富生态系统的类型，推动生态学科（特别是岩溶生态学科）的发展。一方面，岩溶含水层和洞穴本身就是生态系统的一种类型，而且是一种极端环境下的特殊生态系统，所以岩溶含水层和洞穴生态系统的提出丰富了人们对生态系统类型的认识；另一方面，岩溶含水层和洞穴生态系统的物种具有高度的地方特有性和古老性特点，包括了来自不同地质时期且经历过气候变化、构造运动等重大事件的动物群谱系，被称为"活的博物

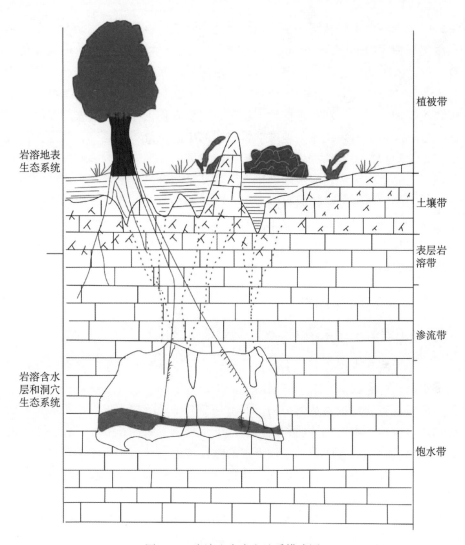

岩溶地表
生态系统

植被带

土壤带

表层岩
溶带

渗流带

岩溶含水
层和洞穴
生态系统

饱水带

图 4-12　岩溶生态水文地质模式图

馆"（Humphreys，2009），为进化生态学、分子生态学等的研究提供了宝贵
的物种库（Griebler et al.，2014）。

　　（3）可推动恢复生态学理论和实践的发展，促进岩溶区生态安全的建
设与保障。在自然条件下，岩溶含水层和洞穴生态系统发育于非常稳定的环
境中，其生物群落具有高度分层的特征，物种的生态幅窄、生态位分离程度
高，这些特征使其成为地球上对外界变化响应最为敏感的生态系统类型之
一，地下水的水位、流量、水质等参数的微小变化都可能导致大量物种的丧

失，引起岩溶含水层和洞穴生态系统结构和功能的剧烈变化，乃至整个生态系统的崩溃（Clifton and Evans，2001）。目前，不断加剧的全球环境变化与高强度的人类活动已严重影响到岩溶含水层和洞穴生态系统的安全，其保护与恢复工作受到广泛关注（Rohde et al.，2017），被纳入多个国际水资源管理政策行动计划中，同时也推动了生态系统恢复理论与实践的发展。另一方面，岩溶地表生态系统作为地球上最脆弱的生态系统类型之一，其退化造成的石漠化问题严重制约着岩溶区的可持续发展，长期以来为全球社会各界和国际学术界密切关注。岩溶地表生态系统又是一种高度依赖地下水的生态系统，它的保护与恢复必须以岩溶地下水的保障为基础。因此，岩溶生态水文地质学的发展，特别是岩溶地表生态系统和地下水之间的耦合作用的研究，促进了恢复生态学理论的发展，并在全球形成众多且卓有成效的石漠化综合治理模式（Jiang et al.，2014）。

二、关键科学问题

（一）岩溶生态系统中生物物种对地下水依赖的识别

对于岩溶含水层和洞穴生态系统而言，可以认为其地下生物群都是依赖地下水的；对于地下水支撑的岩溶地表生态系统而言，尽管认识到存在能够穿透碳酸盐岩的深根发达的植物，但不是所有植被的根都发育得足够长而能够到达岩溶地下水位，从而利用岩溶地下水和营养物质；同时，在一年中的干旱期内，依赖且有能力利用地下水的植被能够维持植物正常的生理活性或生态过程以渡过干旱期，并表现出特色的生理特征与生态过程。因此，通过对植物根系和生理特征的解剖，以及地下水、土壤水、植物茎干水的同位素（δ^2H 和 δ^{18}O）的关系分析，能够识别植物是否存在对地下水的依赖情况。

（二）岩溶生态系统中种群与物种对地下水的依赖程度的判断

对于岩溶地表生态系统来说，不同植被类型对地下水的依赖程度存在明显的差异。哪些植物为强制性依赖地下水，哪些植物则是临时性依赖地下水？各类型植被对地下水的依赖出现在什么时候？各类型植被对地下水的依赖程度如何定量化？其对地下水的依赖程度可以尝试通过：①定量评估一年中植物生长所需水分中地下水的比例来确定；②定量植被对地下水变化（地下水位下降率、幅度和持续时间）的响应模式（树冠体积、径向茎干生长和死亡率的变化）来确定；③利用植物木质部水和水源（地下水和土壤水）的稳定同位素组成，结合质量平衡混合模型来确定。

（三）岩溶生态系统关键生态过程对地下水依赖性的识别

生态系统的关键过程（包括开花、结籽和发芽，生长与维持，繁殖及育龄恢复，死亡，以及营养循环等）对维持岩溶地下水支撑的含水层和洞穴生态系统，以及岩溶地表生态系统的结构和功能具有重要作用，而这些生态过程对岩溶地下水可获得性是否敏感？对此最敏感的生态过程是什么？生态过程对地下水文状况的变化是否敏感？对此最敏感的生态过程是什么？哪些生态过程影响到生态系统服务？

（四）岩溶地下水各参数的生态学意义

岩溶含水层和洞穴生态系统的形成需要地下水为其提供足够的空间、营养物质以及维持环境的稳定性。地下水的哪些参数决定着能否满足生态系统所需的这些条件，从而维持其结构和功能？依赖岩溶地下水的植被必须通过其深根从岩溶地下水中吸收生长所需的水分和营养物质以维持植物正常的生长，地下水位与植物根系之间的距离决定着植被是否能够利用到地下水，从而影响其生态系统中植被的成分；地下水量的大小决定着依赖地下水的植物是否能够吸收足够的水分和营养物质，从而影响植物的生态过程、生长速度以及植物的生产力；地下水质量则决定着依赖地下水的植物吸收利用了什么样的营养元素，从而影响植物的生态特征。对上述科学问题的研究，能够为岩溶地下水依赖型生态系统的形成、演变以及退化生态系统的恢复与重建提供科学依据。

（五）岩溶生态系统中关键物种和群落结构对气候变化及地下水退化的响应过程

随着全球变化和人类活动影响的威胁日益加剧，岩溶地下水退化（如地下水位降低、水质污染等）日益突出，而岩溶生态系统对环境变化和人类活动十分敏感且高度脆弱。一方面，在岩溶生态系统维持其关键过程、结构、功能和服务能力的情况下，对地下水属性中的水位、流量以及质量变化的可允许的阈值的研究至关重要，然而确定关键地下水属性的安全变化阈值既困难又耗时。首先，既需要确定从个体、群落到生态系统水平上的生态需水量，还需要厘清岩溶地下水如何在岩溶地下水依赖型生态系统内进行水力交换和物质传输过程，揭示岩溶地下水与其支撑的生态系统之间的相互作用过程与控制机制，更需要开展地下水与地表水、土壤水、植被生态系统之间的水流、水质和营养物质的交换方式和过程，即生态水文过程的研究。此外，还需要开展如下研究：岩溶地下水依赖型生态系统中关键物种的生理过程（如气孔导度、用水量、水分利用效率、树冠体积与生长速度等）对气候变化和地下水退化的响应，生态系统的营养物质循环、物种多样性和群落结构等对气候变化和地下水退化的响应，不同空间尺度上植被和岩溶地下水的耦合过程与控制机理等。

（六）岩溶含水层和洞穴生态系统与岩溶地表生态系统耦合的水文生态环境效应

岩溶含水层和洞穴生态系统与岩溶地表生态系统不是独立的两个生态系统。两个生态系统之间存在密切的水分、营养物质以及能量交换。如岩溶地表生态系统中的植物深根为含水层和洞穴生态系统的生物提供生存的空间与食物，而植物深根从含水层和洞穴生态系统中获取水分和营养物质。但两类生态系统之间的耦合过程与控制机理是什么？耦合作用产生的水文生态环境效应是什么？目前，我们对此知之甚少，亟须开展此方面的研究。

三、优先发展方向

根据岩溶生态水文地质学科的发展现状，结合我国生态文明建设，特别是岩溶区生态恢复与重建以及岩溶地下水开发与保护的现实需求，建议优先发展以下方向。

（一）岩溶地下水依赖型生态系统观测台站的建设与数据获取

完整、可靠和长期连续的观测数据是岩溶生态水文地质研究的基础和创新的源泉。岩溶地下水依赖型生态系统因气候变化和人类活动导致的退化（石漠化、污染、流量衰减、生物多样性丧失等）具有全球性，研究的进展和相关问题的解决都需要大量相关数据的支持，但遗憾的是，除了美国、澳大利亚、南非、欧盟一些成员国家等少数发达国家，全球岩溶生态水文地质的观测十分薄弱。在我国，尽管建立了一些国家野外观测台站，但岩溶生态水文地质甚至岩溶生态和岩溶地下水一直都没有被纳入其中，而岩溶面积占我国国土面积的1/3，人类活动影响强度大，岩溶地下水依赖型生态系统面临的问题更加突出与严重。其中，岩溶地下水和生态系统退化既是岩溶地下水依赖型生态系统面临的两大突出问题，也是我国整个生态文明建设面临的重大而急需解决的问题。因此，岩溶地下水依赖型生态系统观测台站建设与数据获取在我国尤为必要和紧迫。

（二）岩溶含水层和洞穴生态系统的识别与保护

岩溶含水层和洞穴生态系统被称为"活的博物馆"，在全球广泛分布，但极具地方特色，不仅具有地下生物的多样性，还包括了高比例的地方特有种和遗迹物种，在研究生态系统多样性及区域乃至全球气候变化、构造运动与地球深部历史具有重要的科学价值和意义。人类对该系统的认识甚少，特别对其中的无脊椎动物的多样性可以说是一无所知。目前，除澳大利亚、美国、南非等极少数国家开展了一些岩溶含水层和洞穴生态系统的识别与保护研究，并发现了众多新的地下生物物种外，包括我国在内的其他国家在此方面的研究基本尚属空白。同时，随着全球人类活动的不断加剧，岩溶含水层和洞穴生态系统中的物种面临灭绝的威胁。因此，在生态系统多样性和生物多样性保护以及生态系统服务越来越受到关注与重视的今天，岩溶含水层和洞穴生态系统的识别与保护显得十分必要与紧迫。

（三）地下水型植被与岩溶地下水的相互作用及其恢复与重建

岩溶地区的地下水型植被所发育的深根可穿透碳酸盐岩层，从岩溶表层带以及深埋的地下水中获取水分和营养物质，从而维持自身生长及所处生态系统的组成、结构、功能和稳定；反过来，良好的植被覆盖能够涵养岩溶地下水，提高其水质，并影响地下水文过程。但关于岩溶地下水与植被相互作用的过程与效应仍有很多关键科学问题没有得到认识或解决（详见本节关键科学问题部分）。这些问题的回答不仅对岩溶地下水依赖型生态系统的保护与管理具有重要意义，而且对岩溶地表生态系统恢复与重建理论的发展和实践具有重要意义。

岩溶石漠化是全球性的生态环境问题，在我国更为突出和严重。目前我国西南岩溶地区仍有 10 万 km^2 的石漠化土地亟须修复。但由于对植被与地下水的相互作用过程与效应的认识不够，目前的岩溶生态修复与重建基本还是侧重于单纯的植被恢复，而对恢复植被的物种选择、恢复植被的生态需水和地下水提供能力、恢复植被的水文和生态效应以及恢复生态系统的稳定性和多样性等欠缺甚至缺失研究，从而导致恢复生态系统的生态水文效益低下、稳定性差且缺乏可持续性。

因此，亟须开展岩溶地下水依赖型生态系统中地下水和植被相互作用的研究，包括：岩溶地下水如何影响植被分布和植被生态过程，量化植被对地下水的依赖程度，地下水和植被之间碳和营养物质的生物地球化学循环过程，植被格局和地下水的相互关系，生态－地下水文和溶质耦合模型，恢复生态系统的修复与重建等。

（四）气候变化与人类干扰下岩溶地下水依赖型生态系统的响应

与大多数其他生态系统一样，岩溶地下水型生态系统面临着广泛的直接和间接的人为威胁。其威胁过程可能作用于生态系统本身、地下水以及它们所依赖的生态与水文过程，不仅能够导致其生态过程的变化、生物多样性的减少、生态系统功能与稳定性降低，还能够导致其生态系统结构、功能的完全丧失以及生态系统的崩溃。这取决于气候变化和人类活动的影响方向，以及生态系统对岩溶地下水的依赖程度。因此，岩溶地下水依赖型生态系统面临哪些气候变化及人类的威胁？这些威胁会带来岩溶地下水中哪些属性的变化（特别是哪些关键属性的变化）？生态系统关键生理、生态、生物地球化学循环过程、生态系统服务如何响应地下水每个属性的变化？这些响应过程如何定量表达？这是岩溶地下水依赖型生态系统可持续管理的基础，并且可为其他地下水依赖型生态系统乃至全球变化研究提供借鉴意义。

本章作者：

中国地质大学（武汉）马腾撰写第一节；中国地质大学（武汉）孙自永、王云权和补建伟撰写第二节；中国地质大学（武汉）甘义群、邓娅敏、杜尧、马瑞和中国地质调查局武汉地质调查中心黎清华撰写第三节；中国地质大学（武汉）蒋宏忱和郑天亮撰写第四节；西南大学蒋勇军和中国地质科学院岩溶地质研究所蒋忠诚、姜光辉、蒲俊兵、罗为群、邓艳、邹胜章、李强撰写第五节；中国地质大学（武汉）王焰新和孙自永、加拿大滑铁卢大学Philippe van Capellen负责本章内容设计，王焰新和孙自永负责统稿。

参考文献

杜尧，马腾，邓娅敏，等. 2017. 潜流带水文－生物地球化学：原理、方法及其生态意义. 地球科学，42（5）：661-673.
范伟，章光新，李然然. 2012. 湿地地表水－地下水交互作用的研究综述. 地球科学进展，

27（4）：413.

袁道先 . 2001. 论岩溶生态系统 . 地质学报，75（3）：432.

Acharya B S，Kharel G，Zou C B，et al. 2018. Woody plant encroachment impacts on groundwater recharge：A review. Water，10（10）：1466.

Adams H D，Luce C H，Breshears D D，et al. 2012. Ecohydrological consequences of drought-and infestation- triggered tree die-off：Insights and hypotheses. Ecohydrology，5（2）：145-159.

Anantharaman K，Brown C T，Hug L A，et al. 2016. Thousands of microbial genomes shed light on interconnected biogeochemical processes in an aquifer system. Nature Communications，7：13219.

Antonellini M，Mollema P N. 2010. Impact of groundwater salinity on vegetation species richness in the coastal pine forests and wetlands of Ravenna，Italy. Ecological Engineering，36（9）：1201-1211.

Arantes C C，Fitzgerald D B，Hoeinghaus D J，et al. 2019. Impacts of hydroelectric dams on fishes and fisheries in tropical rivers through the lens of functional traits. Current Opinion in Environmental Sustainability，37：28-40.

Bao P，Li G X，Sun G X，et al. 2018. The role of sulfate-reducing prokaryotes in the coupling of element biogeochemical cycling. Science of the Total Environment，613-614：398-408.

Barbeta A，Peñuelas J. 2017. Relative contribution of groundwater to plant transpiration estimated with stable isotopes. Scientific Reports，7（1）：10580.

Binley A，Hubbard S S，Huisman J A，et al. 2015. The emergence of hydrogeophysics for improved understanding of subsurface processes over multiple scales. Water Resources Research，51（6）：3837-3866.

Cantonati M，Gerecke R，Bertuzzi E. 2006. Springs of the Alps-sensitive ecosystems to environmental change：From biodiversity assessments to long-term studies. Hydrobiologia，562：59-96.

Cardenas M B. 2015. Hyporheic zone hydrologic science：A historical account of its emergence and a prospectus. Water Resources Research，51（5）：3601-3616.

Castelle C J，Hug L A，Wrighton K C，et al. 2013. Extraordinary phylogenetic diversity and metabolic versatility in aquifer sediment. Nature Communications，4：2120.

Cislaghi A，Chiaradia E A，Bischetti G B. 2016. A comparison between different methods for determining grain distribution in coarse channel beds. International Journal of Sediment Research，31（2）：97-109.

Clarke C J，George R J，Bell R W，et al. 2002. Dryland salinity in south-western Australia：Its origins，remedies，and future research directions. Australian Journal of Soil Research，

40（1）：93-113.

Clarke S J. 2002. Vegetation growth in rivers：Influences upon sediment and nutrient dynamics. Progress in Physical Geography, 26（2）：159-172.

Clifton C，Evans R S. 2001. Environmental water requirements to maintain groundwater dependent ecosystems//Environmental Flows Initiative Technical Report Number 2. Canberra：Commonwealth of Australia.

Crognale S，Amalfitano S，Casentini B，et al. 2017. Arsenic-related microorganisms in groundwater：A review on distribution, metabolic activities and potential use in arsenic removal processes. Reviews in Environmental Science and Bio/Technology, 16：647-665.

D'Odorico P，Laio F，Porporato A，et al. 2010. Ecohydrology of terrestrial ecosystems. BioScience, 60（11）：898-907.

Döll P，Fiedler K. 2008. Global-scale modeling of groundwater recharge. Hydrology and Earth System Sciences, 12：863-885.

Eamus D，Froen R H，Loomes R，et al. 2006. A functional methodology for determining the groundwater regime needed to maintain the health of groundwater-dependent vegetation. Australian Journal of Botany, 54：97-114.

Eamus D，Zolfaghar S，Villalobos-Vega R，et al. 2015. Groundwater-dependent ecosystems：Recent insights from satellite and field-based studies. Hydrology and Earth System Sciences, 19（10）：4229-4256.

Evans S G，Ge S M，Liang S H. 2015. Analysis of groundwater flow in mountainous, headwater catchments with permafrost. Water Resources Research, 51：9564-9576.

Fan J L，Baumgartl T，Scheuermann A，et al. 2015. Modeling effects of canopy and roots on soil moisture and deep drainage. Vadose Zone Journal, 14（2）：1-18.

Filipponi F，Valentini E，Xuan A N，et al. 2018. Global MODIS fraction of green vegetation cover for monitoring abrupt and gradual vegetation changes. Remote Sensing, 10（4）：653.

Foster S，Koundouri P，Tuinhof A，et al. 2006. Groundwater Dependent Ecosystems：The challenge of balanced assessment and adequate conservation. Washington, D. C.：The World Bank.

Gavrilescu M，Demnerová K，Aamand J，et al. 2015. Emerging pollutants in the environment：Present and future challenges in biomonitoring, ecological risks and bioremediation. New Biotechnology, 32（1）：147-156.

Gokool S，Riddell E S，Swemmer A，et al. 2018. Estimating groundwater contribution to transpiration using satellite-derived evapotranspiration estimates coupled with stable isotope analysis. Journal of Arid Environments, 152：45-54.

Gonzalez-Pinzon R，Ward A S，Hatch C E，et al. 2015. A field comparison of multiple

techniques to quantify groundwater-surface water interactions. Freshwater Science, 34 (1):
139-160.

Gribovszki Z. 2018. Comparison of specific-yield estimates for calculating evapotranspiration
from diurnal groundwater-level fluctuations. Hydrogeology Journal, 26 (3): 869-880.

Griebler C, Lueders T. 2009. Microbial biodiversity in groundwater ecosystems. Freshwater
Biology, 54 (4): 649-677.

Griebler C, Malard F, Lefébure T. 2014. Current developments in groundwater ecology: From
biodiversity to ecosystem function and services. Current Opinion in Biotechnology, 27: 159-
167.

Grygoruk M, Batelaan O, Mirosław-Świątek D, et al. 2014. Evapotranspiration of bush
encroachments on a temperate mire meadow: A nonlinear function of landscape composition
and groundwater flow. Ecological Engineering, 73: 598-609.

Gu C H, Anderson W, Maggi F. 2012. Riparian biogeochemical hot moments induced by
stream fluctuations. Water Resources Research, 48 (9): W09546.

Gupta N K, Sengupta A, Gupta A, et al. 2018. Biosorption-an alternative method for nuclear
waste management: A critical review. Journal of Environmental Chemical Engineering,
6 (2): 2159-2175.

Hensley R T, Cohen M J, Korhnak L V. 2015. Hydraulic effects on nitrogen removal in a tidal
spring - fed river. Water Resources Research, 51 (3): 1443-1456.

Hera A D L, Gurrieri J, Puri S, et al. 2016. Ecohydrology and hydrogeological processes:
Groundwater-ecosystem interactions with special emphasis on abiotic processes. Ecohydrology
and Hydrobiology, 16 (2): 99-105.

House A R, Sorensen J P R, Gooddy D C, et al. 2015. Discrete wetland groundwater
discharges revealed with a three-dimensional temperature model and botanical indicators
(Boxford, UK). Hydrogeology Journal, 23: 775-787.

Hubalek V, Wu X F, Eiler A, et al. 2016. Connectivity to the surface determines diversity
patterns in subsurface aquifers of the Fennoscandian shield. The ISME Journal, 10 (10):
2447-2458.

Humphreys W F. 2009. Hydrogeology and groundwater ecology: Does each inform the other?
Hydrogeology Journal, 17: 5-21.

Humphries M S, Kindness A, Ellery W N, et al. 2011. Vegetation influences on groundwater
salinity and chemical heterogeneity in a freshwater, recharge floodplain wetland, South
Africa. Journal of Hydrology, 411 (1-2): 130-139.

Ilstedt U, Malmer A, Verbeeten E, et al. 2007. The effect of afforestation on water infiltration
in the tropics: A systematic review and meta-analysis. Forest Ecology and Management, 251

（1-2）：45-51.

Jackson R B，Moore L A，Hoffmann W A，et al. 1999. Ecosystem rooting depth determined with caves and DNA. Proceedings of the National Academy of Sciences of the USA of America，96：11387-11392.

Jiang X W，Sun Z C，Zhao K Y，et al. 2017. A method for simultaneous estimation of groundwater evapotranspiration and inflow rates in the discharge area using seasonal water table fluctuations. Journal of Hydrology，548：498-507.

Jiang Z C，Lian Y Q，Qin X Q. 2014. Rocky desertification in Southwest China：Impacts，causes，and restoration. Earth-Science Reviews，132：1-12.

Jin Q S，Roden E E，Giska J R. 2013. Geomicrobial kinetics：Extrapolating laboratory studies to natural environments. Geomicrobiology Journal，30（2）：173-185.

Kefford B J，Dalton A，Palmer C G，et al. 2004. The salinity tolerance of eggs and hatchlings of selected aquatic macroinvertebrates in southeast Australia and South Africa. Hydrobiologia，517：179-192.

Kløve B，Ala-Aho P，Bertrand G，et al. 2011. Groundwater dependent ecosystems. Part I：Hydroecological status and trends. Environmental Science and Policy，14（7）：770-781.

Lasagna M，de Luca D A，Franchino E. 2016. Nitrate contamination of groundwater in the western Po Plain（Italy）：The effects of groundwater and surface water interactions. Environmental earth sciences，75：240.

Lawson M，Polya D A，Boyce A J，et al. 2016. Tracing organic matter composition and distribution and its role on arsenic release in shallow Cambodian groundwaters. Geochimica Et Cosmochimica Acta，178：160-177.

Li J X，Wang Y X，Xie X J. 2016. Cl/Br ratios and chlorine isotope evidences for groundwater salinization and its impact on groundwater arsenic，fluoride and iodine enrichment in the Datong Basin，China. Science of the Total Environment，544：158-167.

Liernur A，Schomburg A，Turberg P，et al. 2017. Coupling X-ray computed tomography and freeze-coring for the analysis of fine-grained low-cohesive soils.Geoderma，308：171-186.

Lin X J，McKinley J，Resch C T，et al. 2012. Spatial and temporal dynamics of the microbial community in the Hanford unconfined aquifer. The ISME Journal，6：1665-1676.

Liu C X，Gorby Y A，Zachara J M，et al. 2002. Reduction kinetics of Fe（Ⅲ），Co（Ⅲ），U（Ⅵ），Cr（Ⅵ），and Tc（Ⅶ）in cultures of dissimilatory metal-reducing bacteria. Biotechnology and Bioengineering，80（6）：637-649.

Liu C X，Kota S，Zachara J M，et al. 2001. Kinetic analysis of the bacterial reduction of goethite. Environmental Science and Technology，35（12）：2482-2490.

Liu J C，Shen L C，Wang Z X，et al. 2019. Response of plants water uptake patterns to tunnels excavation based on stable isotopes in a karst trough valley. Journal of Hydrology, 571: 485-493.

Ma R, Zheng C M, Prommer H, et al. 2010. A field - scale reactive transport model for U (Ⅵ) migration influenced by coupled multirate mass transfer and surface complexation reactions. Water Resources Research, 46 (5): W05509.

Maxwell R M, Condon L E. 2016. Connections between groundwater flow and transpiration partitioning. Science, 353 (6297): 377-380.

Monod J. 1949. The growth of bacterial cultures. Annual Reviews in Microbiology, 3 (1): 371-394.

Moreno H A, Gupta H V, White D D, et al. 2016. Modeling the distributed effects of forest thinning on the long-term water balance and streamflow extremes for a semi-arid basin in the southwestern US. Hydrology and Earth System Sciences, 20 (3): 1241-1267.

Naumburg E, Mata-gonzalez R, Hunter R G, et al. 2005. Phreatophytic vegetation and groundwater fluctuations: A review of current research and application of ecosystem response modeling with an emphasis on Great Basin vegetation. Environmental Management, 35: 726-740.

Orellana F, Verma P, Loheide S P, et al. 2012. Monitoring and modeling water-vegetation interactions in groundwater-dependent ecosystems. Reviews of Geophysics, 50 (3): RG3003.

Peralta-Maraver I, Reiss J, Robertson A L. 2018. Interplay of hydrology, community ecology and pollutant attenuation in the hyporheic zone. Science of the Total Environment, 610-611: 267-275.

Polizzotto M L, Kocar B D, Benner S G, et al. 2008. Near-surface wetland sediments as a source of arsenic release to ground water in Asia. Nature, 454: 505-508.

Rodriguez-Iturbe I, D'Odorico P, Laio F, et al. 2007. Challenges in humid land ecohydrology: Interactions of water table and unsaturated zone with climate, soil, and vegetation. Water Resources Research, 43: W09301.

Rohde M M, Froend R, Howard J. 2017. A global synthesis of managing groundwater dependent ecosystems under sustainable groundwater policy. Groundwater, 55 (3): 293-301.

Sardans J, Penuelas J. 2014. Hydraulic redistribution by plants and nutrient stoichiometry: Shifts under global change. Ecohydrology, 7 (1): 1-20.

Sarrazin F, Hartmann A, Pianosi F, et al. 2018. V2Karst V1.1: A parsimonious large-scale integrated vegetation–recharge model to simulate the impact of climate and land cover change in karst regions. Geoscientific Model Development, 11 (12): 4933-4964.

Shaw G D, Mitchell K L, Gammons C H. 2016. Estimating groundwater inflow and leakage outflow for an intermontane lake with a structurally complex geology: Georgetown Lake in Montana, USA. Hydrogeology Journal, 25: 135-149.

Singer M B, Sargeant C I, Piegay H, et al. 2014. Floodplain ecohydrology: Climatic, anthropogenic, and local physical controls on partitioning of water sources to riparian trees. Water Resources Research, 50 (5): 4490-4513.

Singer M B, Stella J C, Dufour S, et al. 2013. Contrasting water-uptake and growth responses to drought in co-occurring riparian tree species. Ecohydrology, 6 (3): 402-412.

Sun Z Y, Long X, Ma R. 2016. Water uptake by saltcedar (Tamarix ramosissima) in a desert riparian forest: Responses to intra-annual water table fluctuation. Hydrological Processes, 30 (9): 1388-1402.

Tesoriero A J, Spruill T B, Mew Jr H E, et al. 2005. Nitrogen transport and transformations in a coastal plain watershed: Influence of geomorphology on flow paths and residence times. Water Resources Research, 41 (2): 1-15.

Tweed S O, Leblanc M, Webb J A, et al. 2007. Remote sensing and GIS for mapping groundwater recharge and discharge areas in salinity prone catchments, southeastern Australia. Hydrogeology Journal, 15: 75-96.

van Engelenburg J, Hueting R, Rijpkema S, et al. 2018. Impact of changes in groundwater extractions and climate change on groundwater-dependent ecosystems in a complex hydrogeological setting. Water Resources Management, 32: 259-272.

van Waasbergen L G, Balkwill D L, Crocker F H, et al. 2000. Genetic diversity among Arthrobacter species collected across a heterogeneous series of terrestrial deep-subsurface sediments as determined on the basis of 16S rRNA and recA gene sequences. Applied Environmental Microbiology, 66 (8): 3454-3463.

Wachniew P, Witczak S, Postawa A, et al. 2014. Groundwater dependent ecosystems and man: Conflicting groundwater uses. Geological Quarterly, 58 (4): 695-706.

Yin L H, Zhou Y X, Ge S M, et al. 2013. Comparison and modification of methods for estimating evapotranspiration using diurnal groundwater level fluctuations in arid and semiarid regions. Journal of Hydrology, 496: 9-16.

Zhang J W, Ma T, Yan Y N, et al. 2018. Effects of Fe-S-As coupled redox processes on arsenic mobilization in shallow aquifers of Datong Basin, northern China. Environmental Pollution, 237: 28-38.

Zheng T L, Deng Y M, Wang Y X, et al. 2019. Seasonal microbial variation accounts for arsenic dynamics in shallow alluvial aquifer systems. Journal of Hazardous Materials, 367: 109-119.

Zhou A X, Zhang Y L, Dong T Z, et al. 2015. Response of the microbial community to seasonal groundwater level fluctuations in petroleum hydrocarbon-contaminated groundwater. Environmental Science and Pollution Research, 22 (13): 10094-10106.

Zhu C G, Li W H, Chen Y N, et al. 2018. Characteristics of water physiological integration and its ecological significance for Populus euphratica young ramets in an extremely drought environment. Journal of Geophysical Research: Atmospheres, 123 (10): 5657-5666.

Zolfaghar S. 2013. Comparative ecophysiology of Eucalyptus woodlands along a depth-to-groundwater gradient. PhD thesis, University of Technology, Sydney: 228.

第五章
资助机制与政策建议

　　水文地质学对认知地球系统、可持续利用地球资源、保护地球环境都具有极其重要的作用，应该得到更好、更快的发展。但目前，该学科的科学地位还有待提升，其服务国家、行业和区域经济社会发展的能力还有待增强。其主要原因：①对水文地质的核心科学问题研究地不够深入系统，有时片面地扩大学科的外延，出现"内核不实、外延过大"的学科弱化现象；②过分强调地下水的供水功能，而对地下水的生态、环境、灾害、能源等功能重视不够，在满足国家的水、粮食、能源安全的需求方面仍显不足，参与各类国际"水"的大科学计划行动不够积极；③与其他学科交叉的主动性不强，在跨学科研究中的作用发挥不足；④科学知识的普及化不高，大部分民众甚至是政府官员对地下水的了解非常有限，致使在国土空间管控、水资源利用、生态环境保护等的政策制定、管理和决策中很少考虑到地下水这一关键因子。

　　在国际水文地质学快速发展、地下水资源可持续性面临重大挑战的背景下，通过加强对我国水文地质学重点研究方向、重点科技创新平台的资助，加强地下水观测与数据共享系统建设，加强水文地质领域的高水平国际合作、高层次人才培养和科普教育，将有助于汇聚创新资源，有助于打造高水平创新团队和创新平台，有助于产出立足中国、面向全球的重大创新成果，有助于提升学科的战略地位和影响力，为促进经济社会可持续发展提供重要支撑。

第一节 建设水文地质国家科技创新基地

国家科技创新基地是围绕国家目标，根据科学前沿发展、国家战略需求以及产业创新发展需要，开展基础研究、行业产业共性关键技术研发、科技成果转化及产业化、科技资源共享服务等科技创新活动的重要载体，是国家创新体系的重要组成部分。改革开放以来，我国先后启动了国家重点实验室计划（1984 年），以及以国家工程技术研究中心（1992 年）、国家科技基础条件平台（2004 年）、国家工程研究中心（2007 年）、国家工程实验室（2007 年），国家研究中心（2017 年，原试点国家实验室）为主体的国家科技创新基地平台体系建设。截至 2017 年年底，我国已建有国家重点实验室 481 个、国家工程技术研究中心 346 个、国家工程研究中心 131 个、国家工程实验室 217 个、试点国家实验室 7 个、国家科技基础条件平台建设计划 23 个。

"十三五"期间，为解决现有国家科技创新基地之间交叉重复、定位不够清晰的问题，科学技术部、国家发展和改革委员会、财政部联合发布了《国家科技创新基地优化整合方案》，提出了科学与工程研究、技术创新与成果转化、基础支撑与条件保障三类国家科技创新基地建设布局，并陆续发布了国家重点实验室、国家技术创新中心、国家野外科学观测研究站的相关指导性文件，对上述三类平台的功能定位、体制机制、优化整合方向等进行了总体规划和设计。其中，国家重点实验室定位于开展战略性、前沿性、前瞻性基础研究、应用基础研究等科技创新活动；国家技术创新中心定位于开展共性关键技术和产品研发、科技成果转移转化及应用示范；国家野外科学观测研究站定位于获取长期野外定位观测数据并开展研究工作，服务于生态学、地学、农学、环境科学、材料科学等领域发展。

当前，地学领域 44 个国家重点实验室主要分布在环境科学与生态、大气科学与全球变化、海洋科学、陆地表层与可持续发展、资源能源、地球演化与生命起源六个方向，其中聚焦地表水资源与环境的实验室有城市水资源与水环境、湖泊与环境、环境模拟与污染控制三个国家重点实验室，而涉及水文地质科学研究的实验室仅有的生物地质与环境地质（中国地质大学）、地质环境保护与地质灾害防治（成都理工大学）两个国家重点实验。从国家技术创新中心领域布局上看，水环境科学相关的国家科技创新基地集中在环境保护领域，建有国家城市环境污染控制工程技术研究中心、水资源高效利用与工程安全国家工程研究中心、国家城市污水处理及资源化工程技术研究中心三个，仅占不到该系列国家平台总量的1%，上述国家创新基地多侧重于城市污水控制与地表水资源开发利用。截止到2019年，97个国家野外科学观测研究站分布在生态系统、特殊环境与大气本底、地球物理和材料腐蚀四个领域。其中，生态系统类型野外站获取了我国20年唯一、长期连续的典型生态系统水土气生数据，初步建立了森林资源、湿地资源、荒漠化、农业环境、海洋环境监测网络，但在水文地质野外科学观测研究领域尚无布局。

从以上国家科技创新基地建设领域布局现状来看，无论是国家重点实验室、技术创新中心，还是野外科学观测研究站，环境水科学方面的研究平台均集中在地表水领域，以水文地质基础研究、应用研究和技术研发为主题的国家科技创新基地尚属空白。建议在新一轮国家科技创新基地建设布局时考虑这一因素，尽早填补空白，加快建设我国水文地质学研究、人才培养和国际合作的国家级研究基地。

第二节　组织实施重大项目和国际合作

我国水文地质学的发展得到了国家的长期支持，特别是国家自然科学基金委员会、科学技术部、自然资源部中国地质调查局等近年来以各类科技项目形式的持续资助。在此基础上，建议进一步组织和实施具有国际影响力、面向国家重大需求和国际科学前沿的水文地质领域大型研究计划。以国家自然科学基金项目为例，针对迄今还没有以水文地质为主题的重大项目、重大研究计划和基础科学中心的严峻现实，应动员国内外水文地质学者，围绕地下水超采区生态环境问题、地下水圈形成演化、全球变化背景下的地下水依赖型生态系统演化等方向，主动谋划并积极推动重大项目、重大研究计划和基础科学中心的立项。

我国水文地质学科的发展史就是一部国际科技教育合作史。早在20世纪50年代，我国水文地质学科专业在初建时期便大量引进了苏联的人才培养与学科体系。直至今日，该体系对我国地下水科学领域的影响依然存在。进入21世纪后，我国水文地质学科得到长足发展，一些研究方向已经不断接近或处于国际领先水平，但仍应该清醒地看到：当前全球化趋势明显，跨国开展教学、科研合作逐渐成为普遍现象。国外水文地质学科发展历程较为久远，学科知识体系较为系统、完备，具有丰富的理论与实践经验，且技术、理念先进，值得我国不断跟进学习；同时，水文地质学科的交叉属性决定了必须通过跨学科、跨国别的合作才能不断推进学科发展。因此，开展水文地质领域项目、资源、人才、成果等多个方面的国际合作势在必行。本书对此做以下建议。

（1）进一步加强国际合作项目的申请与协作。应进一步鼓励水文地质领域高校、科研院所的科技人员牵头、参与申报重大国际合作项目：一是与"一带一路"沿线国家开展双边和多边合作项目，利用我国水文地质领域的优势技术与经验来服务国家外交，满足资源层面的需求，扩大与其他发展中国家的项目合作；二是与发达国家的一流学科、一流学者开展科技合作，通过国际合作项目的开展，加快提升我国水文地质学科的影响力和竞争力。

（2）进一步加强地下水平台资源与信息共享。当前，面向重大气候、资源环境问题的全球对比和协作研究是科学发展的大势所趋，在某些领域已经建立了全球资源平台与数据、信息的共享机制。如地球关键带科学领域已经形成了地球关键带观测站网络（critical zone exploration network，CZEN），全球超过 30 个国家、近 240 个地球关键带观测站加入了该网络；美国地球关键带观测计划（CZO Program）所建立的 9 个地球关键带观测站已经实现了数据、平台的资源共享，为解决一系列大尺度、全球性问题提供了有力保障。因此，应进一步深化国际科研学术组织合作，建立全球地下水野外观测、模拟网络，深度参与全球地下水资源储量评价、地下水环境与气候演化等重大问题研究。

（3）进一步提升培养水文地质领域青年教师和青年科技人才的国际化意识和国际竞争力。其主要措施包括：①加强高校教师、科研人员合作交流：选派优秀青年教师、科研人员出国进修，采取高端引进与出国学习相结合的方式，开展科研合作，开阔国际视野，提升教师学术水平。②加强国际知名专家来华交流：每年成规模地邀请国际知名专家来华讲学、访学，聘请国内外知名专家学者为客座教授或兼职教授，指导教学、科研和学科的建设工作。③提高国际学术会议和学术组织的影响力：组织主办有影响力的国际会议，组织教师、科研人员和研究生参加国内外高水平学术会议，鼓励更多的中青年学者在国际学术组织任职、担任国际主流学术期刊的编委。

第三节　加强地下水资源与环境观测 - 数据共享系统建设

一、国内外地下水监测和数据共享情况

我国大陆的地下水监测工作主要由水利部、自然资源部和生态环境部三个部门共同承担，而其工作侧重点有所不同。水利部以流域为单元，以易受地表或土壤水污染下渗影响的浅层地下水为主要监测对象，主要针对地下水资源量进行监测（马韧，2012；井柳新等，2013）。自然资源部以地下水含水系统为单元，将以潜水为主的浅层地下水和以承压水为主的中深层地下水作为对象，针对的是由地下水而引发的地面沉降和地质环境破坏等的监测。2015～2017年，国土资源部和水利部联合实施了国家地下水监测工程，通过新建及改建地下水监测站点，构建区域地下水监测网。

环保部门针对的是地下水污染状况的监测，重点针对集中式地下水水源开展水质监测，对垃圾填埋场、危险废物填埋场等也有相应规范要求开展地下水环境监测。我国生态环境部门的地下水监测工作起步较晚，尚未形成完整的地下水环境监测体系，而且大多的监测井主要以地下水源地监测为主。地方环保部门也自行开展了地下水环境监测。此外，要求对垃圾填埋场、危废处置场、新建的建设项目等污染源进行相应监测工作。截至2016年，环保部门的垃圾填埋场地下水监测点为990个，危废处置场地下水监测点为417个（魏明海等，2016）。

我国台湾地区地下水监测井设置兼顾区域与点面相结合，分别为场地监测井（以污染控制为目的）和区域监测井（以监测为目的）。场地监测井主要是针对地下水污染源的持续性详细调查与整治工作来开展监测，以掌握地下水遭受污染源的污染情况；区域监测井主要用于掌握区域宏观尺度的地下水水质变化趋势，每年定期开展4次监测。截至2016年，已建成1000多个场地监测井和431个区域监测井（魏明海等，2016）。

将地下介质、地下水流、地下水系统演化等监测数据进行耦合，是地下水管理的基础和关键。同时，地下水监测情况也可以在一定程度上反映出不同部门在水资源开发保护以及环境保护等工作方面的改革措施是否得当。但总体来看，目前我国地下水监测大多侧重于国土和水利方面，在大尺度上进

行区域性的监测，地下水监测点密度依然偏小，只能概略地监测地下水水量以及水质状况和变化趋势，污染场地和污染源层面的监测总体来说仍然较为缺乏。各级地方政府也应该根据自身情况来建设地方级地下水监测网络，与国家级地下水监测网络一起构成完整的监测网，并加密监测点位。掌握基于高精度、高分辨率、高频率及定深监测和野外试验监测认知的地下水流及污染物的迁移行为情况对地下水的管理决策非常有用，这些监测内容在我国现有的监测系统中需要完善：地球物理、地球化学和同位素示踪技术在内的多种方法应该与水文地质方法相结合，以观测、模拟和预测地下水系统行为和性质的变化；除了传统的监测方法，遥感与卫星数据的解译可用于大范围的地下水系统监测，应列入我国区域地下水监测系统中。

我国地下水资源与环境数据共享系统主要是不同部门或单位针对具体情况展开的。中国地质调查局国土资源实物地质资料中心已经建立了一个全国重要地质钻孔数据库服务平台（http://zk.cgsi.cn/）。截至2018年11月21日，该平台累计发布钻孔908 506个。该平台提供了地图检索和目录检索两种方式来查询地质钻孔的信息，还根据行政区划、行业部分、钻孔类型等提供了钻孔数量统计。

"地质云"是中国地质调查局主持研发的一套综合性地质信息服务系统，面向社会公众、地质调查技术人员、地学科研机构、政府部门提供各类丰富的地质信息服务。"地质云"数据平台（http://geocloud.cgs.gov.cn/）上共享了与地下水相关的数据资料：①全国水资源与环境数据，包括全国1/20万水文地质图、1/400万中国地下水环境图、1/1200万中国地下水环境图、1/1200万中国地下水化学图、1/1200万中国地下水资源分布图；②区域地下水资源与环境数据，包括1/450万黄河流域地下水环境图、1/450万黄河流域地下水资源分布图、1/220万松辽平原地下水资源分布图、1/200万黄淮海平原地下水环境图、1/700万西北地区地下水资源分布图、1/700万西北地区地下水环境图、1/440万南方岩溶地区地下水资源分布图和1/440万南方岩溶地区地下水环境图；③分省（自治区、直辖市）水资源与环境数据，包括中国各省（自治区、直辖市）的地下水资源分布图和地下水环境图；④水文地质图，包括1/20万不同图幅的水文地质图。"地质云"数据平台还开发了全国地下水样品监测质量监控专家系统。该系统根据《区域地下水污染调查评价规范》中实验室外部质量控制的要求，定期或不定期地向承担全国地下水水质调查样品分析任务的实验室发放控制样品，通过开发全国地下水样品测试质量监控专家系统，在互联网上进行监控样品的发放登记、控制结果的数据录入、数据评价，以及结果浏览、查询等，针对地下水水质调查测试技术及研究中样品测试的质量，进行实时监控、实时评价、实时统计，评价各实验室的测试质量，及时发现和纠正测试中的问题，从而解决地下水水质样品分析测试工作中存在的关键问题，建立与完善地下水水质调查测试技术体系。通过注册申请可免费申请下载相关数据。

地质科学数据共享网（geological scientific data sharing network）由中国地质科学院主办，是提供地质科学数据服务的共享平台，数字化整合、集成了中国地质科学院建院 60 多年来积累的海量地质科学数据资源，为国家和社会公众提供地质基础数据服务。中国地质科学院地质科学数据共享网（http：//www.geoscience.cn/index.htm）上也提供了部分与地下水资源相关数据，例如中国水文地质图、中国地下水资源分布图、西北地下水资源及利用图、广西岩溶地下河数据集。

国家地球系统科学数据中心共享服务平台（http：//www.geodata.cn/index.html）属于国家科技基础条件平台下的科学数据共享平台。该平台早在 2002 年就作为我国科学数据共享工程的首批 9 个试点之一启动建设，于 2011 年度纳入首批国家科技基础条件平台。它属于科学数据共享工程规划中的"基础科学与前沿研究"领域，主要是为地球系统科学的基础研究和学科前沿创新提供科学数据支撑和数据服务，是目前科学数据共享中唯一以整合、集成科研院所、高等院校和科学家（个人）通过科研活动所产生的分散科学数据为重点的平台。国家地球系统科学数据中心共享服务平台承担单位是中国科学院地理科学与资源研究所。中国科学院资源、环境领域的研究所和国内地学领域的知名高校共 40 多家单位，世界数据中心（WDC）和国际山地中心（ICIMOD）、美国马里兰大学等国际组织和机构参与了该平台的建设与运行服务。国家地球系统科学数据中心共享服务平台的总体目标是整合、集成分布在国内外数据中心群、高等院校、科研院所和野外监测台站以及科学家个人手中历史的、现状的和未来的科学研究产生的数据资源，接收国家重大科研项目产生的数据成果及引进国际数据资源，并加工、生产满足人地系统及地球系统各圈层相互关系研究的专题数据集，建立健全运行机制，形成一个非营利的"以各运行服务中心"为构架的分布式地球系统科学前沿研究与全球变化研究数据支撑平台。2010 年前，重点整合满足资源、环境与人地关系等重大前沿及社会经济发展和国家重大战略研究所需的数据资源，并为全面建设国家地球系统科学数据中心共享服务平台和保持其长期稳定运行奠定基础。国家地球系统科学数据中心共享服务平台上也提供了中国部分区域地下水资源相关数据，在该平台上通过检索关键字"地下水资源"便可以查询相关数据。在该平台上有 5 个数据中心也含有少量地下水资源相关数据：冰川冻土沙漠科学数据中心（http：//www.crensed.ac.cn/portal/）、湖泊－流域科学数据中心（http：//lake.geodata.cn/）、黄河下游科学数据中心（http：//henu.geodata.cn/index.html）、东北黑土科学数据中心（http：//northeast.geodata.cn/）、长江三角洲科学数据中心（http：//nnu.geodata.cn：8008/index.html）。

在国家自然科学基金委员会资助下，2005 年我国启动了中国西部环境与生态科学数据中心（简称西部数据中心，该数据中心网站与国家青藏高原科学数据中心一体化建设，http：//westdc.westgis.ac.cn/zh-hans/）。西部数据中心的定位首先是直接服务于西部计划，建成地域特色鲜明、信息高度综合、突出数据集成，同时又能够带动整个地球表层科学研究的地球科学中心。西部数据中心承担西部计划项目数据产出的收集、管理、集成工作，并面向西部环境与生态科学的各个领域提供科学数据服务，为西部计划等项目及科研团体与个人提供持续的数据服务（诸云强等，2009；王卷乐等，2006，2015；诸云强，2011；王亮绪等，2010）。该中心整合了已有的西部地区地下水及环境数据，并且整合了国家自然科学基金委员会"黑河流域生态－水文过程集成研究"重大研究计划支持的黑河计划数据，提供了黑河流域内地下水资源相关数据。通过注册申请可免费下载相关数据。

相比之下，发达国家的地下水资源与环境数据的开放性、共享度要高一些。具体案例如下。

（1）美国地质调查局（US Geological Survey，USGS，https：//water.usgs.gov/ogw/data.html）提供了有关美国地下水资源的公正、及时和相关的数据，按照地下水水位、含水层、地下水流动和运移模型、水的利用、地下水的水质数据、区域地下水数据和其他类型地下水数据这七种类型免费公开共享。

（2）欧洲环境局（European Environment Agency，EEA，https：//www.eea.europa.eu/themes/）是欧盟的一个机构，其任务是提供有关环境的、可靠的、独立的数据信息。EEA 旨在通过向决策机构和公众提供及时、有针对性、可靠和相关的信息，帮助欧洲环境达到显著和可衡量的改善，从而保证欧洲环境可持续发展。在首页上输入 groundwater（地下水），便可以查询到欧洲相关地下水数据（https：//www.eea.europa.eu/data-and-maps/data/waterbase-groundwater-10）。

（3）国际地下水资源评估中心（International Groundwater Resources

Assessment，IGRAC，https：//www.un-igrac.org/）是促进世界范围内可持续地下水资源开发和管理所需信息和知识的国际交流的平台。自2003年以来，IGRAC提供了一个独立的内容和过程支持，特别是跨界含水层评估和地下水监测。IGRAC提供了一个全球地下水信息系统（GGIS，https：//www.un-igrac.org/global-groundwater-information-system-ggis）。该系统是一个交互式的、基于web的地下水相关信息和知识门户，由几个围绕不同主题构建的模块组成。每个模块都有自己的基于地图的查看器和底层数据库，允许以系统的方式进行存储和可视化地理空间数据。

（4）国际水资源管理研究所（International Water Management Institute，IWMI，http：//www.iwmi.cgiar.org/）是一家非营利研究机构，总部设在斯里兰卡科伦坡，在非洲和亚洲设有办事处。该研究所主要集中研究改善水质和土地资源的管理方式，旨在在保障重要环境进程的同时，能加强粮食安全和减少贫困。该研究所提供了一个可以共享的数据贡献门户——水数据门户（Water Data Portal，WDP，http：//waterdata.iwmi.org/）。WDP遵循"一站式"方法，提供对大量与水和农业有关的数据访问，包括气象、水文、社会经济、空间数据层、卫星图像以及水文模型设置。WDP中的数据，无论是空间的还是非空间的，都由标准化的元数据支持，可供包括学术界、科学家、研究人员和决策者在内的用户下载。然而，其访问是根据版权、知识产权和与我们的合作伙伴的数据协议提供的。该门户由GIS、RS和数据管理单元维护，以促进数据的共享和重用。

（5）澳大利亚地下水数据资源网（Australian Groundwater Explorer，AGE，http：//www.bom.gov.au/water/groundwater/explorer/）提供广泛的地下水数据，包括超过87万个钻孔位置、钻孔日志、地下水位、盐度、地下水管理区域和景观特征。该应用程序允许访问者可视化和分析感兴趣的区域内地下水信息。另外，其数据集可以下载。

二、地下水资源与环境监测－数据共享系统建设建议

科学数据是信息时代最基本、最活跃、影响面最广的科技创新资源。实现科学数据的共享，可使科学数据在应用过程中增值，是提高科技创新能力的重要途径（徐冠华，2003）。我国在地下水资源与环境监测－数据共享系统建设方面取得了很大的进展，但尚存在以下不足：①共享程度不够。如具有较高时间和空间分辨率的数据仅出现在个别数据库，缺少长时间尺度的序列数据。②不同部门的数据未整合。每个部门一套数据，部分可能重合或不一

致，部门之间需协调。③很少有实时共享的水环境数据。例如，对于监测成本高、测量精度高的水化学指标数据，数据采集单位通常会优先用于本单位科学研究，甚至存在不愿与外单位共享的情况。④产品成果共享程度不够。目前，大多数系统共享的为基础数据，对一些产品的成品共享不够，尤其是地下水流或污染物的反应迁移模型成果没有共享，这就很容易造成多人或多单位重复建模等情况发生，不仅造成人力、物力和财力的浪费，而且不利于科研成果的交流及地下水的管理。

借助其他行业和领域的数据共享对策研究（王东杰等，2016），为了加强地下水数据的共享，建议从以下几方面着手。

（1）加强数据共享顶层设计。建议加强地下水资源与环境管理信息平台的顶层设计。在协调整合各部门的地下水资源、水质与污染调查评价及监测数据，建立整合不同部门全国地下水资源与环境信息共享平台的同时，加强对分散在个人或单位的基础数据的收集与共享机制。以此加强对地下水相关资料的分析应用，提高资料的利用效率，强化数据管理，实现地下水资源与环境监测数据的统一管理和应用。

（2）完善数据共享技术体系。不同的共享平台缺乏共享标准体系和不同平台的整合技术。信息时代的信息共享必须要有多种数据共享技术的支撑，包括数据标准化技术、共享系统对接技术、数据存储技术、海量数据检索技术和共享数据安全技术。

（3）制定数据共享内容标准。数据标准是数据实现共享的基础支撑条件。不同类型和环节的数据容易造成信息监测统计标准不统一，造成同一套数据来自多部门，甚至出现数据不统一的情况。所以，亟须建立地下水资源与环境数据基础标准、采集标准、质量标准、处理标准、安全标准、平台标准和应用标准等。

（4）完善数据开放共享机制。这主要针对涉及地下水领域不同部门的数据共享机制，涉及不同部门、不同领域之间的数据共享与利用。其主要涉及数据资源共享协商机制、数据分析与共享规则、信息安全保密协议机制和信息发布机制。

（5）加强数据共享法制保障。我国在数据开放共享方面的法律法规、制度标准建设相对落后。法律法规是实现数据共享的法律保证，主要涉及运行管理，数据管理，各用户的权利、义务，以及工作组织形式等。法制保障包括建立数据共享法律制度体系、大数据安全评估体系和重大风险识别大数据支撑体系。

第四节 加强人才培养和科普教育

一、提升水文地质高层次人才培养质量

人类开发和利用地下水的历史至少可以追溯到 7000 多年前（Tegel et al.，2012），但水文地质作为学科专业而独立发展的历史不过 100 余年。1952 ～ 2012 年，我国水文地质及相关学科专业的演化历程如图 5-1 所示。面向新时代，在国家"双一流"学科建设和"双万专业"建设背景下，地下水的学科和专业建设的机遇与挑战并存。

水文地质学的学科属性决定了该领域人才需具备全球视野以及圈层耦合、时空演化、多过程综合等学科理念，在掌握扎实的专业基础和宽广的专业理论的基础上，还应具备多学科交叉背景、抽象思维与形象思维的结合、野外调查和室内实验设计以及成果的多维可视化表达等能力。

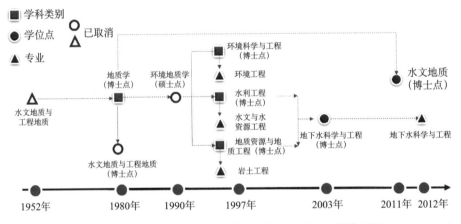

图 5-1　1952 ～ 2012 年水文地质及相关学科专业的演化历程

水文地质专业人才应当具备四个层面构成的知识体系：一是基础层面，包括数学、物理学、化学、生物学和地质学等；二是专业基础层面，包括水文地质学、地下水动力学、地下水水质学等；三是学科交叉层面，包括环境生态学、农学、水资源、地质工程、海洋科学、公共健康学、工程学、社会学、法学、管理学等；四是实践技能层面，包括填图、钻探、物探、现场实验、室内实验设计、传感器及遥感技术、数值模拟、大数据处理分析、文献搜索与综合等。

　　我国培养水文地质领域人才的高校和研究所近80所。截止到2019年，这些人才培养单位先后为国家输送了30 000余名水文地质专业人才。2014～2018年，据全国主要高校本科招生网的数据，本科招生人数总体呈现连年上升趋势，年度培养规模接近千人（图5-2）；同时，"双一流"高校培养水文地质领域本科生数量占绝对优势，达到总人数的60%～70%；据中国知网数据，2014～2018年，水文地质领域博士论文人数约230人，涉及地质学、水利工程、地质资源与地质工程、环境科学与工程等多个学科。

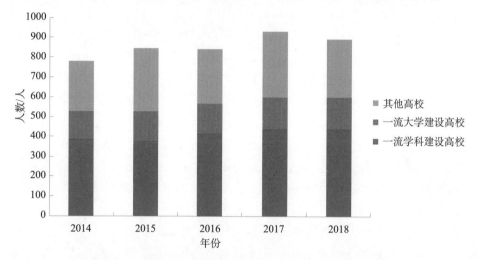

图5-2　2014～2018年全国主要高校地下水领域本科生数量

　　相比同类学科，水文地质领域的人才培养质量和规模还有很大的提升空间。这主要体现在：①学科领军人才数量不足，其年龄结构趋于老化；②将水文地质领域学科作为第一报考志愿的学生数量非常有限，这导致了生源数量不足、质量不高；③培养的学生主要服务于地质调查行业，这决定了该专业在抵御行业市场对人才需求波动影响方面能力脆弱；④学生的专业知识面狭窄，国际化视野、沟通表达能力及创新创业能力不足，导致这一学科培养的专家型人才不少，而管理型人才、创业型人才以及国际化人才不足。究其原因，主要包括：①学科专业知识结构体系缺乏一体化设计，课程设置呈碎片化，课程内容缺乏系统性、深入性和前沿性；②培养模式单一，缺乏个性化和跨学科培养；注重专业知识的灌输，缺乏批判性思维、获取和创造知识能力的培养；③任课教师缺乏心理学、教育学等专业化训练，教学手段、教学方法和教学理念单一，在知识的传授、知识的接收、知识的消化和知识的应用等环节缺乏系统性的设计和研究。

我国最初的水文地质专业人才培养体系是参照苏联模式设立的，突出的特点是院校专业化、人才专门化、服务行业化（刘法虎，2013），20世纪80年代开始借鉴欧美的人才培养体系，推进学科门类的合并和跨学科培养。当前，水文地质领域的人才培养步入自主创新的新阶段，国际化教育面临着新机遇。具体包括以下方面。

（1）在合作对象上，加强与国际一流学科的高校和科研机构的对口合作，引进其先进的人才培养模式、教学理念、教学方法和课程等；加强与"一带一路"国家的合作，帮助其培养地下水领域高级专门人才。

（2）在合作模式上，由传统的选派学生到发达国家攻读学位，逐渐转变为联合培养，甚至是合作办学。例如：中国地质大学（武汉）与加拿大滑铁卢大学按照"2+1+1"模式合作开办地下水科学与工程专业，学生按班级建制在加方只学习一年，前两年加方每年会选派5～7名教师来中方授课，完成全部学业的学生可以申请中加双方的两个学位，即中方的地下水科学与工程（工学学士）和加方的环境科学水专业（理学学士）。这种模式既将加方优质的师资和课程以及先进的教学理念和方法等直接引入我方，又促进了双方的学分互认以及科技领域的合作。

（3）在合作目标上，构建我国地下水领域国际一流人才培养体系，培养和输出一批活跃在世界各地和各行业的地下水领军人才。

除了重视青年一代水文地质人才的培养，我国还需要重视打造一支长期坚守水文地质领域研究的高素质的科技队伍。目前，水文地质领域的高水平科技专家，特别是领军人才及大师级人才匮乏。其原因包括：片面强调工作任务完成的重要性，而没有把完成工作任务与培养人才紧密结合起来，致使相当一部分水文地质科技人员的专业或工作地区变动过于频繁，无法在一个学科领域或一个地区精益求精地进行调查研究、积累科学知识、做出创新性科学成果。另外，科研时间的投入及科技成果的产出是开展科学研究、积累科学知识、保证人才健康成长的必备条件。多头的项目申请、频繁的评审考核和中期评估、过多的非专业领域相关会议都分散了科技工作者的精力。为此，需要在体制机制上积极探索，鼓励青年一代水文地质科技人员立志高远、潜心学术，为使我国水文地质学科的整体水平进入世界先进行列并最终成为"领跑者"而不懈奋斗。

二、重视并加强水文地质科普

水文地质科普就是采取公众易于理解、接受、参与的方式，普及水文地质科学知识，传播科学思想，倡导科学方法，弘扬科学精神，培养公众尤其是青少年对水文地质科学和知识的学习和研究兴趣，从而提高全民的地下水资源保护意识，引导公众积极参与地下水资源保护实践，促进地下水资源可持续利用和社会经济可持续发展。这是当前水文地质科技工作者当仁不让的历史责任，同时也是提升社会公众对水文地质知识、技术、成果的认知度，促进水文地质学科快速发展的有效途径。

（一）让公众理解可持续利用和保护地下水资源的紧迫性和重要性

水文地质学是研究地下水的科学，公众对水文地质学的认识往往是从抽取使用地下水，观赏和利用温泉、岩溶大泉等地下水露头开始的，但公众很少了解地下水资源与环境问题面临的严峻形势。

据世界水评估计划组织（WWAP）的世界水发展报告：全球地下水主要用于农业，21 世纪第一个 10 年，每年有多达 8000 亿 m^3 的用水量；2050 年前后，预计全球用水量将高达每年 11 000 亿 m^3，增幅约为 37.5%。2019 年，德国学者 de Graaf 等（2019）在全球背景下定量分析了地下水与河流等地表水相互关系，结果表明，随着地下水位下降，从地下水到地表水的补给会减少，补给方向也会发生反转，最终地表水和地下水的相互联系被完全中断；到 2050 年，全球开采地下水的地区中有 42% ～ 79% 将达到维持地表水生态系统的临界点，而且随着未来全球气候变化的加剧，这一过程甚至比我们预估的要快。

我国的地下水规模性开采始于 20 世纪 50 年代，并且开采量持续增长，特别是 20 世纪 70 年代后开采量的增速加快，出现了地下水水位持续下降、泉水断流、地面沉降、海水入侵等诸多问题，地下水水质恶化趋势日益严重。《2017 中国生态环境状况公报》显示，我国 5100 个地下水水质监测点中，较差级和极差级监测点位分别占 51.8% 和 14.8%。地下水污染的原因主要包括工业污染、农业污染和生活方式污染。浅层地下水容易受农业面源和地表水污染的影响，还有部分地下水监测点水质受地质等天然背景值影响，总硬度、铁、锰等指标容易超标。

国务院、生态环境部、自然资源部与水利部陆续制定了与地下水资源开发及环境保护规划、行动计划，其中比较重要的是《全国地下水污染防治规划（2011—2020 年）》（2011 年）、《水污染防治行动计划》（2015 年）、《中共中央国务院关于全面加强生态环境保护坚决打好污染防治攻坚战的意见》（2018 年）。这些举措从全国地下水污染防治技术体系、法律法规体系建设着手，全面加强地下水监测、严格控制地下水超采和地下水污染。2019年年初，中国地质调查局宣布，由10 168个国家级地下水专业监测站点组成的国家地下水监测工程全面建成，这将为我国地下水资源科学管理、地质环境问题防治、生态文明建设提供重要支撑。

因此，全面开展地下水资源开发与保护科普，丰富公众对地下水资源开发与保护的相关认识，改善政府和相关管理部门对地下水认识不足、管理方法不科学等问题，在现阶段具有较为重要的现实意义。

（二）地球科学及水文地质科普事业发展现状

我国政府历来重视科学普及事业，《全民科学素质行动计划纲要（2006—2010—2020年）》是继2002年我国发布世界第一部《中华人民共和国科学技术普及法》后的首个科普事业中长期规划。2016年5月，习近平总书记在科技三会时首次提出"科技创新、科学普及是实现创新发展的两翼"[①]，将科普的重要性提到前所未有的战略高度。

近年来，全国各部门、科研院所、大学积极开展相关领域的科学传播与普及理论与实践。在地球科学领域，自然资源部、中国科学院国家天文台、中国地震局等政府部门相继设立了科普工作办公室；中国科学院早在2013年筹建了知识传播局，地质与地球物理研究所、地理科学与资源研究所、南京地质古生物研究所等院所也搭建了相应的科普传播平台。中国地质大学（武汉）于2017年组建了地球科学科普研究与创作中心。随着互联网的发展与应用的不断深入，我国各级科普和科技主管部门、科研机构和高校等科普主体机构建设了专业科普网站，比较有影响的地球科学类网站有：由中国科学院地理科学与资源研究所和中国地理学会联合主办的中国"国家地理网"，中国科学院天文科普事业平台"天之文"，中国地质调查局建设的地质调查科普网，中国地震局、中国地震灾害防御中心建设的"地震科普网"。

水文地质学的研究对象是地下水。相对于地表水污染而言，地下水污染有看不见、摸不到的特点，往往难以引起社会公众的广泛关注。截止到2019年年末，与地下水有关的科普知识仅能在水资源相关科普专栏中有所体现，尚无专门的地下水或水文地质科普网站，尚无系列的水文地质科普作品。目前比较有影响的传播水资源相关知识的科普网站主要有以下几个。

---

① 2016年5月30日，习近平《为建设世界科技强国而奋斗——在全国科技创新大会、两院院士大会、中国科协第九次全国代表大会上的讲话》。

（1）中国数字科技馆——中国科学技术协会、教育部、中国科学院共建，该网站的科普专栏"水资源"中包含水的特性、地球之水、水与资源、水与地貌、水与生命、水与文明、水与危机等八个专栏。网址：http：//amuseum.cdstm.cn。

（2）湿地中国——中国湿地保护协会主办，包含湿地资讯、科研数据、湿地百科、生物资源、生态修复、湿地图片等栏目。网址：http：//www.shidi.org/。

（3）湖泊科普网——中国科学院南京地理与湖泊研究所主办，包含湖泊的成因、现状、资源、景观和湖泊的保护与污染防治等栏目。网址：http：//www.lake.ac.cn/。

（4）全国节水网——全国节约用水办公室主办，包括节水视角、节水志愿者、节水知识等栏目。网址：http：//www.watersaving.org.cn/zhixun.asp。

（5）雨水科普网——北京水利学会主办，是交流雨水收集利用技术，普及雨水和水有关知识，介绍国内外城市、农村雨水利用和水环境保护经验的信息网络平台。网址：http：//www.rwsp.com.cn/index1.asp。

随着建设美丽中国和生态文明战略的持续推进、《全国地下水污染防治规划（2011—2020年）》的发布、国家地下水监测工程的全面建成，全国地下水资源水质和水量等关键指标越来越受到社会的关注。与此同时，让科研人员投入科普创作是很多科学家和科普工作者的共识。海洋地质学家汪品先院士指出，与欧美国家相比，我国缺少科学和文化领域的"两栖"人才（周凯，2017）。科普作家卞毓麟（2017）呼吁我国科学家抽时间做点"元科普"，"元科普"即带有根本性的、第一性的原创科普作品。

总体而言，社会公众对地下水资源科普信息的需求日益增长，倒逼着水文地质学科学家以科普的语言，深入浅出地清晰阐述水文地质学科前沿，系统梳理水文地质学核心理论与知识体系，理性地展望我国地下水资源开发与污染防治的未来发展。

（三）水文地质学科普事业发展建议

长期以来，由于水文地质学科研人员少，相对于地表水，地下水的社会关注度不高。水文地质学科普的基础工作明显不足体现在水文地质学科普人才偏少、"元科普"作品奇缺方面，进而导致围绕地下水资源开发和污染防治的主题性科普实践活动偏少。今后，水文地质学科普教育事业的重点任务应包含以下几方面。

（1）制定水文地质科普事业中长期发展规划：国内高校、科研单位水文地质科学家联合相关科普研究单位，组建"水文地质学（地下水）科普事业中长期发展规划"编制工作组和咨询论证专家组，以科普人才培养和精品作品创作为核心，围绕水文地质学科普事业的重点发展任务、科普激励与工作机制、政策与经费保障等内容展开；积极推动各项任务纳入国家自然科学基金委员会、生态环境部、自然资源部、水利部、科学技术部等部门下属的科普主管单位规划。

（2）大力开展水文地质科普人才培养工作：以高校和科研院所为核心学术力量，联合社会各界力量，策划组织地下水污染防治品牌性主题科普活动，以志愿者沙龙、科普培训班等多种形式，结合主题科普教育活动，探索建立非学历教育为主、学历教育为辅的水文地质科普人才培养体系。

（3）激励地下水"元科普"作品创作：引导各科研单位积极建设地下水资源保护网站、微信等科普作品创作与传播平台；以优化评价体系为突破口，鼓励水文地质学一线科研人员结合科学研究成果开展元科普作品创作工作；探索科普作家和水文地质专家联合创作机制，推动水文地质学"元科普"系列作品早日问世。

水文地质学科普教育的根本性目标是要向公众解释人类活动与地下水的关系。在这对关系中，人有很强的能动性。人既是地下水资源的利用者、受益者，又是地下水环境问题的制造者、受害者。只有在社会公众的广泛参与下，做到尊重自然、顺应自然，深刻认识地下水对经济社会发展、生态与环境保护的支撑作用，才能在实现人与自然、人与地下水的和谐发展中做到人人有责、人人尽责。

本章作者：

中国地质大学（武汉）马腾、马瑞、王焰新和刘珩，中国科学院兰州文献情报中心曲建升、吴秀平执笔；吉林大学林学钰和中国地质大学（武汉）王焰新负责统稿。国家自然科学基金委员会地球科学部姚玉鹏和刘羽参与内容设计。

参考文献

卞毓麟．2017-07-16．期待我国的"元科普"力作．上海文汇报，第7版．

井柳新，刘伟江，王东，等．2013．中国地下水环境监测网的建设和管理．环境监控与预警，5（2）：1-4.

刘法虎．2013．中国高校学科专业设置的回顾与展望．北京航空航天大学学报（社会科学版），26（2）：99-102.

马韧．2012．我国地下水监测站网建设现状．农业与技术，32（5）：20-22.

王东杰，李哲敏，张建华，等．2016．农业大数据的共享现状与对策研究．中国农业科技导报，18（3）：1-6.

王卷乐，宋佳，卜坤，等．2015．国家地球系统科学数据共享平台数据分类编目与特征分析．中国科技资源导刊，47（6）：65-73.

王卷乐，诸云强，谢传节．2006．地球系统科学数据共享网络平台的设计和开发．地学前缘，13（3）：54-59.

王亮绪，南卓铜，吴立宗，等．2010．西部数据中心数据集成和共享的回顾与展望．中国科技资源导刊，42（5）：30-36.

魏明海，刘伟江，白福高，等．2016．国内外地下水环境监测工作研究进展．环境保护科学，42（5）：15-18.

习近平．2016．习近平：为建设世界科技强国而奋斗．http：//www.xinhuanet.com/politics/2016-05/31/c_1118965169.htm[2021-01-25].

徐冠华．2003．实施科学数据共享增强国家科技竞争力．中国基础科学，（1）：5-9.

周凯．2017-03-37．汪品先院士：科学创造需要幽默感．中国青年报，第11版．

诸云强．2011．地球系统科学数据共享平台建设与服务．中国科技投资，（12）：27-29.

诸云强，冯敏，宋佳，等．2009．基于SOA的地球系统科学数据共享平台架构设计与实现．地球信息科学学报，11（1）：1-9.

de Graaf I E M，Gleeson T，van Beek L P H，et al. 2019. Environmental flow limits to global groundwater pumping. Nature，574（7776）：90-94.

Tegel W，Elburg R，Hakelberg D，et al. 2012. Early Neolithic water wells reveal the world's oldest wood architecture. PLoS One，7（12）：e51374.

关键词索引